벡터 해석

유연봉 · 박춘성 지음

教友社

머리말

이공계 학생 및 종사자, 연구자에게는 가장 중요한 기초과목이 공업수학이라 하겠다. 공업수학은 크게 분류하면 미분방정식, 벡터해석, 복소해석으로 구분되나, 최근에는 경영과학의 일부인 의사결정, 최적해 이론 및 이산수학까지 확장되고 있다.

본서는 가장 중요하고도 이해하기가 까다로운 벡터해석을 이론과 예제 중심으로 되도록 쉽게 기술한 것이다.

대략 공업수학을 2개 학기 강좌로 실시하고 있는데, 한 학기는 미분방정식(Fourier급수, Laplace변환 포함)을, 또 한 학기는 벡터해석 또는 복소해석을 강의하고 있으나 벡터해석을 독립된 강좌로 중요시하기도 한다.

벡터해석을 학습하는 데는 미분적분학과 선형대수의 지식이 필요하다. 이들 교양수학은 모든 이공계 학생에게 절대 중요한 과목이니 가까이 하고 바르게 알아두어야 한다.

벡터해석의 학습의 효과를 높이기 위해서는 해석기하와 편미분, 중적분의 지식을 확실히 해두어야 하고, 또한 이론, 연습문제 하나 하나를 기하학적 의미와 함께 이해하는 것이 필요하다. 작은 분량으로 요약된 본서의 학습성과를 높이기 위하여 연습문제까지도 하나하나 이해해나가는 것이 바른 학습법이라 생각하여 모든 연습문제의 풀이를 권말에 실었다.

끝으로 본서의 저술에서 수학을 전공하신 이학박사 유동선 님의 지도에 깊은 감사의 말씀을 드리며, 수학도서 발행의 총본산인 교우사 여러분의 노고에 감사한다.

2007년 5월

저자씀

차 례

제5장 면적분과 체적분 / 141

제 1 장 벡 터

1.1 벡터의 정의와 연산

[1] 벡터의 정의

크기와 방향을 가진 양을 벡터(vector)라 하고, 크기만을 가진 양을 스칼라(scalor)라 한다. 온도, 습도, 시간, 길이 등은 스칼라이고, 속도, 힘 등은 크기와 방향을 가진 양이므로 벡터이다. 벡터를 나타내는데 고딕체(굵게 쓴 글자) **a**, **b**, **c**, $\cdots$ 또는 $\vec{a}$, $\vec{b}$, $\vec{c}$, $\cdots$와 같이 화살표 표시를 문자의 위에 붙여서 나타낸다. 벡터는 방향을 화살표로, 크기를 시작점(시점)과 끝점(종점)으로 된 선분으로 나타내기도 한다. 가령, 시작점을 P, 끝점을 Q라 할 때, 크기는 PQ이고, 방향이 P에서 Q로 향한 벡터를 $\overrightarrow{PQ}$로 나타낸다. 특히, 크기가 1인 벡터를 단위벡터(unit vector)라 한다. 벡터를 그의 크기로 나눈 벡터가 단위벡터이다.

평면직교좌표계에서 $P(x_1,\ y_1)$를 시작점, $Q(x_2,\ y_2)$를 끝점으로 하는 벡터 $\overrightarrow{PQ}$를 좌표를 써서 나타내는데

$$a_1 = x_2 - x_1, \ a_2 = y_2 - y_1$$

이라면

$$\overrightarrow{PQ} = [x_2 - x_1, \ y_2 - y_1] = [a_1, \ a_2]$$

으로 나타내고, $a_1 = x_2 - x_1$을 $\overrightarrow{PQ}$의 x성분, $a_2 = y_2 - y_1$을 y성분이라 하고, $\overrightarrow{PQ}$를 간단히

$$\overrightarrow{PQ} = [a_1, \ a_2]$$

로 나타내기도 한다. 공간직교좌표계에서 $P(x_1, \ y_1, \ z_1)$, $Q(x_2, \ y_2, \ z_2)$라 할 때, $\overrightarrow{PQ} = \mathbf{a}$라면

$$\mathbf{a} = [x_2 - x_1, \ y_2 - y_1, \ z_2 - z_1]$$

로 나타내고, $a_1 = x_2 - x_1$을 **x**성분, $a_2 = y_2 - y_1$을 **y**성분, $a_3 = z_2 - z_1$을 **z**성분이라 하고,

$$\mathbf{a} = [a_1, \ a_2, \ a_3]$$

으로 나타낸다.

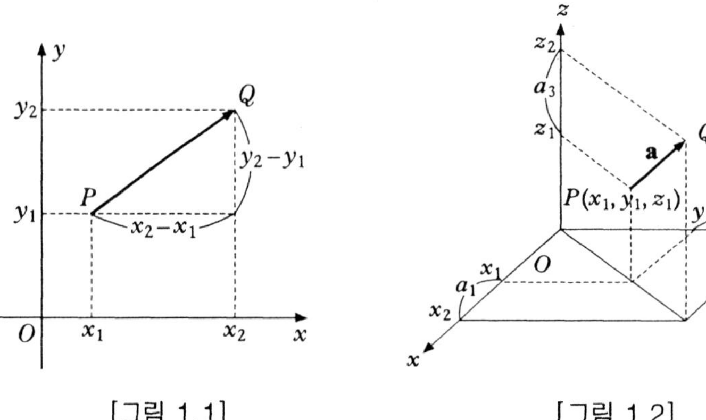

[그림 1.1] [그림 1.2]

【예제 1.1】 $P(2,\ 1,\ 3)$, $Q(5,\ -3,\ 3)$일 때, 벡터 $\overrightarrow{PQ}$를 성분으로 나타내고, $\overrightarrow{PQ}$의 크기 $|\overrightarrow{PQ}|$를 구하라.

풀이 $\overrightarrow{PQ}=[a_1,\ a_2,\ a_3]$이라면

$$a_1=5-2=3,\ a_2=-3-1=-4,\ a_3=3-3=0$$

이므로,

$$\overrightarrow{PQ}=[3,\ -4,\ 0]$$

이고,

$$|\overrightarrow{PQ}|=\sqrt{3^2+(-4)^2+0^2}=5$$ ■

직교좌표계에서 점 $A(x,\ y,\ z)$를 끝점, 원점 O를 시작점으로 하는 벡터 $\overrightarrow{OA}$를 점 A의 위치벡터(position vector)라 한다. 모든 벡터는 크기와 방향만 같으면 같은 벡터이므로, 어떤 벡터도 위치벡터로 나타낼 수 있다. 평면이나, 공간의 두 벡터 **a**, **b**가 이루는 각은 이들 벡터를 위치벡터로 나타내면, 벡터들이 이루는 사이각을 눈으로도 쉽게 볼 수 있다.

② 벡터의 연산

[1] 벡터의 합과 차

두 벡터 $\mathbf{a}=[a_1,\ a_2,\ a_3]$, $\mathbf{b}=[b_1,\ b_2,\ b_3]$의 합 $\mathbf{a}+\mathbf{b}$는 각 대응하는 성분의 합을 성분으로 하는 벡터로서

$$\mathbf{a}+\mathbf{b}=[a_1+b_1,\ a_2+b_2,\ a_3+b_3]$$

로 정의한다. 이 사실을 기하학적으로 나타내면 **a**의 끝점에 **b**의 시작점을 평행이동시켜서 연결할 때, 합 $\mathbf{c}=\mathbf{a}+\mathbf{b}$는 **a**의 시작점과 **b**의 끝점을 연결하는 벡터이다. 이렇게 두 벡터의 합을 구하는 방법을 3각형법이라 한다.

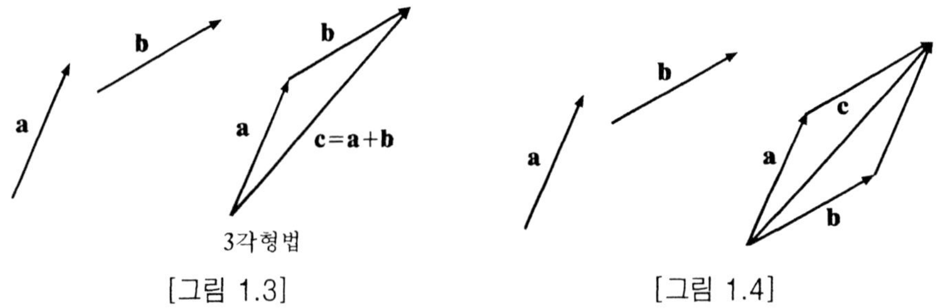

[그림 1.3]　　　　[그림 1.4]

벡터의 합을 그림으로 나타내는데 **평행4변형법**이 있다. 이 방법은 두 벡터의 시작점을 같이 하고, 두 벡터의 크기를 이웃한 두 변으로 하는 평행4변형의 대각선을 두 벡터의 합으로 구하는 방법이나, 3각형법과 다를 바가 없다. 여러 개의 벡터의 합을 구하는 경우는 3각형법이 편리하다.

왼쪽에 주어진 벡터 $\mathbf{a}$, $\mathbf{b}$, $\mathbf{c}$의 합을 오른쪽에 나타냈다.

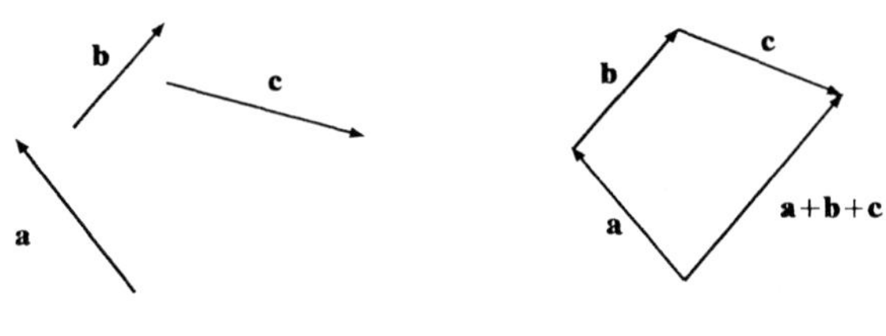

[그림 1.5]

벡터의 합에는 다음 연산법칙이 성립한다.

(1) $\mathbf{a}+\mathbf{b}=\mathbf{b}+\mathbf{a}$	(교환법칙)
(2) $(\mathbf{a}+\mathbf{b})+\mathbf{c}=\mathbf{a}+(\mathbf{b}+\mathbf{c})$	(결합법칙)
(3) $\mathbf{a}+\mathbf{0}=\mathbf{0}+\mathbf{a}=\mathbf{a}$	
(4) $\mathbf{a}+(-\mathbf{a})=\mathbf{0}$	

단, $\mathbf{0}$는 영벡터로서 크기가 0인 벡터이고, $-\mathbf{a}$는 크기는 $|\mathbf{a}|$이고, 방향은 $\mathbf{a}$와 반대방향인 벡터이다. $-\mathbf{a}$의 정의에 의하여 다음이 성립한다.

$$\mathbf{a}-\mathbf{b}=\mathbf{a}+(-\mathbf{b})$$

$\mathbf{a}-\mathbf{b}$는 $\mathbf{a}=\mathbf{b}+\mathbf{c}$ 되는 $\mathbf{c}=\mathbf{a}-\mathbf{b}$를 의미한다.

$\mathbf{a}-\mathbf{b}$는 $\mathbf{a}$, $\mathbf{b}$의 시작점을 한 점으로 할 때, $\mathbf{b}$의 끝점에서 $\mathbf{a}$의 끝점을 연결하는 벡터이다.

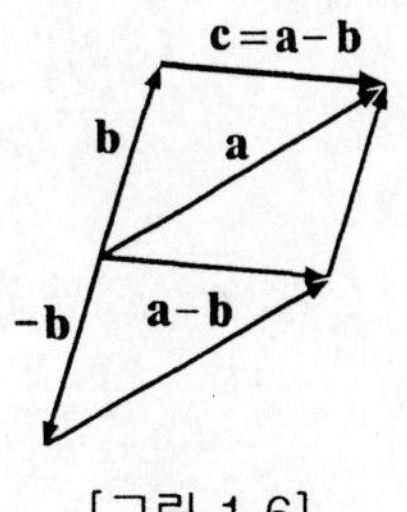

[그림 1.6]

【예제 1.2】 다음 벡터의 합 $\mathbf{a}+\mathbf{b}+\mathbf{c}$를 도시하여라.

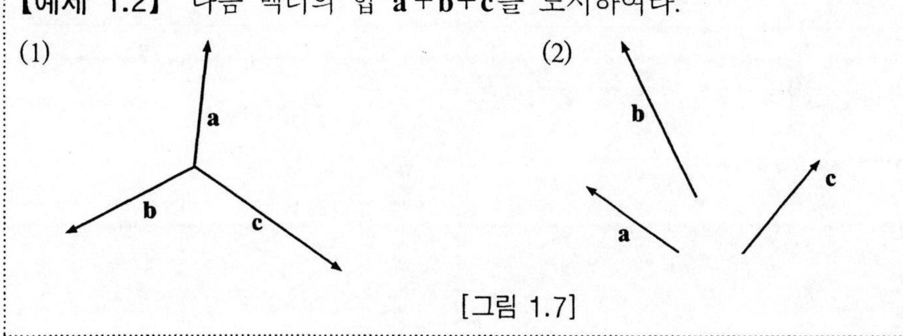

[그림 1.7]

풀이 벡터 $\mathbf{a}$의 끝점을 $\mathbf{b}$의 시작점으로 하고, $\mathbf{b}$의 끝점을 $\mathbf{c}$의 시작점이 되게 벡터를 평행 이동시킨 후, $\mathbf{a}$의 시작점에서 $\mathbf{c}$의 끝점을 연결한 벡터가 $\mathbf{a}+\mathbf{b}+\mathbf{c}$이다.

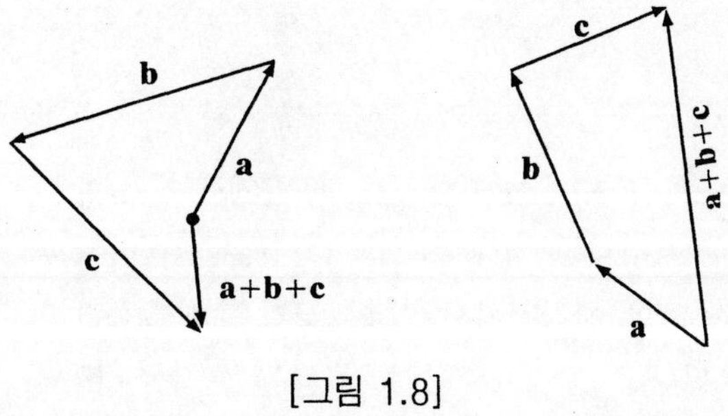

[그림 1.8] ■

[2] 벡터의 스칼라곱

실상수 c, 벡터 $\mathbf{a}=[a_1,\ a_2,\ a_3]$에 대하여 스칼라곱 $c\mathbf{a}$는

$$c\mathbf{a}=[ca_1,\ ca_2,\ ca_3]$$

로 정의한다.

$c>0$이면, $c\mathbf{a}$는 크기가 $|c\mathbf{a}|$이고, 방향은 $\mathbf{a}$와 같으며,

$c<0$이면, $c\mathbf{a}$는 크기가 $|c\mathbf{a}|$이고, 방향은 $\mathbf{a}$와 반대방향이다.

스칼라곱에 관하여 다음 성질이 있다.

> (1) $c(\mathbf{a}+\mathbf{b})=c\mathbf{a}+c\mathbf{b}$
>
> (2) $(c+k)\mathbf{a}=c\mathbf{a}+k\mathbf{a}$
>
> (3) $c(k\mathbf{a})=ck\mathbf{a}$

특히 $1\mathbf{a}=\mathbf{a}$, $0\mathbf{a}=\mathbf{0}$이다. $(-1)\mathbf{a}=-\mathbf{a}$이므로,

$$\mathbf{b}+(-\mathbf{a})=\mathbf{b}-\mathbf{a}$$

로 정의된다.

【예제 1.3】 3벡터 $\mathbf{a}$, $\mathbf{b}$, $\mathbf{c}$가 다음 그림과 같다.

$$3\mathbf{a}-\mathbf{b}+2\mathbf{c}$$

를 도시하여라.

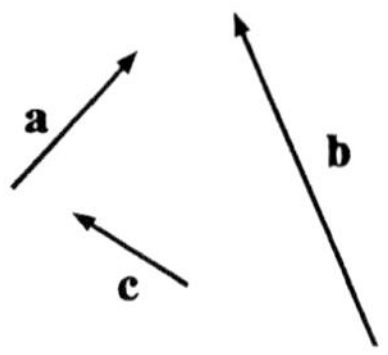

[그림 1.9]

풀이 $3\mathbf{a}-\mathbf{b}+2\mathbf{c}=3\mathbf{a}+(-\mathbf{b})+2\mathbf{c}$이다. $3\mathbf{a}$의 끝점에 $-\mathbf{b}$의 시작점을, $3\mathbf{a}+(-\mathbf{b})$의 끝점에 $2\mathbf{c}$의 시작점을 평행이동시켜서 $3\mathbf{a}+(-\mathbf{b})$의 시작점에서 $2\mathbf{c}$의 끝점을 연결하면 구하는 벡터가 된다. ■

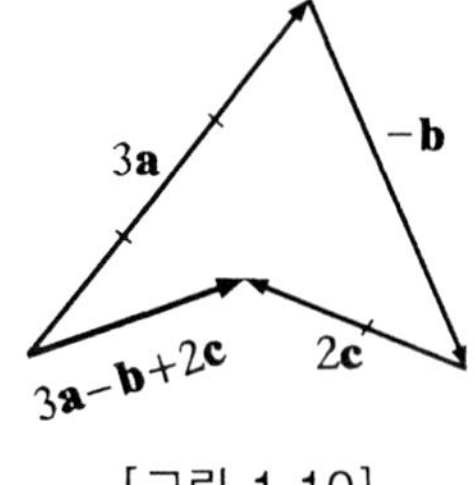

[그림 1.10]

[3] 기본벡터

길이 1인 벡터를 단위벡터(unit vector)라고 한다. 직교좌표계에서 x, y, z축 방향에의 크기 1인 단위벡터를 기본벡터(basis vector)라 하고, 기호 $\mathbf{i}$, $\mathbf{j}$, $\mathbf{k}$로 나타낸다.

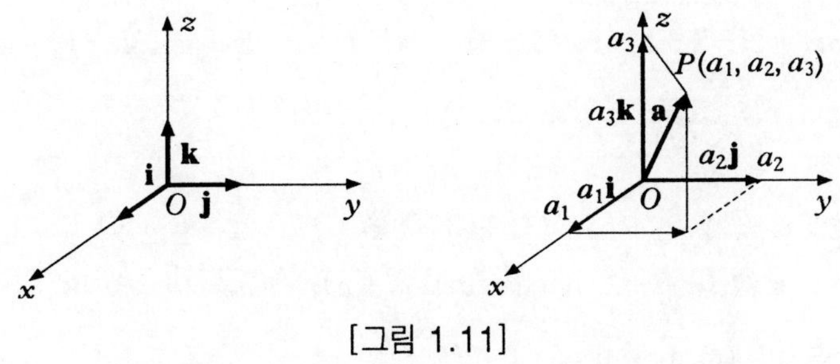

[그림 1.11]

위치벡터 $\overrightarrow{OP}$의 끝점 P의 좌표를 (a_1, a_2, a_3)이라면

$$\overrightarrow{OP} = a_1\mathbf{i} + a_2\mathbf{j} + a_3\mathbf{k} = \mathbf{a}$$

는 일의적으로 나타내진다. n차 벡터공간 R^n에서는 n개의 기본벡터를 차례로

$$\mathbf{e_1},\ \mathbf{e_2},\ \cdots,\ \mathbf{e_n}$$

으로 나타낼 때, R^n에서의 임의의 벡터 $\mathbf{a}$는

$$\mathbf{a} = a_1\mathbf{e_1} + a_2\mathbf{e_2} + \cdots + a_n\mathbf{e_n}$$

으로 나타내진다.

벡터 $\mathbf{v_1}, \mathbf{v_2}, \cdots, \mathbf{v_m}$에 대하여 $c_1, c_2, \cdots, c_m$이 스칼라일 때

$$c_1\mathbf{v_1} + c_2\mathbf{v_2} + \cdots + c_m\mathbf{v_m} \tag{1}$$

을 벡터 $\mathbf{v_1}, \mathbf{v_2}, \cdots, \mathbf{v_m}$의 1차 결합(linearly combination)이라 한다. (1) 식이 영벡터 $\mathbf{0}$가 되는 경우가 $c_1 = c_2 = \cdots = c_m = 0$인 경우에 한할 때, $\mathbf{v_1}, \mathbf{v_2}, \cdots, \mathbf{v_m}$은 1차 독립(linearly independent)이라 하고, 0이 아닌 어느 c_i가 존재하여 $c_1\mathbf{v_1} + c_2\mathbf{v_2} + \cdots + c_m\mathbf{v_m} = \mathbf{0}$이 될 때 $\mathbf{v_1}, \mathbf{v_2}, \cdots, \mathbf{v_m}$은 1차 종속(linearly dependent)이라 한다.

3차원 공간 R^3의 모든 벡터는 기본벡터 $\mathbf{i}$, $\mathbf{j}$, $\mathbf{k}$의 1차 결합으로 표시된다. n차원 공간 R^n의 모든 벡터는 기본벡터 $\mathbf{e_1}, \mathbf{e_2}, \cdots, \mathbf{e_n}$의 1차 결합으로 표시된다.

【예제 1.4】 $\mathbf{r}_1 = 2\mathbf{i} - \mathbf{j} + \mathbf{k}$, $\mathbf{r}_2 = \mathbf{i} + 3\mathbf{j} - 2\mathbf{k}$, $\mathbf{r}_3 = -2\mathbf{i} + \mathbf{j} - 3\mathbf{k}$, $\mathbf{r}_4 = 4\mathbf{i} + 5\mathbf{j} + 3\mathbf{k}$일 때, $\mathbf{r}_4$를 $\mathbf{r}_1$, $\mathbf{r}_2$, $\mathbf{r}_3$의 1차 결합으로 나타내어라.

풀이 $$\begin{aligned} 4\mathbf{i} + 5\mathbf{j} + 3\mathbf{k} &= a(2\mathbf{i} - \mathbf{j} + \mathbf{k}) + b(\mathbf{i} + 3\mathbf{j} - 2\mathbf{k}) + c(-2\mathbf{i} + \mathbf{j} - 3\mathbf{k}) \\ &= (2a + b - 2c)\mathbf{i} + (-a + 3b + c)\mathbf{j} + (a - 2b - 3c)\mathbf{k} \end{aligned}$$

에서 계수를 비교하면

$$\begin{cases} 2a + b - 2c = 4 \\ -a + 3b + c = 5 \\ a - 2b - 3c = 3 \end{cases}$$

이 연립방정식을 풀어서 $a = -2$, $b = 2$, $c = -3$이므로

$$\mathbf{r}_4 = -2\mathbf{r}_1 + 2\mathbf{r}_2 - 3\mathbf{r}_3$$

벡터 $\mathbf{r}_4$와 $\mathbf{r}_1$, $\mathbf{r}_2$, $\mathbf{r}_3$는 1차 종속인지, 1차 독립인가를 살펴보자.

$$\begin{cases} 2a + b - 2c = 0 \\ -a + 3b + c = 0 \\ a - 2b - 3c = 0 \end{cases} \qquad \cdots\cdots①$$

$$\begin{vmatrix} 2 & 1 & -2 \\ -1 & 3 & 1 \\ 1 & -2 & -3 \end{vmatrix} = \begin{vmatrix} 0 & 5 & 4 \\ 0 & 1 & -2 \\ 1 & -2 & -3 \end{vmatrix} = -14 \ (\neq 0)$$

에서 ①의 해가 $a = b = c = 0$이므로, $\mathbf{r}_1$, $\mathbf{r}_2$, $\mathbf{r}_3$은 1차 독립이다. 따라서 R^3의 모든 벡터는 $\mathbf{r}_1$, $\mathbf{r}_2$, $\mathbf{r}_3$의 1차 결합으로 표시된다. ■

【예제 1.5】 $\mathbf{r} = 3\mathbf{i} + 4\mathbf{j} - 12\mathbf{k}$에 평행인 단위벡터를 구하라.

풀이 구하는 단위벡터는 $\dfrac{\mathbf{r}}{r}$이다.

$$r = \sqrt{3^2 + 4^2 + (-12)^2} = 13$$

이므로, 구하는 단위벡터는

$$\frac{3}{13}\mathbf{i} + \frac{4}{13}\mathbf{j} - \frac{12}{13}\mathbf{k}$$ ■

연습문제(1.1)

1. 비행기가 시속 50km/h의 서풍이 불고 있을때 시속 250km/h로 서북방향으로 비행하고 있다. 바람으로 인한 이 비행기의 현시속을 구하라. 그림에서 $\mathbf{w}$는 바람의 속도, $\mathbf{v}_a$는 바람이 없을 때의 비행기의 속도, $\mathbf{v}_b$는 바람이 불 때의 비행기의 속도이다.

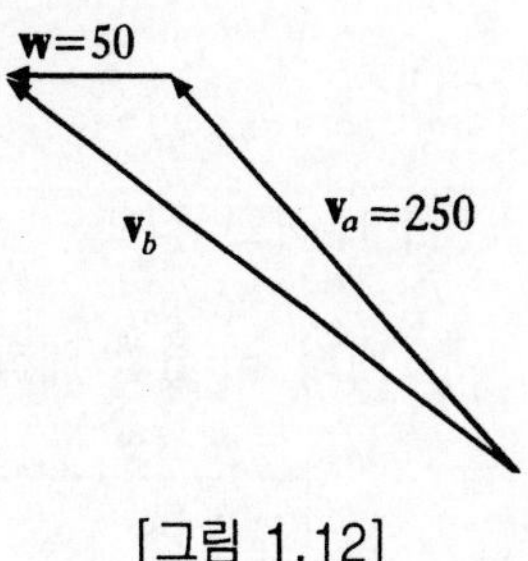

[그림 1.12]

2. 세 벡터 **A**, **B**, **C**가 1차 독립(공선적이 아니다)일 때,

$$a\mathbf{A}+b\mathbf{B}+c\mathbf{C}=a'\mathbf{A}+b'\mathbf{B}+c'\mathbf{C}$$

이면, $a=a'$, $b=b'$, $c=c'$임을 밝혀라.

3. 두 벡터 **A**와 **B**가 공선이기 위한 필요충분조건은 동시에 0이 아닌 두 상수 λ와 μ가 존재하여, $\lambda\mathbf{A}+\mu\mathbf{B}=\mathbf{0}$이 되는 것이다. 이 사실을 증명하라.

4. 평행4변형 $ABCD$의 대각선 AC와 BD는 서로 2등분 합을 밝히는데, 다음 그림에서 AC의 중점을 M, BD의 중점을 N이라 하고, $\overrightarrow{AM}=\overrightarrow{AN}$임을 밝혀서 중점 M, N이 일치함을 밝혀라.

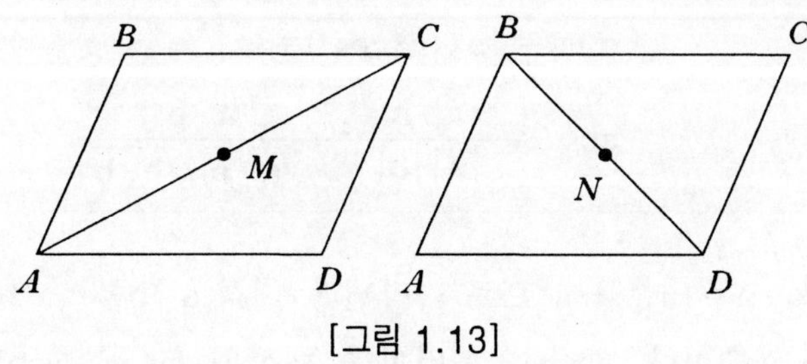

[그림 1.13]

1.2 내적과 외적

[1] 내적

[1] 내적의 정의

두 벡터 **a**, **b**의 내적(inner product) $\mathbf{a}\cdot\mathbf{b}$는 두 벡터가 이루는 각을 θ라 할 때

$$\mathbf{a}\cdot\mathbf{b}=|\mathbf{a}||\mathbf{b}|\cos\theta \tag{1}$$

로 정의한다. 내적 $\mathbf{a}\cdot\mathbf{b}$는 실수이다. 기하학적 의미를 살펴보자. 오른쪽 그림에서

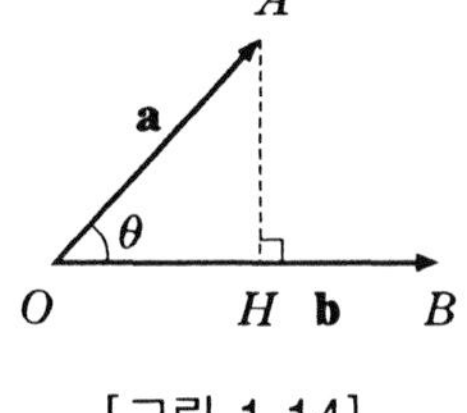

[그림 1.14]

$$\overline{OH}=|\mathbf{a}|\cos\theta$$

이므로 $(\overrightarrow{OB})=\mathbf{b}$

$$\begin{aligned}\mathbf{a}\cdot\mathbf{b}&=|\mathbf{a}||\mathbf{b}|\cos\theta\\&=|\mathbf{a}|\cos\theta\cdot|\mathbf{b}|=\overline{OH}\cdot\overline{OB}\end{aligned}$$

즉 벡터 **a**의 벡터 **b** 위에의 정사영의 길이 OH에 **b**의 크기 $\overline{OB}$를 곱한 것이다. 내적의 정의식 (1)에서 $\mathbf{a}=\mathbf{0}$ 또는 $\mathbf{b}=\mathbf{0}$이면 $|\mathbf{a}|=0$ 또는 $|\mathbf{b}|=0$이므로, $\mathbf{a}\cdot\mathbf{b}=0$이 된다. 내적의 정의 (1)식에 의하여

$$\mathbf{a}\cdot\mathbf{a}=|\mathbf{a}||\mathbf{a}|\cos 0=|\mathbf{a}|^2$$

$$\cos\theta=\frac{\mathbf{a}\cdot\mathbf{b}}{|\mathbf{a}||\mathbf{b}|}=\frac{\mathbf{a}\cdot\mathbf{b}}{\sqrt{\mathbf{a}\cdot\mathbf{a}}\sqrt{\mathbf{b}\cdot\mathbf{b}}}$$

같은 벡터의 내적 $\mathbf{a}\cdot\mathbf{a}=|\mathbf{a}|^2$을 $\mathbf{a}^2$으로 나타낸다. 내적 $\mathbf{a}\cdot\mathbf{b}$를 $\mathbf{a}\times\mathbf{b}$(외적)로 나타내면 안된다. $\mathbf{a}\cdot\mathbf{b}$는 실수이나, $\mathbf{a}\times\mathbf{b}$는 벡터이다. 내적을 dot product라고도 한다.

내적에는 다음 성질이 있다.

(1) $\mathbf{a}\cdot\mathbf{b}=\mathbf{b}\cdot\mathbf{a}$	(교환법칙)
(2) $\mathbf{a}\cdot(\mathbf{b}+\mathbf{c})=\mathbf{a}\cdot\mathbf{b}+\mathbf{a}\cdot\mathbf{c}$	(분배법칙)

첫째 성질은 내적의 정의에서 분명하다.

$$\mathbf{a}\cdot\mathbf{b}=|\mathbf{a}||\mathbf{b}|\cos\theta=|\mathbf{b}||\mathbf{a}|\cos\theta=\mathbf{b}\cdot\mathbf{a}$$

두 번째 성질은 기하학적으로 쉽게 설명된다. 다음 그림에서

(**b**+**c**)의 **a** 위에의 정사영

=**b**의 **a** 위에의 정사영+**c**의 **a** 위에의 정사영

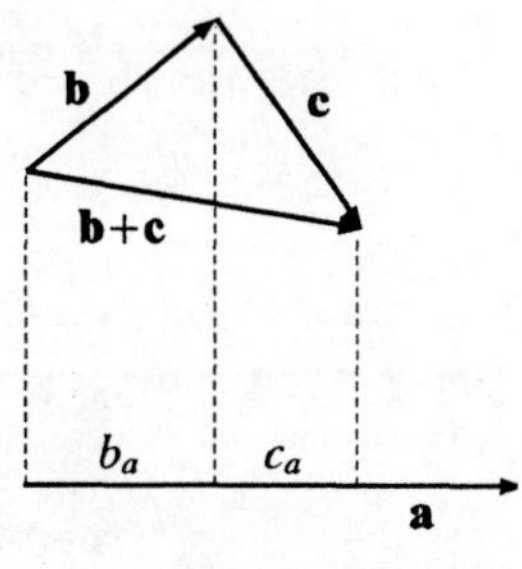

[그림 1.15]

벡터 **a** 방향의 단위벡터를 $\mathbf{u}_a$이라면

$$(\mathbf{b}+\mathbf{c})\cdot\mathbf{u}_a=\mathbf{b}\cdot\mathbf{u}_a+\mathbf{c}\cdot\mathbf{u}_b$$

양변에 $|\mathbf{a}|$를 곱하여

$$(\mathbf{b}+\mathbf{c})\cdot|\mathbf{a}|\mathbf{u}_a=\mathbf{b}\cdot|\mathbf{a}|\mathbf{u}_a+\mathbf{c}\cdot|\mathbf{a}|\mathbf{u}_a$$

$|\mathbf{a}|\mathbf{u}_a=\mathbf{a}$이므로

$$(\mathbf{b}+\mathbf{c})\cdot\mathbf{a}=\mathbf{b}\cdot\mathbf{a}+\mathbf{c}\cdot\mathbf{a}$$

위의 분배법칙에 의하면, 벡터의 내적을 성분으로 나타낼 수 있다.

$$\mathbf{a}=[a_1,\ a_2,\ a_3],\ \mathbf{b}=[b_1,\ b_2,\ b_3]$$

이라면

$$\begin{aligned}\mathbf{a}\cdot\mathbf{b}&=(a_1\mathbf{i}+a_2\mathbf{j}+a_3\mathbf{k})\cdot(b_1\mathbf{i}+b_2\mathbf{j}+b_3\mathbf{k})\\&=a_1\mathbf{i}\cdot(b_1\mathbf{i}+b_2\mathbf{j}+b_3\mathbf{k})+a_2\mathbf{j}\cdot(b_1\mathbf{i}+b_2\mathbf{j}+b_3\mathbf{k})\\&\qquad+a_3\mathbf{k}\cdot(b_1\mathbf{i}+b_2\mathbf{j}+b_3\mathbf{k})\\&=a_1b_1\mathbf{i}\cdot\mathbf{i}+a_1b_2\mathbf{i}\cdot\mathbf{j}+a_1b_3\mathbf{i}\cdot\mathbf{k}+a_2b_1\mathbf{j}\cdot\mathbf{i}+a_2b_2\mathbf{j}\cdot\mathbf{j}+a_2b_3\mathbf{j}\cdot\mathbf{k}\\&\qquad+a_3b_1\mathbf{k}\cdot\mathbf{i}+a_3b_2\mathbf{k}\cdot\mathbf{j}+a_3b_3\mathbf{k}\cdot\mathbf{k}\end{aligned}$$

$$\mathbf{i}\cdot\mathbf{i}=\mathbf{j}\cdot\mathbf{j}=\mathbf{k}\cdot\mathbf{k}=1,\ \mathbf{i}\cdot\mathbf{j}=\mathbf{j}\cdot\mathbf{i}=\mathbf{k}\cdot\mathbf{i}=\mathbf{i}\cdot\mathbf{k}=\mathbf{j}\cdot\mathbf{k}=\mathbf{k}\cdot\mathbf{j}=0$$

이므로

$$\mathbf{a}\cdot\mathbf{b}=a_1b_1+a_2b_2+a_3b_3$$

【예제 1.6】 $\mathbf{a}=2\mathbf{i}+3\mathbf{j}+4\mathbf{k}$와 $\mathbf{b}=4\mathbf{i}+c\mathbf{j}+\mathbf{k}$가 수직일 때, c의 값을 구하라.

풀이 $\mathbf{a}$, $\mathbf{b}$의 수직조건은 교각 $\theta=\frac{\pi}{2}$인 경우이므로, $\cos\frac{\pi}{2}=0$에서

$\mathbf{a}\cdot\mathbf{b}=|\mathbf{a}||\mathbf{b}|\cos\frac{\pi}{2}=0$이므로 $\mathbf{a}\cdot\mathbf{b}=2\times4+3\times c+4\times1=0$에서 $3c=-12$

$\therefore\ c=-4$ ■

【예제 1.7】 벡터 $\mathbf{a}=3\mathbf{i}-5\mathbf{j}+12\mathbf{k}$가 좌표축과 이루는 각의 크기를 구하라.

풀이 $\mathbf{a}$가 x, y, z축과 이루는 각을 α, β, γ이라 하자.

$$|\mathbf{a}|=\sqrt{3^2+(-5)^2+12^2}=13$$

$$\mathbf{a}\cdot\mathbf{i}=|\mathbf{a}||\mathbf{i}|\cos\alpha=13\cos\alpha=3,\ \cos\alpha=\frac{3}{13}\quad\therefore\ \alpha=\cos^{-1}\frac{3}{13}$$

$$\mathbf{a}\cdot\mathbf{j}=|\mathbf{a}||\mathbf{j}|\cos\beta=13\cos\beta=-5,\ \cos\beta=-\frac{5}{13}\quad\therefore\ \beta=\cos^{-1}\left(\frac{-5}{13}\right)$$

$$\mathbf{a}\cdot\mathbf{k}=|\mathbf{a}||\mathbf{k}|\cos\gamma=13\cos\gamma=12,\ \cos\gamma=\frac{12}{13}\quad\therefore\ \gamma=\cos^{-1}\frac{12}{13}$$

■

【예제 1.8】 벡터 $\mathbf{r}=3\mathbf{i}+4\mathbf{j}-5\mathbf{k}$에 따라 움직이는 물체에 힘 $\mathbf{F}=2\mathbf{i}+\mathbf{j}-\mathbf{k}$가 작용할 때, 이 물체가 움직이는데 힘이 한 일의 양을 구하라.

풀이 한 일=(운동방향의 힘의 크기)×(움직인 거리)

$=(F\cos\theta)(|\mathbf{r}|)=\mathbf{F}\cdot\mathbf{r}$

$=(2\mathbf{i}+\mathbf{j}-\mathbf{k})\cdot(3\mathbf{i}+4\mathbf{j}-5\mathbf{k})=6+4+5=15$ ■

[2] 평면상의 직선

두 점 $P_0(x_0,\ y_0)$, $P_1(x_1,\ y_1)$을 지나는 직선 g상의 임의점을 $P(x,\ y)$라 하자.

P_0, P_1, P의 위치벡터를 각각 $\mathbf{x}_0$, $\mathbf{x}_1$, $\mathbf{x}$라 하고,

$$\mathbf{x_0} = x_0\mathbf{i} + y_0\mathbf{j},\ \mathbf{x_1} = x_1\mathbf{i} + y_1\mathbf{j},\ \mathbf{x} = x\mathbf{i} + y\mathbf{j}$$

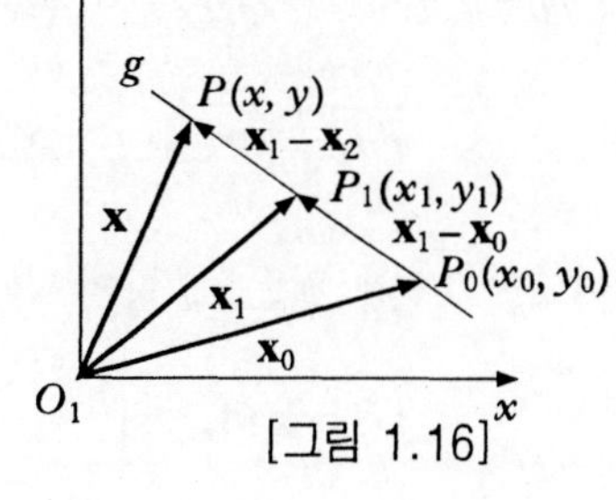

[그림 1.16]

이라면,

$$\overrightarrow{P_0P} = \mathbf{x} - \mathbf{x}_0,\ \overrightarrow{P_0P_1} = \mathbf{x}_1 - \mathbf{x}_0$$

이고, $\overrightarrow{P_0P}$는 $\overrightarrow{P_0P_1}$의 몇 배가 되므로

$$\overrightarrow{P_0P} = r\overrightarrow{P_0P_1}$$

으로 나타내지며, 이 식은

$$\boxed{\mathbf{x} - \mathbf{x}_0 = r(\mathbf{x}_1 - \mathbf{x}_0) \text{ 또는 } \mathbf{x} = \mathbf{x}_0 + r(\mathbf{x}_1 - \mathbf{x}_0)} \tag{2}$$

가 된다. 이것이 직선 g의 벡터방정식이다. 방정식 (2)를 성분으로 나타내면

$$\begin{cases} x = x_0 + r(x_1 - x_0) \\ y = y_0 + r(y_1 - y_0) \end{cases} \tag{3}$$

이고, 이 두 식에서 매개변수 r을 소거하면

$$\frac{x - x_0}{y - y_0} = \frac{x_1 - x_0}{y_1 - y_0} \text{ 또는 } (x_1 - x_0)(y - y_0) = (x - x_0)(y_1 - y_0) \tag{4}$$

를 얻는다.

【예제 1.9】 두 점 (1, 3), (4, −2)를 지나는 직선의 매개방정식을 구하라.

풀이 (3) 식에 대입하면(r은 매개변수) $\dfrac{x-1}{y-3} = \dfrac{3}{-5}$

$$\text{또는 } \begin{cases} x = 1 + r(4-1) \\ y = 3 + r(-2-3) \end{cases} \text{ 에서 } \begin{cases} x = 1 + 3r \\ y = 3 - 5r \end{cases}$$

■

[3] 평면직선의 Hesse의 표준형

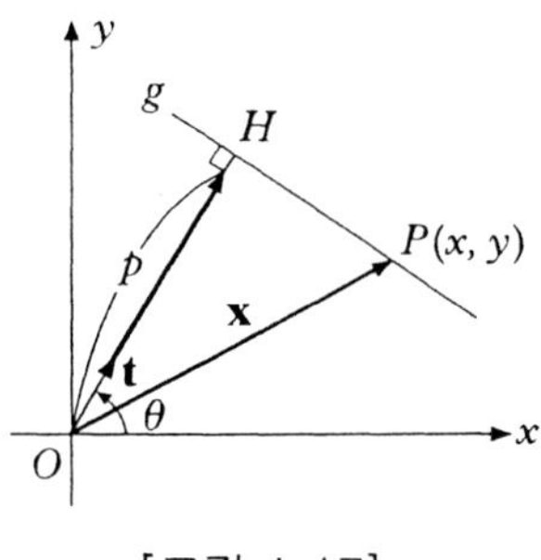

[그림 1.17]

원점 O에서 직선 g에 내린 수선의 발을 H라 하고, $\overline{OH}=p$, x축과 $\overrightarrow{OH}$가 이루는 각을 θ라면, $\overrightarrow{OH}$는

$$\overrightarrow{OH}=[P\cos\theta,\ P\sin\theta]$$

이고, $\overrightarrow{OH}$와 같은 방향의 단위벡터 $\mathbf{t}$는

$$\mathbf{t}=\cos\theta\mathbf{i}+\sin\theta\mathbf{j}$$

$\triangle OHP$에서 $\overrightarrow{OP}=\mathbf{x}$, $\overline{OH}=p$라면 $\overrightarrow{OP}\cdot\mathbf{t}=\overline{OH}$이므로

$$\mathbf{x}\cdot\mathbf{t}=p \text{ 또는 } (x\mathbf{i}+y\mathbf{j})\cdot(\cos\theta\mathbf{i}+\sin\theta\mathbf{j})=p$$

따라서 직선 g의 방정식은

$$\boxed{\mathbf{x}\cdot\mathbf{t}=x\cos\theta+y\sin\theta=p} \tag{5}$$

이 직선 g의 방정식을 Hesse 표준형이라 한다. 방정식 (5)에서 $\cos\theta\mathbf{i}+\sin\theta\mathbf{j}$는 직선 g에 수직인 단위벡터이다.

【예제 1.10】 직선 $g: ax+by=c$의 Hesse 표준형을 구하라.

풀이 Hesse 표준형 (5)식과 비교할 때

$a=k\cos\theta$, $b=k\sin\theta$이라면, $a^2+b^2=k^2$에서, $k=\pm\sqrt{a^2+b^2}$이므로 직선 g의 양변을 k로 나누면 $\frac{a}{k}x+\frac{b}{k}y=\frac{c}{k}$가 되어. 표준형 $x\cos\theta+y\sin\theta=p$ 꼴이 된다. 단, $p>0$이다. 구하는 표준형은

$$\frac{a}{\pm\sqrt{a^2+b^2}}x+\frac{b}{\pm\sqrt{a^2+b^2}}y=\frac{c}{\pm\sqrt{a^2+b^2}}$$

이고, $p=\dfrac{c}{\pm\sqrt{a^2+b^2}}>0$ 되게 복호 $\pm$에서 하나를 선택해야 한다. ■

[4] 점 $P_0(x_0,\ y_0)$를 지나고, 방향여현이 $(\lambda,\ \mu)$인 직선

원점을 지나 직선 g에 평행인 직선이 x, y축과 이루는 각을 α, β라 할 때

$$\lambda = \cos\alpha,\ \mu = \cos\beta \quad (= \sin\alpha)$$

되는 λ, μ가 직선 g의 방향여현이다. 분명히 $\lambda^2 + \mu^2 = 1$이므로, 벡터 $\mathbf{t} = \lambda\mathbf{i} + \mu\mathbf{j}$는 직선 g에 평행인 단위벡터이다.

참고 직선 g의 기울기 m은 $m = \tan\theta = \dfrac{\mu}{\lambda}(\lambda \neq 0)$이므로,
구하는 직선은 $y - y_0 = \dfrac{\mu}{\lambda}(x - x_0)$ 또는 $\dfrac{x - x_0}{\lambda} = \dfrac{y - y_0}{\mu}$ 또는 $y - y_0 = m(x - x_0)$

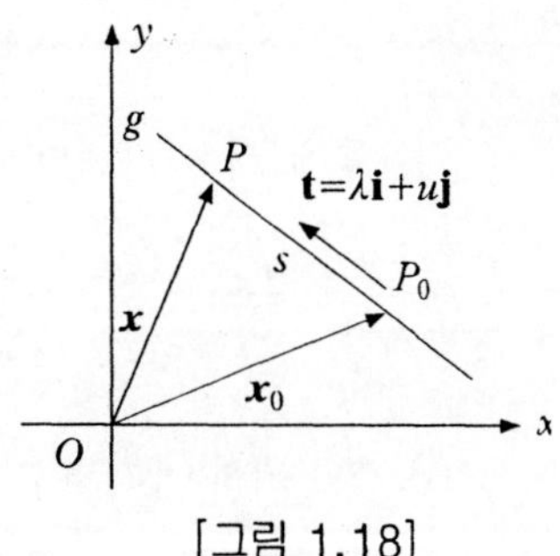

[그림 1.18]

그림 1.18에서 단위벡터 $\mathbf{t} = \lambda\mathbf{i} + \mu\mathbf{j}$는 직선 g에 평행이므로 $s = \overline{P_0P}$라면

$$\overrightarrow{P_0P} = s\mathbf{t} \quad (\mathbf{t} = \lambda\mathbf{i} + \mu\mathbf{j})$$

따라서 직선 g의 방정식은 $\mathbf{x} = [x,\ y]$, $\mathbf{x}_0 = [x_0,\ y_0]$, $\mathbf{t} = [\lambda,\ \mu]$이라면

$$\mathbf{x} - \mathbf{x}_0 = s\mathbf{t} \text{ 또는 } \mathbf{x} = \mathbf{x}_0 + s\mathbf{t} \ (s\text{는 매개변수}) \text{ 또는 } \frac{x - x_0}{\lambda} = \frac{y - y_0}{\mu}$$

공간의 정점 $P(x_0,\ y_0,\ z_0)$를 지나고, 방향여현이 λ, μ, ν인 직선의 방정식은

$$x = x_0 + s\lambda,\ y = y_0 + s\mu,\ z = z_0 + s\nu \text{ 또는 } \frac{x - x_0}{\lambda} = \frac{y - y_0}{\mu} = \frac{z - z_0}{\nu}$$

로 나타내진다.

【예제 1.11】 두 점 (1, 3)과 (3. 4)를 지나는 직선의 방향여현을 구해서 이 직선의 방정식을 구하라.

풀이 두 점 $P_0(1,\ 3)$, $P_1(3,\ 4)$을 지나는 직선 상의 임의의 점을 $P(x,\ y)$라 하고,

$$\overrightarrow{OP} = \mathbf{x} = [x,\ y],\ \overrightarrow{OP_0} = \mathbf{x}_0 = [1,\ 3],\ \overrightarrow{OP_1} = \mathbf{x}_1 = [3,\ 4]$$

이라면 구하는 직선의 방정식은

$$\mathbf{x} - \mathbf{x}_0 = r(\mathbf{x}_1 - \mathbf{x}_0)$$

좌표를 써서 나타내면

$$\begin{cases} x - 1 = r\ (3 - 1) \cdots ① \\ y - 3 = r\ (4 - 3) \cdots ② \end{cases}$$

①, ②식에서 매개변수 r을 소거하면

$$\frac{x-1}{y-3} = \frac{2}{1} \text{ 또는 } y - 3 = \frac{1}{2}(x - 1)$$ ■

[5] 평면의 방정식

점 $P_0(x_0,\ y_0,\ z_0)$를 지나고, 벡터 $\mathbf{a}$에 수직인 평면

평면 π상에 한 점 $P_0(x_0,\ y_0,\ z_0)$, π상의 임의점을 $P(x,\ y,\ z)$라 하고, 점 P_0, 점 P의 위치벡터를 $\mathbf{x}_0$, $\mathbf{x}$라 하자. 평면 π에 수직인 벡터 $\mathbf{a}$의 성분을 $(a,\ b,\ c)$라면, $\overrightarrow{P_0P}$는 π상에 있으므로, $\overrightarrow{P_0P}$는 $\mathbf{a}$에 수직이다. 따라서 평면 π의 벡터방정식은

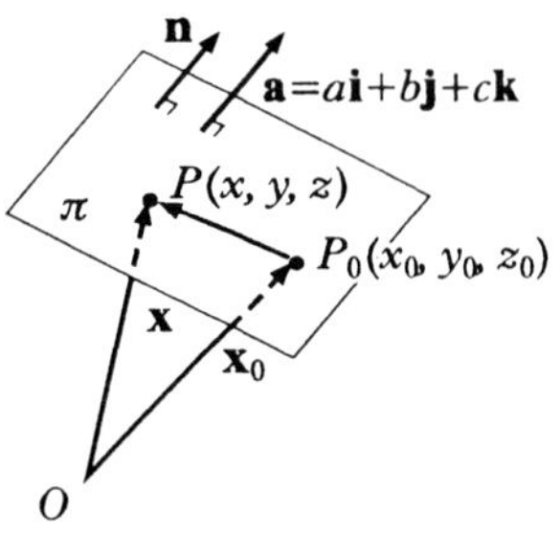

[그림 1.19]

$$\mathbf{a} \cdot \overrightarrow{P_0P} = 0$$

이고, $\overrightarrow{P_0P} = \mathbf{x} - \mathbf{x}_0$, $\mathbf{a} = a\mathbf{i} + b\mathbf{j} + c\mathbf{k}$이므로

$$\mathbf{a} \cdot \overrightarrow{P_0P} = (a\mathbf{i} + b\mathbf{j} + c\mathbf{k}) \cdot (\mathbf{x} - \mathbf{x}_0)$$

$$= (a\mathbf{i} + b\mathbf{j} + c\mathbf{k})[(x - x_0)\mathbf{i} + (y - y_0)\mathbf{j} + (z - z_0)\mathbf{k}]$$
$$= a(x - x_0) + b(y - y_0) + c(z - z_0) = 0 \tag{6}$$

이것이 구하는 평면 π의 방정식이다. 평면 π는 벡터 $\mathbf{a} = a\mathbf{i} + b\mathbf{j} + c\mathbf{k}$에 수직인 평면이고, $ax_0 + by_0 + cz_0 = d$이라면, 평면 π의 방정식은 다음과 같다.

$$ax + by + cz = d$$

【예제 1.12】 벡터 $\mathbf{a} = 3\mathbf{i} + 4\mathbf{j} + 12\mathbf{k}$에 수직이고, 점 (0, 2, 3)을 지나는 평면의 방정식을 구하라.

풀이 $\mathbf{a} = a\mathbf{i} + b\mathbf{j} + c\mathbf{k} = 3\mathbf{i} + 4\mathbf{j} + 12\mathbf{k}$에서 $a = 3$, $b = 4$, $c = 12$이고, $x_0 = 0$, $y_0 = 2$, $z_0 = 3$이므로, (6)에 의하여 구하는 평면의 방정식은

$$3(x - 0) + 4(y - 2) + 12(z - 3) = 0$$

따라서

$$3x + 4y + 12z = 8 + 36 = 44$$

양변을 $\sqrt{3^2 + 4^2 + 12^2} = 13$으로 나누면 평면의 표준형은 다음과 같다.

$$\frac{3}{13}x + \frac{4}{13}y + \frac{12}{13}z = \frac{44}{13}$$ ■

평면 π에 수직인 단위법선벡터 $\mathbf{N}$의 성분이 (λ, μ, ν)일 때, (λ, μ, ν)는 이 평면의 방향여현이다. 이 평면의 단위법선벡터 $\mathbf{N}$이 x축, y축, z축과 이루는 각을 α, β, γ라면

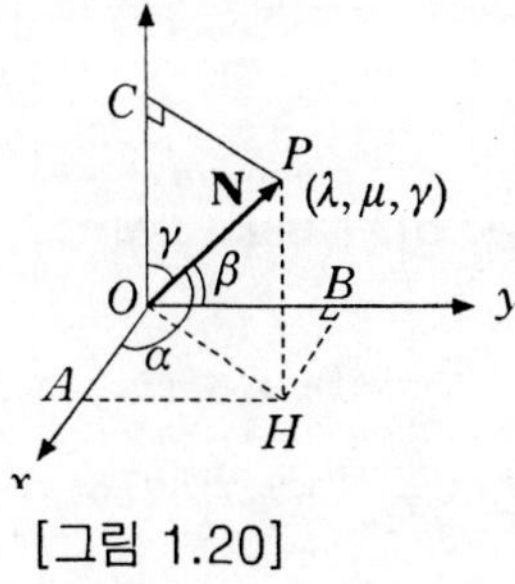

[그림 1.20]

$$\lambda = \cos\alpha,\ \mu = \cos\beta,\ \nu = \cos\gamma$$
$$\lambda^2 + \mu^2 + \nu^2 = \overline{OA}^2 + \overline{OB}^2 + \overline{OC}^2$$
$$= \overline{OH}^2 + \overline{HP}^2 = \overline{OP}^2 = |\mathbf{N}|^2 = 1$$
$$\therefore\ \lambda^2 + \mu^2 + \nu^2 = 1$$

또는 $\cos^2\alpha + \cos^2\beta + \cos^2\gamma = 1$

방향여현이 (λ, μ, ν)인 직선에 수직이고, 점 (x_0, y_0, z_0)를 지나는 평면의 방정식은 (6)에 의하여

$$\lambda(x-x_0)+\mu(y-y_0)+\nu(z-z_0)=0$$

또는

$$\lambda x+\mu y+\nu z=\lambda x_0+\mu y_0+\nu z_0=p,\ \lambda^2+\mu^2+\nu^2=1$$

이것을 **평면의 방정식의 표준형**이라 한다.

$$\begin{aligned}\mathbf{N}\cdot\mathbf{x}_0&=(\lambda\mathbf{i}+\mu\mathbf{j}+\nu\mathbf{k})\cdot(x_0\mathbf{i}+y_0\mathbf{j}+z_0\mathbf{k})\\&=\lambda x_0+\mu y_0+\nu z_0=p\end{aligned}$$

$\mathbf{N}\cdot\mathbf{x}_0$는 $\mathbf{x}_0$의 단위법선벡터 $\mathbf{N}$에의 정사영의 길이이므로 원점에서 이 평면까지의 수직거리$(=p)$이다.

【예제 1.13】 평면 $ax+by+c=d$의 표준형을 구하라.

풀이 $\mathbf{N}=\dfrac{a\mathbf{i}+b\mathbf{j}+c\mathbf{k}}{\pm\sqrt{a^2+b^2+c^2}}$, 단, 복호는 $\dfrac{d}{\pm\sqrt{a^2+b^2+c^2}}>0$ 되게 취한다.

이 평면의 표준형은

$$\frac{a}{\pm\sqrt{a^2+b^2+c^2}}x+\frac{b}{\pm\sqrt{a^2+b^2+c^2}}y+\frac{c}{\pm\sqrt{a^2+b^2+c^2}}z=\frac{d}{\pm\sqrt{a^2+b^2+c^2}}$$

■

2 외적(벡터곱)

두 벡터 $\mathbf{a}=(a_1, a_2, a_3)$와 $\mathbf{b}=(b_1, b_2, b_3)$의 외적(벡터곱)(cross product) $\mathbf{a}\times\mathbf{b}$의 크기는 다음과 같이 정의한다.

$$|\mathbf{a}\times\mathbf{b}|=|\mathbf{a}|\,|\mathbf{b}|\sin\gamma$$

단, γ는 $\mathbf{a}$와 $\mathbf{b}$에 의하여 만들어지는 사이각이고, $\mathbf{c}=\mathbf{a}\times\mathbf{b}$의 방향은 다음 그림과 같이 오른손 법칙에 의하여 셋째 손가락까지를 폈을 때 $\mathbf{a}$와 $\mathbf{b}$에 동시에 수직이므로, $\mathbf{a}$와 $\mathbf{b}$가 이루는 평면에 수직인 방향으로 $\mathbf{a}$에서 $\mathbf{b}$로 오른나사를 돌릴 때 나아가는 방향이다. $\mathbf{a}$와 $\mathbf{b}$에 수직인 $\mathbf{c}$ 방향의 단위벡터를 $\mathbf{u}$라 하고, $\mathbf{a}$와 $\mathbf{b}$가 이루는 각의 크기를 γ라면, $\mathbf{a}\times\mathbf{b}$의 정의는 다음과 같다.

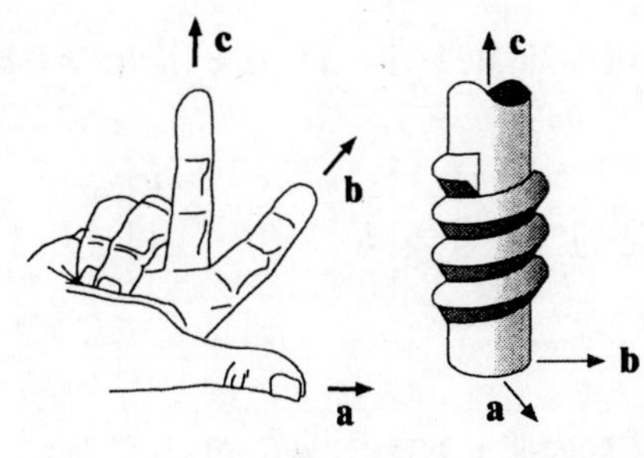

[그림 1.21]

$$\mathbf{a}\times\mathbf{b}=|\mathbf{a}||\mathbf{b}|\sin\gamma\mathbf{u}\ (0\le\gamma\le\pi)$$

$\mathbf{a}=\mathbf{b}$이면, $\sin\gamma=0$이므로 $\mathbf{a}\times\mathbf{b}=\mathbf{0}$이다.

외적에 관하여 다음 성질이 있다.

1. $\mathbf{a}\times\mathbf{b}=-\mathbf{b}\times\mathbf{a}$
2. $\mathbf{a}\times(\mathbf{b}+\mathbf{c})=\mathbf{a}\times\mathbf{b}+\mathbf{a}\times\mathbf{c}$ (분배법칙)
3. $m(\mathbf{a}\times\mathbf{b})=(m\mathbf{a})\times\mathbf{b}=\mathbf{a}\times(m\mathbf{b})=(\mathbf{a}\times\mathbf{b})m$ (m은 스칼라)
4. $\mathbf{i}\times\mathbf{i}=\mathbf{j}\times\mathbf{j}=\mathbf{k}\times\mathbf{k}=\mathbf{0},\ \mathbf{i}\times\mathbf{j}=\mathbf{k},\ \mathbf{j}\times\mathbf{k}=\mathbf{i},\ \mathbf{k}\times\mathbf{i}=\mathbf{j}$

$\mathbf{a}\times\mathbf{b}$를 성분으로 나타내면 다음과 같다.

$$\begin{aligned}\mathbf{a}\times\mathbf{b}&=\begin{vmatrix}\mathbf{i}&\mathbf{j}&\mathbf{k}\\a_1&a_2&a_3\\b_1&b_2&b_3\end{vmatrix}\\&=(a_2b_3-a_3b_2)\mathbf{i}+(a_3b_1-a_1b_3)\mathbf{j}+(a_1b_2-a_2b_1)\mathbf{k}\end{aligned}\tag{7}$$

식(7)은 오른쪽 행렬을 1행에 관하여 전개한 것이다.

$$\begin{aligned}\mathbf{a}\times\mathbf{b}&=\begin{vmatrix}\mathbf{i}&\mathbf{j}&\mathbf{k}\\a_1&a_2&a_3\\b_1&b_2&b_3\end{vmatrix}=\begin{vmatrix}a_2&a_3\\b_2&b_3\end{vmatrix}\mathbf{i}-\begin{vmatrix}a_1&a_3\\b_1&b_3\end{vmatrix}\mathbf{j}+\begin{vmatrix}a_1&a_2\\b_1&b_2\end{vmatrix}\mathbf{k}\\&=(a_2b_3-a_3b_2)\mathbf{i}+(a_3b_1-a_1b_3)\mathbf{j}+(a_1b_2-a_2b_1)\mathbf{k}\end{aligned}$$

【예제 1.14】 $a=2\mathbf{i}-\mathbf{j}+\mathbf{k}$, $b=\mathbf{i}+2\mathbf{j}-\mathbf{k}$일 때, $\mathbf{a}\times\mathbf{b}$를 구하라.

풀이 $\mathbf{a}\times\mathbf{b}=\begin{vmatrix}\mathbf{i} & \mathbf{j} & \mathbf{k}\\ 2 & -1 & 1\\ 1 & 2 & -1\end{vmatrix}=(1-2)\mathbf{i}+(1+2)\mathbf{j}+(4+1)\mathbf{k}=-\mathbf{i}+3\mathbf{j}+5\mathbf{k}$ ■

【예제 1.15】 다음 외적에 관한 성질을 증명하라.

$$\mathbf{a}\times\mathbf{b}=-\mathbf{b}\times\mathbf{a}$$

풀이 오른손 법칙에서 $\mathbf{a}\times\mathbf{b}$와 $\mathbf{b}\times\mathbf{a}$는 방향이 반대이고, $\mathbf{a}\times\mathbf{b}$와 $\mathbf{b}\times\mathbf{a}$는 크기는 같기 때문이다. ■

【예제 1.16】 $\mathbf{a}\times(\mathbf{b}+\mathbf{c})=\mathbf{a}\times\mathbf{b}+\mathbf{a}\times\mathbf{c}$임을 밝혀라.

풀이 $\mathbf{b}=[b_1,\ b_2,\ b_3]$, $\mathbf{c}=[c_1,\ c_2,\ c_3]$이라면, $\mathbf{b}+\mathbf{c}=[b_1+c_1,\ b_2+c_2,\ b_3+c_3]$이므로

$$\mathbf{a}\times(\mathbf{b}+\mathbf{c})=\begin{vmatrix}\mathbf{i} & \mathbf{j} & \mathbf{k}\\ a_1 & a_2 & a_3\\ b_1+c_1 & b_2+c_2 & b_3+c_3\end{vmatrix}$$

$$=\begin{vmatrix}\mathbf{i} & \mathbf{j} & \mathbf{k}\\ a_1 & a_2 & a_3\\ b_1 & b_2 & b_3\end{vmatrix}+\begin{vmatrix}\mathbf{i} & \mathbf{j} & \mathbf{k}\\ a_1 & a_2 & a_3\\ c_1 & c_2 & c_3\end{vmatrix}=\mathbf{a}\times\mathbf{b}+\mathbf{a}\times\mathbf{c}$$

따라서　$\mathbf{a}\times(\mathbf{b}+\mathbf{c})=\mathbf{a}\times\mathbf{b}+\mathbf{a}\times\mathbf{c}$ ■

【예제 1.17】 $\mathbf{a}$와 $\mathbf{b}$를 이웃한 두 변으로 하는 평행4변형의 넓이는 $|\mathbf{a}\times\mathbf{b}|$임을 밝혀라.

풀이 $\mathbf{a}$와 $\mathbf{b}$가 이루는 사이각을 θ이라면 $\mathbf{a}$와 $\mathbf{b}$를 이웃한 변으로 하는 평행4변형의 넓이 S는, 높이를 h이라면

$$S=h|\mathbf{b}|=|\mathbf{a}|\sin\theta|\mathbf{b}|=|\mathbf{a}||\mathbf{b}|\sin\theta=|\mathbf{a}\times\mathbf{b}|$$

■

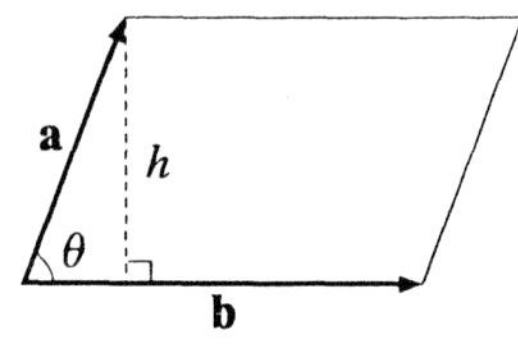

[그림 1.22]

3 3중적

벡터 **a**, **b**, **c**를 이웃한 3변으로 하는 평행6면체의 부피는 $\mathbf{a}\cdot(\mathbf{b}\times\mathbf{c})$로 나타내진다. 이 벡터를 스칼라 3중적(scalar triple product)이라 한다.

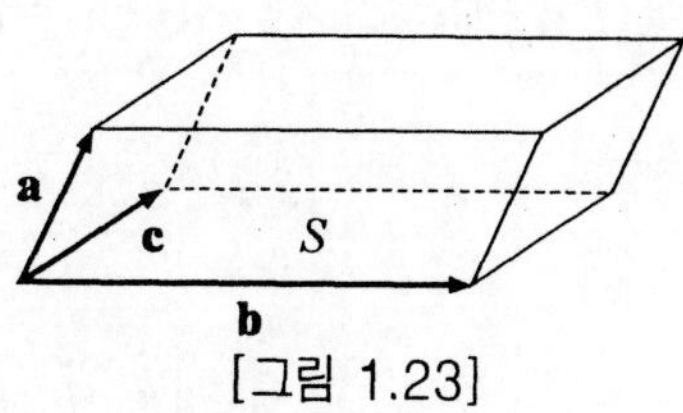

[그림 1.23]

N을 **b**와 **c**로 형성되는 평면의 단위법선벡터라면, 이 평행6면체의 높이 h는 $h=\mathbf{a}\cdot\mathbf{N}$이고, 밑면의 넓이$S$는 $S=|\mathbf{b}\times\mathbf{c}|$이므로 이 평행6면체의 부피는 **a**, **b**, **c**가 오른손 법칙이면

$$V=hS=(\mathbf{a}\cdot\mathbf{N})(|\mathbf{b}\times\mathbf{c}|)=\mathbf{a}\cdot\{|\mathbf{b}\times\mathbf{c}|\mathbf{N}\}=\mathbf{a}\cdot(\mathbf{b}\times\mathbf{c})\}$$

a, **b**, **c**가 오른손 법칙이 아니면, 부피는 $|\mathbf{a}\cdot(\mathbf{b}\times\mathbf{c})|$이다.

$\mathbf{a}=a_1\mathbf{i}+a_2\mathbf{j}+a_3\mathbf{k},\ \mathbf{b}=b_1\mathbf{i}+b_2\mathbf{j}+b_3\mathbf{k},\ \mathbf{c}=c_1\mathbf{i}+c_2\mathbf{j}+c_3\mathbf{k}$라면

$$\begin{aligned}\mathbf{a}\cdot(\mathbf{b}\times\mathbf{c})&=\mathbf{a}\cdot\begin{vmatrix}\mathbf{i}&\mathbf{j}&\mathbf{k}\\ b_1&b_2&b_3\\ c_1&c_2&c_3\end{vmatrix}\\ &=(a_1\mathbf{i}+a_2\mathbf{j}+a_3\mathbf{k})\cdot[(b_2c_3-b_3c_2)\mathbf{i}-(b_1c_3-b_3c_1)\mathbf{j}+(b_1c_2-b_2c_1)\mathbf{k}]\\ &=a_1(b_2c_3-b_3c_2)-a_2(b_1c_3-b_3c_1)+a_3(b_1c_2-b_2c_1)\\ &=a_1\begin{vmatrix}b_2&b_3\\ c_2&c_3\end{vmatrix}-a_2\begin{vmatrix}b_1&b_3\\ c_1&c_3\end{vmatrix}+a_3\begin{vmatrix}b_1&b_2\\ c_1&c_2\end{vmatrix}=\begin{vmatrix}a_1&a_2&a_3\\ b_1&b_2&b_3\\ c_1&c_2&c_3\end{vmatrix}\end{aligned}$$

【예제 1.18】 $(2\mathbf{i}-3\mathbf{j}+4\mathbf{k})\cdot[(\mathbf{i}+\mathbf{j}-\mathbf{k})\times(3\mathbf{i}-\mathbf{k})]$의 값을 구하라. 또, 이 식은 어떤 도형의 부피를 나타내는가?

풀이 구하는 값은 $\mathbf{a}\cdot(\mathbf{b}\times\mathbf{c})$의 꼴인 3중적이므로, 이 값을 행렬식으로 나타내서 구하면

$$\begin{vmatrix}2&-3&4\\ 1&1&-1\\ 3&0&-1\end{vmatrix}=2\begin{vmatrix}1&-1\\ 0&-1\end{vmatrix}+3\begin{vmatrix}1&-1\\ 3&-1\end{vmatrix}+4\begin{vmatrix}1&1\\ 3&0\end{vmatrix}=-8$$

이 식은 $\mathbf{a}=2\mathbf{i}-3\mathbf{j}+4\mathbf{k},\ \mathbf{b}=\mathbf{i}+\mathbf{j}-\mathbf{k},\ \mathbf{c}=3\mathbf{i}-\mathbf{k}$를 이웃한 3변으로 하는 평행6면체의 부피를 나타내는데, **a**, **b**, **c**가 오른손 법칙이 아니므로, 구하는 부피는

$$|\mathbf{a}\cdot(\mathbf{b}\times\mathbf{c})|=|-8|=8$$

■

【예제 1.19】 다음 등식을 증명하라.

(1) $\mathbf{a}\cdot(\mathbf{b}\times\mathbf{c})=\mathbf{b}\cdot(\mathbf{c}\times\mathbf{a})=\mathbf{c}\cdot(\mathbf{a}\times\mathbf{b})$ (2) $\mathbf{a}\times(\mathbf{b}\times\mathbf{c})=(\mathbf{a}\cdot\mathbf{c})\mathbf{b}-(\mathbf{a}\cdot\mathbf{b})\mathbf{c}$

풀이 (1) $\mathbf{a}=[a_1,\ a_2,\ a_3]$, $\mathbf{b}=[b_1,\ b_2,\ b_3]$, $\mathbf{c}=[c_1,\ c_2,\ c_3]$이라면

$$\mathbf{b}\times\mathbf{c}=\begin{vmatrix}\mathbf{i} & \mathbf{j} & \mathbf{k}\\ b_1 & b_2 & b_3\\ c_1 & c_2 & c_3\end{vmatrix}\quad \therefore\ \mathbf{a}\cdot(\mathbf{b}\times\mathbf{c})=\begin{vmatrix}a_1 & a_2 & a_3\\ b_1 & b_2 & b_3\\ c_1 & c_2 & c_3\end{vmatrix}$$

$$\mathbf{b}\cdot(\mathbf{c}\times\mathbf{a})=\begin{vmatrix}b_1 & b_2 & b_3\\ c_1 & c_2 & c_3\\ a_1 & a_2 & a_3\end{vmatrix},\quad \mathbf{c}\cdot(\mathbf{a}\times\mathbf{b})=\begin{vmatrix}c_1 & c_2 & c_3\\ a_1 & a_2 & a_3\\ b_1 & b_2 & b_3\end{vmatrix}$$

이들 세 개의 행렬식은 서로 같으므로

$$\mathbf{a}\cdot(\mathbf{b}\times\mathbf{c})=\mathbf{b}\cdot(\mathbf{c}\times\mathbf{a})=\mathbf{c}\cdot(\mathbf{a}\times\mathbf{b})$$

(2) $\mathbf{b}\times\mathbf{c}=[x_1,\ x_2,\ x_3]$이라면

$$x_1=\begin{vmatrix}b_2 & b_3\\ c_2 & c_3\end{vmatrix},\ x_2=\begin{vmatrix}b_3 & b_1\\ c_3 & c_1\end{vmatrix},\ x_3=\begin{vmatrix}b_1 & b_2\\ c_1 & c_2\end{vmatrix}$$

$$\mathbf{a}\times(\mathbf{b}\times\mathbf{c})=\begin{vmatrix}a_2 & a_3\\ x_2 & x_3\end{vmatrix}\mathbf{i}+\begin{vmatrix}a_3 & a_1\\ x_3 & x_1\end{vmatrix}\mathbf{j}+\begin{vmatrix}a_1 & a_2\\ x_1 & x_2\end{vmatrix}\mathbf{k}$$

$$\begin{aligned}\begin{vmatrix}a_1 & a_2\\ x_1 & x_2\end{vmatrix}&=a_1x_2-a_2x_1=a_1(b_3c_1-b_1c_3)-a_2(b_2c_3-b_3c_2)\\ &=b_3(a_1c_1+a_2c_2)-c_3(a_1b_1+a_2b_2)\\ &=b_3(a_1c_1+a_2c_2+a_3c_3)-c_3(a_1b_1+a_2b_2+a_3b_3)\\ &=b_3(\mathbf{a}\cdot\mathbf{c})-c_3(\mathbf{a}\cdot\mathbf{b})\end{aligned}$$

마찬가지로

$$\begin{vmatrix}a_2 & a_3\\ x_2 & x_3\end{vmatrix}=b_1(\mathbf{a}\cdot\mathbf{c})-c_1(\mathbf{a}\cdot\mathbf{b}),\ \begin{vmatrix}a_3 & a_1\\ x_3 & x_1\end{vmatrix}=b_2(\mathbf{a}\cdot\mathbf{c})-c_2(\mathbf{a}\cdot\mathbf{b})$$

$$\begin{aligned}\mathbf{a}\times(\mathbf{b}\times\mathbf{c})&=(\mathbf{a}\cdot\mathbf{c})b_1\mathbf{i}-(\mathbf{a}\cdot\mathbf{b})c_1\mathbf{i}+(\mathbf{a}\cdot\mathbf{c})b_2\mathbf{j}-(\mathbf{a}\cdot\mathbf{b})c_2\mathbf{j}\\ &\quad+(\mathbf{a}\cdot\mathbf{c})b_3\mathbf{k}-(\mathbf{a}\cdot\mathbf{b})c_3\mathbf{k}\\ &=(\mathbf{a}\cdot\mathbf{c})(b_1\mathbf{i}+b_2\mathbf{j}+b_3\mathbf{k})-(\mathbf{a}\cdot\mathbf{b})(c_1\mathbf{i}+c_2\mathbf{j}+c_3\mathbf{k})\\ &=(\mathbf{a}\cdot\mathbf{c})\mathbf{b}-(\mathbf{a}\cdot\mathbf{b})\mathbf{c}\end{aligned}$$

■

[4] 곡면의 벡터방정식

점 P의 위치벡터가 2변수 u와 v의 함수 $\mathbf{r}(u, v)$이면, u와 v의 변동에 따라서 점 P는 일반적으로 곡면 S를 그린다. 따라서 곡면 S의 방정식은

$$\mathbf{r}=\mathbf{r}(u, v)$$

꼴을 하며, 이를 곡면 S의 벡터방정식이라 한다. 이 경우 점 P를 $P(u, v)$로 나타내고, 다음 조건을 가정한다.

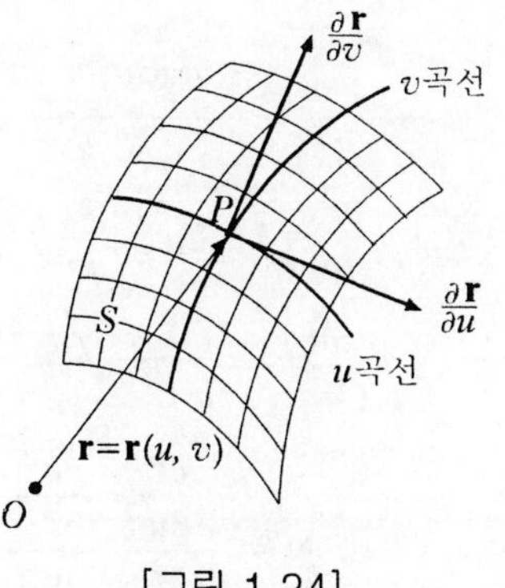

[그림 1.24]

$$\frac{\partial \mathbf{r}}{\partial u}\times\frac{\partial \mathbf{r}}{\partial v}\neq 0 \tag{8}$$

$\frac{\partial \mathbf{r}}{\partial u}\times\frac{\partial \mathbf{r}}{\partial v}$는 외적의 정의에서 $\frac{\partial \mathbf{r}}{\partial u}$와 $\frac{\partial \mathbf{r}}{\partial v}$를 이웃한 두 변으로 하는 직4각형의 넓이이다. 변수 v를 어떤 값에 고정하고, u만을 변동시킬 때, 점 P는 곡면 S 위에 한 곡선을 그린다. 이것을 u곡선이라 한다. 마찬가지로, v곡선을 정의하면, 곡면상에는 u곡선과 v곡선이 만드는 망이 생긴다.

$\frac{\partial \mathbf{r}}{\partial u}$와 $\frac{\partial \mathbf{r}}{\partial v}$는 각각 u곡선과 v곡선의 접선벡터이고, 조건 (8)에 의하여 이것들은 1차 독립이다. 곡면상의 각 점을 지나 $\frac{\partial \mathbf{r}}{\partial u}$와 $\frac{\partial \mathbf{r}}{\partial v}$로 결정되는 평면을 곡면의 **접평면**이라 한다.

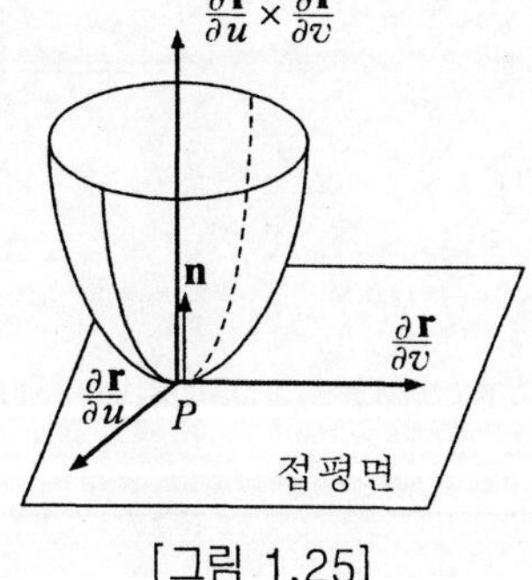

[그림 1.25]

접평면의 단위법선벡터

$$\mathbf{N}=\frac{\dfrac{\partial \mathbf{r}}{\partial u}\times\dfrac{\partial \mathbf{r}}{\partial v}}{\left|\dfrac{\partial \mathbf{r}}{\partial u}\times\dfrac{\partial \mathbf{r}}{\partial v}\right|} \tag{9}$$

는 접평면에 수직인 단위벡터이다. 이 단위법선벡터 $\mathbf{N}$의 선정법은 곡면상의 각 점에서 두 가지가 있으나, 특별히 지정하지 않는 한 $\mathbf{N}$은 곡면에 따라서 연속이 되도록 선정된 것으로 한다.

【예제 1.20】 다음 곡면의 단위법선벡터 $\mathbf{N}$을 구하라.

$$\mathbf{r}=u\mathbf{i}+v\mathbf{j}+(u^2+v^2)\mathbf{k}$$

풀이 $\dfrac{\partial \mathbf{r}}{\partial u}=\mathbf{i}+2u\mathbf{k},\ \dfrac{\partial \mathbf{r}}{\partial v}=\mathbf{j}+2v\mathbf{k},\ \dfrac{\partial \mathbf{r}}{\partial u}\times\dfrac{\partial \mathbf{r}}{\partial v}=-2u\mathbf{i}-2v\mathbf{j}+\mathbf{k}$

$$\left|\frac{\partial \mathbf{r}}{\partial u}\times\frac{\partial \mathbf{r}}{\partial v}\right|=\sqrt{(-2u)^2+(-2v)^2+1^2}=\sqrt{1+4u^2+4v^2}$$

$$\therefore\ \mathbf{N}=\frac{\dfrac{\partial \mathbf{r}}{\partial u}\times\dfrac{\partial \mathbf{r}}{\partial v}}{\left|\dfrac{\partial \mathbf{r}}{\partial u}\times\dfrac{\partial \mathbf{r}}{\partial v}\right|}$$

$$=-\frac{2u}{\sqrt{1+4u^2+4v^2}}\mathbf{i}-\frac{2v}{\sqrt{1+4u^2+4v^2}}\mathbf{j}+\frac{1}{\sqrt{1+4u^2+4v^2}}\mathbf{k}$$ ■

【예제 1.21】 곡면 $z=f(x,\ y)$의 단위법선벡터 $\mathbf{N}$은

$$\mathbf{N}=\frac{-f_x\mathbf{i}-f_y\mathbf{j}+\mathbf{k}}{\sqrt{1+f_x^2+f_y^2}}$$

임을 밝혀라.

풀이 이 곡면의 벡터방정식은

$$\mathbf{r}=x\mathbf{i}+y\mathbf{j}+f(x,\ y)\mathbf{k}$$

이다. 양변을 $x,\ y$에 관하여 편미분하면

$$\frac{\partial \mathbf{r}}{\partial x}=\mathbf{i}+f_x\mathbf{k},\quad \frac{\partial \mathbf{r}}{\partial y}=\mathbf{j}+f_y\mathbf{k}$$

이므로

$$\frac{\partial \mathbf{r}}{\partial x}\times\frac{\partial \mathbf{r}}{\partial y}=(\mathbf{i}+f_x\mathbf{k})\times(\mathbf{j}+f_y\mathbf{k})=-f_x\mathbf{i}-f_y\mathbf{j}+\mathbf{k}$$

따라서

$$\mathbf{N} = \frac{\dfrac{\partial \mathbf{r}}{\partial x} \times \dfrac{\partial \mathbf{r}}{\partial y}}{\left| \dfrac{\partial \mathbf{r}}{\partial x} \times \dfrac{\partial \mathbf{r}}{\partial y} \right|} = \frac{-f_x \mathbf{i} - f_y \mathbf{j} + \mathbf{k}}{\sqrt{1 + f_x^2 + f_y^2}}$$ ■

【예제 1.22】 곡면 $z=x^2+y^2$ 위의 점 $P(1,\ 2,\ 5)$에서의 접평면의 방정식을 구하라.

풀이 $x=u,\ y=v,\ z=u^2+v^2$을 곡면의 매개방정식으로 볼 수 있으므로 주어진 곡면은 $\mathbf{r}=u\mathbf{i}+v\mathbf{j}+(u^2+v^2)\mathbf{k}$이고, 점 $P(1,\ 2,\ 5)$에서 $u=x=1,\ v=y=2$이므로

$$\frac{\partial \mathbf{r}}{\partial u} = \mathbf{i} + 2u\mathbf{k} = \mathbf{i} + 2\mathbf{k},\quad \frac{\partial \mathbf{r}}{\partial v} = \mathbf{j} + 2v\mathbf{k} = \mathbf{j} + 4\mathbf{k}$$

곡면상의 점 $P(1,\ 2,\ 5)$에서의 법선벡터는

$$\mathbf{n} = \frac{\partial \mathbf{r}}{\partial u} \times \frac{\partial \mathbf{r}}{\partial v} = (\mathbf{i} + 2\mathbf{k}) \times (\mathbf{j} + 4\mathbf{k}) = \begin{vmatrix} \mathbf{i} & \mathbf{j} & \mathbf{k} \\ 1 & 0 & 2 \\ 0 & 1 & 4 \end{vmatrix} = -2\mathbf{i} - 4\mathbf{j} + \mathbf{k}$$

구하는 접평면의 방정식은 $(\mathbf{r}-\mathbf{r}_0)\cdot\mathbf{n}=0$이므로

$$[(x\mathbf{i} + y\mathbf{j} + z\mathbf{k}) - (\mathbf{i} + 2\mathbf{j} + 5\mathbf{k})] \cdot (-2\mathbf{i} - 4\mathbf{j} + \mathbf{k}) = 0$$

에서 $-2(x-1)-4(y-2)+(z-5)=0$ 또는 $-2x-4y+z=-5$ ■

연습문제(1.2)

1. 위치벡터 $\mathbf{a}=2\mathbf{i}+6\mathbf{j}-8\mathbf{k}$와 $\mathbf{b}=4\mathbf{i}+3\mathbf{j}-\mathbf{k}$로 형성되는 평면에 수직인 단위벡터를 구하라.

2. 마름모의 대각선은 직교함을 밝혀라.

3. 벡터 $\mathbf{a}=2\mathbf{i}+3\mathbf{j}+6\mathbf{k}$에 수직이고, 벡터 $\mathbf{b}=\mathbf{i}+5\mathbf{j}+3\mathbf{k}$의 끝점을 지나는 평면의 방정식을 구하라.

4. 다음을 구하라.

(1) $\mathbf{a}=\mathbf{i}+4\mathbf{j}-2\mathbf{k}$, $\mathbf{b}=2\mathbf{i}-3\mathbf{j}+\mathbf{k}$일 때 $\mathbf{a}\times\mathbf{b}$의 값

(2) $\mathbf{a}=3\mathbf{i}-\mathbf{j}+2\mathbf{k}$, $\mathbf{b}=2\mathbf{i}+\mathbf{j}-\mathbf{k}$일 때 $\mathbf{b}\times\mathbf{a}$의 값

5. 다음 등식을 증명하라.

$$(\mathbf{a}-\mathbf{b})\times(\mathbf{a}+\mathbf{b})=2\mathbf{a}\times\mathbf{b}$$

6. 공간좌표계에서 원점 (0, 0, 0)과 (2, 0, 3), (0, 6, 2), (3, 3, 0)을 꼭지점으로 하는 4면체의 부피를 구하라.

7. 점 $P(1, 3)$을 지나고, 직선 $l : x-2y+2=0$에 수직인 직선의 방정식을 구하라.

8. 평면 $\pi : 4x+2y+4z=7$에 수직인 단위벡터를 구하라.

제 2 장 벡터의 미분

2.1 벡터함수의 미분법

1 벡터함수

벡터 $\mathbf{r}$이 독립변수 t의 함수일 때, 이것을 $\mathbf{r}(t)$로 쓰고, 벡터함수(vector function)라 한다. 벡터함수는 그 정의역이 실수의 집합이고, 그 치역이 벡터의 집합인 함수이다. 우리가 가장 관심을 가지는 벡터함수는 삼차원 벡터이다.

f, g, h는 같은 정의역 D 상에서 정의된 실함수이고,

$$\mathbf{r}(t) = [f(t),\ g(t),\ h(t)] \tag{1}$$

를 정의역 D에서 정의된 벡터함수라 할 때, $f(t)$, $g(t)$, $h(t)$를 $\mathbf{r}(t)$의 성분함수(component function)라 한다.

보기 2.1 $\mathbf{r}(t) = (t^2,\ \ln(5-t),\ \sqrt{t-2})$이면 성분함수는

$$f(t)=t^2,\ g(t)=\ln(5-t),\ h(t)=\sqrt{t-2}$$

이다. $\mathbf{r}$의 정의역은 $\mathbf{r}(t)$의 각 성분함수가 정의되는 집합의 교집합이다. t^2은 모든 실수, $\ln(5-t)$는 $t<5$이고, $\sqrt{t-2}$는 $t \geq 2$이므로 $\mathbf{r}(t)$의 정의역은 구간 $[2,\ 5)$이다.

R^2의 한 영역 D에서 벡터함수 $\mathbf{F}$가 각 점 $P(x,\ y) \in D$에서 정의될 때 벡터 $\mathbf{F}(x,\ y)$를 영역 D와 함께 일컬어 2차원의 벡터장(vector field)이라 한다. 마찬가지로 R^3에서의 벡터장을 정의한다.

위치벡터 $\mathbf{r}(t)$의 끝점 $(f(t), g(t),\ h(t))$는 t가 정의역 D 내에서 변함에 따라 하나의 공간곡선(space curve)을 나타내고, 이 곡선의 매개방정식은

$$x=f(t),\ y=g(t),\ z=h(t) \qquad (2)$$

꼴로 나타내진다.

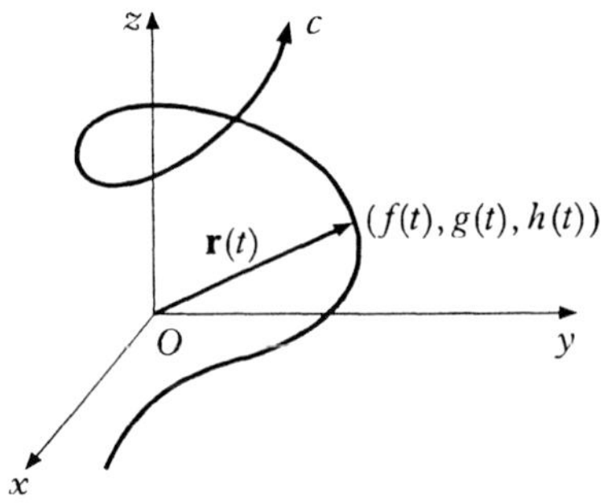

[그림 2.1]

R^3에서의 벡터장은 일반적으로

$$\mathbf{F}(x,\ y,\ z)=P(x,\ y,\ z)\mathbf{i}+Q(x,\ y,\ z)\mathbf{j}+R(x,\ y,\ z)\mathbf{k}$$

꼴로 나타내진다.

【예제 2.1】 다음 벡터방정식이 나타내는 곡선을 그려라.

$$\mathbf{r}(t)=2\cos t\mathbf{i}+\sin t\mathbf{j}+t\mathbf{k}$$

풀이 이 곡선의 매개방정식은

$$x=2\cos t,\ y=\sin t,\ z=t$$

이다. $\left(\frac{x}{2}\right)^2+y^2=\cos^2 t+\sin^2 t=1$이므로, 주어진 곡선은 타원주면 $\frac{x^2}{4}+y^2=1$ 위에 놓여 있다. $z=t$이므로, 이 곡선은 t가 증가함에 따라 원기둥 둘레를 따라서 위쪽으로 선회한다. 이 곡선은 오른쪽 그림과 같다. 이 곡선을 나선이라 한다. ■

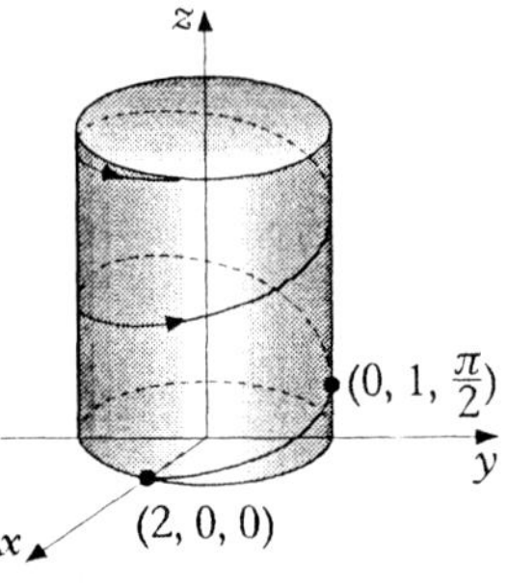

[그림 2.2]

【예제 2.2】 R^2에서 벡터장 $\mathbf{F}(x, y) = -y\mathbf{i} + x\mathbf{j}$가 주어져 있다. 이 곡선을 그리고, 설명하라.

풀이 이 벡터장에서 점 (x, y)의 위치벡터를 $\mathbf{r} = x\mathbf{i} + y\mathbf{j}$ 이라면

$$\mathbf{r} \cdot \mathbf{F}(\mathbf{r}) = (x\mathbf{i} + y\mathbf{j}) \cdot (-y\mathbf{i} + x\mathbf{j}) = -xy + xy = 0$$

이므로, $\mathbf{F}(x, y)$는 위치벡터 $\mathbf{r}(x, y)$에 수직인 벡터이므로, $\mathbf{F}(x, y)$가 그리는 도형은 원점이 중심이고, 반지름이 $|\mathbf{r}| = \sqrt{x^2 + y^2}$ 인 원을 그린다. ■

② 벡터함수의 도함수와 연속성

공간 내의 벡터함수에 대한 극한이나, 도함수의 개념은 평면의 경우와 마찬가지로 정의된다. t가 t_0에 한없이 가까이 갈 때, 벡터함수

$$\mathbf{r}(t) = [f(t),\ g(t),\ h(t)]$$

의 극한은 각 성분의 극한이 존재할 경우, 다음 극한

$$\lim_{t \to t_0} \mathbf{r}(t) = \left[\lim_{t \to t_0} f(t),\ \lim_{t \to t_0} g(t),\ \lim_{t \to t_0} h(t)\right]$$

으로 정의한다.

【예제 2.3】 $\mathbf{r}(t) = (1 + t^3)\mathbf{i} + te^{-t}\mathbf{j} + \dfrac{\sin t}{t}\mathbf{k}$일 때, $\lim_{t \to 0} \mathbf{r}(t)$를 구하라.

풀이 $$\lim_{t \to 0} \mathbf{r}(t) = \left[\lim_{t \to 0}(1 + t^3)\right]\mathbf{i} + \left[\lim_{t \to 0} te^{-t}\right]\mathbf{j} + \left[\lim_{t \to 0} \frac{\sin t}{t}\right]\mathbf{k} = \mathbf{i} + \mathbf{k}$$ ■

만일 t_0에서 벡터함수 $\mathbf{r}$이 정의되어 있고, $\lim_{t \to t_0} \mathbf{r}(t)$가 존재하며 $\lim_{t \to t_0} \mathbf{r}(t) = \mathbf{r}(t_0)$이면, $\mathbf{r}$은 t_0에서 연속이다.

벡터함수 $\mathbf{r}$의 도함수 $\mathbf{r}'(t)$는

$$\mathbf{r}'(t) = \lim_{\Delta t \to 0} \frac{\mathbf{r}(t+\Delta t) - \mathbf{r}(t)}{\Delta t}$$

로 정의되는 벡터함수이다. 만일 $\mathbf{r}(t) = [f(t),\ g(t),\ h(t)]$이고 f, g, h가 미분가능한 함수이면, $\mathbf{r}(t)$의 도함수는 다음과 같다.

$$\mathbf{r}'(t) = [f'(t),\ g'(t),\ h'(t)] \tag{3}$$

이것을 다음 사실에서 알 수 있다.

$$\begin{aligned}\mathbf{r}'(t) &= \frac{d}{dt}[f(t)\mathbf{i} + g(t)\mathbf{j} + h(t)\mathbf{k}] \\ &= \frac{df}{dt}\mathbf{i} + \frac{dg}{dt}\mathbf{j} + \frac{dh}{dt}\mathbf{k} \\ &= f'(t)\mathbf{i} + g'(t)\mathbf{j} + h'(t)\mathbf{k}\end{aligned}$$

【예제 2.4】 $\mathbf{r} = \sin t\mathbf{i} + \cos t\mathbf{j} + t^2\mathbf{k}$일 때, $\frac{d\mathbf{r}}{dt}$, $\frac{d^2\mathbf{r}}{dt^2}$, $\frac{d^3\mathbf{r}}{dt^3}$, $\frac{d^4\mathbf{r}}{dt^4}$을 구하라.

풀이 $\frac{d\mathbf{r}}{dt} = \cos t\mathbf{i} - \sin t\mathbf{j} + 2t\mathbf{k}$

고계도함수 $\frac{d^2\mathbf{r}}{dt^2}$, $\frac{d^3\mathbf{r}}{dt^3}$, … 등은 $\frac{d\mathbf{r}}{dt}$를 계속 미분하여 다음을 얻는다.

$$\frac{d^2\mathbf{r}}{dt^2} = -\sin t\mathbf{i} - \cos t\mathbf{j} + 2$$

$$\frac{d^3\mathbf{r}}{dt^3} = -\cos t\mathbf{i} + \sin t\mathbf{j}$$

$$\frac{d^4\mathbf{r}}{dt^4} = \sin t\mathbf{i} + \cos t\mathbf{j}$$

■

【예제 2.5】 $\mathbf{v}(t_1, t_2) = a\cos t_1\mathbf{i} + a\sin t_1\mathbf{j} + t_2\mathbf{k}$일 때, $\dfrac{\partial \mathbf{v}}{\partial t_1}$, $\dfrac{\partial \mathbf{v}}{\partial t_2}$를 구하라.

풀이 $\mathbf{v} = v_1\mathbf{i} + v_2\mathbf{j} + v_3\mathbf{k}$가 t_1, t_2, t_3의 함수로 정의될 때

$$\frac{\partial \mathbf{v}}{\partial t_1} = \frac{\partial v_1}{\partial t_1}\mathbf{i} + \frac{\partial v_2}{\partial t_1}\mathbf{j} + \frac{\partial v_3}{\partial t_1}\mathbf{k}, \qquad \frac{\partial \mathbf{v}}{\partial t_2} = \frac{\partial v_1}{\partial t_2}\mathbf{i} + \frac{\partial v_2}{\partial t_2}\mathbf{j} + \frac{\partial v_3}{\partial t_2}\mathbf{k}$$

로 정의된다. 따라서 다음 해를 얻는다.

$$\frac{\partial \mathbf{v}}{\partial t_1} = -a\sin t_1\mathbf{i} + a\cos t_1\mathbf{j}, \qquad \frac{\partial \mathbf{v}}{\partial t_2} = \mathbf{k}$$

■

3 벡터함수의 미분공식

[정리 2.1] $\mathbf{u}$와 $\mathbf{v}$를 미분가능한 벡터함수, c를 스칼라라 하면, 다음 공식이 성립한다.

(1) $(c\mathbf{u})' = c\mathbf{u}'$

(2) $(\mathbf{u}+\mathbf{v})' = \mathbf{u}' + \mathbf{v}'$

(3) $(\mathbf{u}\cdot\mathbf{v})' = \mathbf{u}'\cdot\mathbf{v} + \mathbf{u}\cdot\mathbf{v}'$

(4) $(\mathbf{u}\times\mathbf{v})' = \mathbf{u}'\times\mathbf{v} + \mathbf{u}\times\mathbf{v}'$

증명 성질 (3), (4)를 증명하고 나머지 성질의 증명은 연습문제로 남긴다.

(3) $\mathbf{u}(t) = (u_1(t),\ u_2(t),\ u_3(t))$, $\mathbf{v}(t) = (v_1(t),\ v_2(t),\ v_3(t))$

라 하면

$$\begin{aligned}\frac{d}{dt}[\mathbf{u}(t)\cdot\mathbf{v}(t)] &= \frac{d}{dt}[u_1(t)v_1(t) + u_2(t)v_2(t) + u_3(t)v_3(t)]\\ &= [u_1'(t)v_1(t) + u_2'(t)v_2(t) + u_3'(t)v_3(t)]\\ &\quad + [u_1(t)v_1'(t) + u_2(t)v_2'(t) + u_3(t)v_3'(t)]\\ &= \mathbf{u}'(t)\cdot\mathbf{v}(t) + \mathbf{u}(t)\cdot\mathbf{v}'(t)\end{aligned}$$

(4) $$\begin{aligned}\frac{d}{dt}(\mathbf{u}\times\mathbf{v}) &= \lim_{\Delta t\to 0}\frac{(\mathbf{u}+\Delta\mathbf{u})\times(\mathbf{v}+\Delta\mathbf{v}) - \mathbf{u}\times\mathbf{v}}{\Delta t} = \lim_{\Delta t\to 0}\frac{\mathbf{u}\times\Delta\mathbf{v} + \Delta\mathbf{u}\times\mathbf{v} + \Delta\mathbf{u}\times\Delta\mathbf{v}}{\Delta t}\\ &= \lim_{\Delta t\to 0}\left(\mathbf{u}\times\frac{\Delta\mathbf{v}}{\Delta t} + \frac{\Delta\mathbf{u}}{\Delta t}\times\mathbf{v} + \frac{\Delta\mathbf{u}}{\Delta t}\times\Delta\mathbf{v}\right) = \mathbf{u}\times\frac{d\mathbf{v}}{dt} + \frac{d\mathbf{u}}{dt}\times\mathbf{v}\end{aligned}$$

또는 다음과 같이 유도된다.

$$\frac{d}{dt}(\mathbf{u}\times\mathbf{v}) = \frac{d}{dt}\begin{vmatrix}\mathbf{i} & \mathbf{j} & \mathbf{k}\\ u_1 & u_2 & u_3\\ v_1 & v_2 & v_3\end{vmatrix} = \begin{vmatrix}\mathbf{i} & \mathbf{j} & \mathbf{k}\\ u_1 & u_2 & u_3\\ \frac{dv_1}{dt} & \frac{dv_2}{dt} & \frac{dv_3}{dt}\end{vmatrix} + \begin{vmatrix}\mathbf{i} & \mathbf{j} & \mathbf{k}\\ \frac{du_1}{dt} & \frac{du_2}{dt} & \frac{du_3}{dt}\\ v_1 & v_2 & v_3\end{vmatrix}$$

$$= \mathbf{u}\times\frac{d\mathbf{v}}{dt} + \frac{d\mathbf{u}}{dt}\times\mathbf{v}$$ ■

【예제 2.6】 $f(t)=3e^t$, $\mathbf{u}=t\mathbf{i}-\mathbf{j}+3t\mathbf{k}$, $\mathbf{v}=t^2\mathbf{i}+2t\mathbf{j}-\mathbf{k}$라 할 때, 다음을 구하라.

(1) $(f(t)\mathbf{u})'$ (2) $(\mathbf{u}\cdot\mathbf{v})'$ (3) $(\mathbf{u}\times\mathbf{v})'$

풀이 (1) $(f(t)\mathbf{u})' = f'\mathbf{u}+f\mathbf{u}' = 3e^t(t\mathbf{i}-\mathbf{j}+3t\mathbf{k})+3e^t(\mathbf{i}+3\mathbf{k})$

$$= (3te^t+3e^t)\mathbf{i}-3e^t\mathbf{j}+(9te^t+9e^t)\mathbf{k}$$

(2) $(\mathbf{u}\cdot\mathbf{v})' = \mathbf{u}'\cdot\mathbf{v}+\mathbf{u}\cdot\mathbf{v}'$

$$= (\mathbf{i}+3\mathbf{k})\cdot(t^2\mathbf{i}+2t\mathbf{j}-\mathbf{k})+(t\mathbf{i}-\mathbf{j}+3t\mathbf{k})\cdot(2t\mathbf{i}+2\mathbf{j})$$

$$= t^2-3+2t^2-2 = 3t^2-5$$

(3) $(\mathbf{u}\times\mathbf{v})' = \mathbf{u}'\times\mathbf{v}+\mathbf{u}\times\mathbf{v}'$

$$= (\mathbf{i}+3\mathbf{k})\times(t^2\mathbf{i}+2t\mathbf{j}-\mathbf{k})+(t\mathbf{i}-\mathbf{j}+3t\mathbf{k})\times(2t\mathbf{i}+2\mathbf{j})$$

$$= [-6t\mathbf{i}+(3t^2+1)\mathbf{j}+2t\mathbf{k}]+(-6t\mathbf{i}+6t^2\mathbf{j}+4t\mathbf{k})$$

$$= -12t\mathbf{i}+(9t^2+1)\mathbf{j}+6t\mathbf{k}$$

벡터함수 $\mathbf{u}(t)$의 1계, 2계, ⋯, n계 도함수를 다음과 같이 나타낸다.

$$\frac{d\mathbf{u}}{dt},\ \frac{d^2\mathbf{u}}{dt^2},\ \cdots\ \frac{d^n\mathbf{u}}{dt^n}\ \text{또는}\ \mathbf{u}',\ \mathbf{u}'',\ \cdots,\ \mathbf{u}^{(n)}$$

$\mathbf{u}(t)=u_1(t)\mathbf{i}+u_2(t)\mathbf{j}+u_3(t)\mathbf{k}$이라면

$$\frac{d^n\mathbf{u}}{dt^n} = \frac{d^nu_1}{dt^n}\mathbf{i}+\frac{d^nu_2}{dt^n}\mathbf{j}+\frac{d^nu_3}{dt^n}\mathbf{k}$$ ■

【예제 2.7】 다음 미분법 공식을 유도하라.

$$\frac{d}{dt}[\mathbf{a}\cdot(\mathbf{b}\times\mathbf{c})]=\mathbf{a}\cdot\mathbf{b}\times\frac{d\mathbf{c}}{dt}+\mathbf{a}\cdot\frac{d\mathbf{b}}{dt}\times\mathbf{c}+\frac{d\mathbf{a}}{dt}\cdot(\mathbf{b}\times\mathbf{c})$$

단, **a**, **b**, **c**는 미분가능한 스칼라 t의 함수이다.

풀이

$$\begin{aligned}\frac{d}{dt}[\mathbf{a}\cdot(\mathbf{b}\times\mathbf{c})] &= \mathbf{a}\cdot\frac{d}{dt}(\mathbf{b}\times\mathbf{c})+\frac{d\mathbf{a}}{dt}\cdot(\mathbf{b}\times\mathbf{c}) \\ &= \mathbf{a}\cdot\left[\mathbf{b}\times\frac{d\mathbf{c}}{dt}+\frac{d\mathbf{b}}{dt}\times\mathbf{c}\right]+\frac{d\mathbf{a}}{dt}\cdot(\mathbf{b}\times\mathbf{c}) \\ &= \mathbf{a}\cdot\mathbf{b}\times\frac{d\mathbf{c}}{dt}+\mathbf{a}\cdot\frac{d\mathbf{b}}{dt}\times\mathbf{c}+\frac{d\mathbf{a}}{dt}\cdot(\mathbf{b}\times\mathbf{c})\end{aligned}$$

■

【예제 2.8】 **F**가 스칼라 변수 x, y, z의 함수로서

$$\mathbf{F}=F_1(x,\ y,\ z)\mathbf{i}+F_2(x,\ y,\ z)\mathbf{j}+F_3(x,\ y,\ z)\mathbf{k}$$

이고, x, y, z가 모두 t의 함수일 때, $\dfrac{d\mathbf{F}}{dt}$를 구하라.

풀이

$$\begin{aligned}\frac{d\mathbf{F}}{dt} &= \left(\frac{\partial F_1}{\partial x}\frac{dx}{dt}+\frac{\partial F_1}{\partial y}\frac{dy}{dt}+\frac{\partial F_1}{\partial z}\frac{dz}{dt}\right)\mathbf{i}+\left(\frac{\partial F_2}{\partial x}\frac{dx}{dt}+\frac{\partial F_2}{\partial y}\frac{dy}{dt}+\frac{\partial F_2}{\partial z}\frac{dz}{dt}\right)\mathbf{j} \\ &\quad+\left(\frac{\partial F_3}{\partial x}\frac{dx}{dt}+\frac{\partial F_3}{\partial y}\frac{dy}{dt}+\frac{\partial F_3}{\partial z}\frac{dz}{dt}\right)\mathbf{k} \\ &= \left(\frac{\partial F_1}{\partial x}\frac{dx}{dt}\mathbf{i}+\frac{\partial F_2}{\partial x}\frac{dx}{dt}\mathbf{j}+\frac{\partial F_3}{\partial x}\frac{dx}{dt}\mathbf{k}\right)+\left(\frac{\partial F_1}{\partial y}\frac{dy}{dt}\mathbf{i}+\frac{\partial F_2}{\partial y}\frac{dy}{dt}\mathbf{j}+\frac{\partial F_3}{\partial y}\frac{dy}{dt}\mathbf{k}\right) \\ &\quad+\left(\frac{\partial F_1}{\partial z}\frac{dz}{dt}\mathbf{i}+\frac{\partial F_2}{\partial z}\frac{dz}{dt}\mathbf{j}+\frac{\partial F_3}{\partial z}\frac{dz}{dt}\mathbf{k}\right) \\ &= \frac{\partial\mathbf{F}}{\partial x}\frac{dx}{dt}+\frac{\partial\mathbf{F}}{\partial y}\frac{dy}{dt}+\frac{\partial\mathbf{F}}{\partial z}\frac{dz}{dt}\end{aligned}$$

■

4 벡터함수의 편도함수

$\mathbf{a}$가 3변수 x, y, z에 관한 벡터함수라 할 때, $\mathbf{a}$의 x에 관한 편도함수는

$$\frac{\partial \mathbf{a}}{\partial x} = \lim_{\Delta x \to 0} \frac{\mathbf{a}(x+\Delta x,\ y,\ z) - \mathbf{a}(x,\ y,\ z)}{\Delta x}$$

마찬가지로 $\mathbf{a}$의 y에 관한 편도함수 $\dfrac{\partial \mathbf{a}}{\partial y}$, $\mathbf{a}$의 z에 관한 편도함수 $\dfrac{\partial \mathbf{a}}{\partial z}$는

$$\frac{\partial \mathbf{a}}{\partial y} = \lim_{\Delta y \to 0} \frac{\mathbf{a}(x,\ y+\Delta y,\ z) - \mathbf{a}(x,\ y,\ z)}{\Delta y}$$

$$\frac{\partial \mathbf{a}}{\partial z} = \lim_{\Delta z \to 0} \frac{\mathbf{a}(x,\ y,\ z+\Delta z) - \mathbf{a}(x,\ y,\ z)}{\Delta z}$$

와 같이 정의한다.

고계편도함수도 일반 편도함수에서와 마찬가지로

$$\frac{\partial^2 \mathbf{a}}{\partial x^2} = \frac{\partial}{\partial x}\left(\frac{\partial \mathbf{a}}{\partial x}\right),\ \frac{\partial^2 \mathbf{a}}{\partial y^2} = \frac{\partial}{\partial y}\left(\frac{\partial \mathbf{a}}{\partial y}\right),\ \frac{\partial^2 \mathbf{a}}{\partial z^2} = \frac{\partial}{\partial z}\left(\frac{\partial \mathbf{a}}{\partial z}\right)$$

$$\frac{\partial^2 \mathbf{a}}{\partial x \partial y} = \frac{\partial}{\partial x}\left(\frac{\partial \mathbf{a}}{\partial y}\right),\ \frac{\partial^2 \mathbf{a}}{\partial y \partial x} = \frac{\partial}{\partial y}\left(\frac{\partial \mathbf{a}}{\partial x}\right),\ \cdots$$

와 같이 정의한다. $\mathbf{a}$의 2계 편도함수가 연속이면 미분순서에 무관하다.

$\mathbf{a} = A_1\mathbf{i} + A_2\mathbf{j} + A_3\mathbf{k}$이고, A_1, A_2, A_3은 x, y, z의 함수일 때,

$$\frac{\partial \mathbf{a}}{\partial x} = \frac{\partial A_1}{\partial x}\mathbf{i} + \frac{\partial A_2}{\partial x}\mathbf{j} + \frac{\partial A_3}{\partial x}\mathbf{k}$$

로 정의된다. y, z에 관한 편도함수도 마찬가지로 정의한다.

【예제 2.9】 $\mathbf{a} = (2x^2y - x^4)\mathbf{i} + (e^{xy} - y\sin x)\mathbf{j} + (x^2\cos y)\mathbf{k}$일 때, $\dfrac{\partial \mathbf{a}}{\partial x}$, $\dfrac{\partial \mathbf{a}}{\partial y}$, $\dfrac{\partial^2 \mathbf{a}}{\partial x \partial y}$, $\dfrac{\partial^2 \mathbf{a}}{\partial y \partial x}$를 구하라.

풀이 $$\frac{\partial \mathbf{a}}{\partial x} = \frac{\partial}{\partial x}(2x^2y - x^4)\mathbf{i} + \frac{\partial}{\partial x}(e^{xy} - y\sin x)\mathbf{j} + \frac{\partial}{\partial x}(x^2\cos y)\mathbf{k}$$

$$= (4xy - 4x^3)\mathbf{i} + (ye^{xy} - y\cos x)\mathbf{j} + 2x\cos y\mathbf{k}$$

$$\frac{\partial \mathbf{a}}{\partial y} = \frac{\partial}{\partial y}(2x^2y - x^4)\mathbf{i} + \frac{\partial}{\partial y}(e^{xy} - y\sin x)\mathbf{j} + \frac{\partial}{\partial y}(x^2\cos y)\mathbf{k}$$

$$= 2x^2\mathbf{i} + (xe^{xy} - \sin x)\mathbf{j} - x^2\sin y\mathbf{k}$$

$$\frac{\partial^2 \mathbf{a}}{\partial x \partial y} = \frac{\partial}{\partial x}\left(\frac{\partial \mathbf{a}}{\partial y}\right) = \frac{\partial}{\partial x}[2x^2\mathbf{i} + (xe^{xy} - \sin x)\mathbf{j} - x^2\sin y\mathbf{k}]$$

$$= 4x\mathbf{i} + (e^{xy} + xye^{xy} - \cos x)\mathbf{j} - 2x\sin y\mathbf{k}$$

$$\frac{\partial^2 \mathbf{a}}{\partial y \partial x} = \frac{\partial}{\partial y}\left(\frac{\partial \mathbf{a}}{\partial x}\right) = \frac{\partial}{\partial y}[(4xy - 4x^3)\mathbf{i} + (ye^{xy} - y\cos x)\mathbf{j} + 2x\cos y\mathbf{k}]$$

$$= 4x\mathbf{i} + (e^{xy} + xye^{xy} - \cos x)\mathbf{j} - 2x\sin y\mathbf{k}\left(= \frac{\partial^2 \mathbf{a}}{\partial x \partial y}\right)$$ ■

5 행렬의 미분과 적분

[1] 행렬의 미분

$A = (a_{ij})$의 도함수는 A의 각 항을 미분하여 얻는 행렬로 정의한다. 즉

$$\frac{dA}{dt} = \left(\frac{da_{ij}}{dt}\right)$$

【예제 2.10】 $A = \begin{bmatrix} t^2+2 & e^{3t} \\ \sin t & 30 \end{bmatrix}$일 때, $\frac{dA}{dt}$를 구하라.

풀이 $$\frac{dA}{dt} = \begin{bmatrix} \frac{d}{dt}(t^2+2) & \frac{d}{dt}(e^{3t}) \\ \frac{d}{dt}(\sin t) & \frac{d}{dt}(30) \end{bmatrix} = \begin{bmatrix} 2t & 3e^{3t} \\ \cos t & 0 \end{bmatrix}$$ ■

【예제 2.11】 $\begin{bmatrix} x_1(t) \\ x_2(t) \end{bmatrix}$일 때, $\frac{d\mathbf{x}}{dt}$를 구하라.

풀이 $\frac{d\mathbf{x}}{dt} = \begin{bmatrix} \frac{dx_1(t)}{dt} \\ \frac{dx_2(t)}{dt} \end{bmatrix} = \begin{bmatrix} x'_1(t) \\ x'_2(t) \end{bmatrix}$ ■

【예제 2.12】 $\mathbf{a} = [a_1, a_2, a_3]$, $\mathbf{x} = [x_1, x_2, x_3]$일 때, $\frac{\partial(\mathbf{a}\cdot\mathbf{x})}{\partial\mathbf{x}}$를 구하라.

풀이 $\mathbf{a}\cdot\mathbf{x} = a_1x_1 + a_2x_2 + a_3x_3$, $\frac{\partial(\mathbf{a}\cdot\mathbf{x})}{\partial x_i} = a_i \ (i = 1, 2, 3)$이므로

$$\frac{\partial(\mathbf{a}\cdot\mathbf{x})}{\partial\mathbf{x}} = \left[\frac{\partial(\mathbf{a}\cdot\mathbf{x})}{\partial x_1}, \frac{\partial(\mathbf{a}\cdot\mathbf{x})}{\partial x_2}, \frac{\partial(\mathbf{a}\cdot\mathbf{x})}{\partial x_3}\right] = [a_1, a_2, a_3] = \mathbf{a}$$ ■

【예제 2.13】 $\mathbf{x}' = (x_1, x_2, x_3)$, $A = \begin{bmatrix} a_{11} & a_{12} & a_{13} \\ a_{21} & a_{22} & a_{23} \\ a_{31} & a_{32} & a_{33} \end{bmatrix}$일 때, $\mathbf{x}'A\mathbf{x}$를 구하고, $\frac{\partial}{\partial x}(\mathbf{x}'A\mathbf{x})$ $= 2A\mathbf{x}$임을 밝혀라. 단, $a_{ij} = a_{ji} \ (i, j = 1, 2, 3)$

풀이 $\mathbf{x}'A\mathbf{x} = [x_1, x_2, x_3] \begin{bmatrix} a_{11} & a_{12} & a_{13} \\ a_{21} & a_{22} & a_{23} \\ a_{31} & a_{32} & a_{33} \end{bmatrix} \begin{bmatrix} x_1 \\ x_2 \\ x_3 \end{bmatrix}$

$$= x_1(a_{11}x_1 + a_{21}x_2 + a_{31}x_3) + x_2(a_{12}x_1 + a_{22}x_2 + a_{32}x_3)$$
$$+ x_3(a_{13}x_1 + a_{23}x_2 + a_{33}x_3)$$
$$= a_{11}x_1^2 + 2(a_{12}x_1x_2 + a_{13}x_1x_3) + a_{22}x_2^2 + 2(x_{23}x_2x_3) + a_{33}x_3^2$$

$$\frac{\partial(\mathbf{x}'A\mathbf{x})}{\partial x_1} = 2(a_{11}x_1 + a_{12}x_2 + a_{13}x_3)$$
$$\frac{\partial(\mathbf{x}'A\mathbf{x})}{\partial x_2} = 2(a_{12}x_1 + a_{22}x_2 + a_{23}x_3)$$
$$\frac{\partial(\mathbf{x}'A\mathbf{x})}{\partial x_3} = 2(x_{13}x_1 + a_{23}x_2 + a_{33}x_3)$$

$$\frac{\partial(\mathbf{x}'A\mathbf{x})}{\partial\mathbf{x}} = 2\begin{bmatrix} a_{11} & a_{12} & a_{13} \\ a_{21} & a_{22} & a_{23} \\ a_{31} & a_{32} & a_{33} \end{bmatrix} \begin{bmatrix} x_1 \\ x_2 \\ x_3 \end{bmatrix} = 2A\mathbf{x}$$ ■

참고 $\mathbf{a}=\begin{bmatrix}a_1\\a_2\\\vdots\\a_n\end{bmatrix}$, $\mathbf{x}'=(x_1,\ x_2,\ \cdots,\ x_n)$이라면 $\mathbf{x}'\mathbf{a}=\mathbf{a}'\mathbf{x}=(\mathbf{a}\cdot\mathbf{x})$

$\mathbf{a}'\mathbf{x}$는 1행 1렬로 주어진 두 행렬의 곱이고, $\mathbf{a}\cdot\mathbf{x}$는 두 벡터의 내적이며, 이 두 값은 같다.

[2] 행렬의 적분

행렬 A의 적분은 A의 각 항을 적분하여 얻는다.

$$\int A dt=\int (a_{ij})dt,\quad \int_a^b A dt=\int_a^b (a_{ij})dt$$

【예제 2.14】 $A=\begin{pmatrix}t^2+2 & e^{3t}\\ \sin t & 30\end{pmatrix}$일 때, $\int A dt$를 구하라.

풀이 $$\int A dt=\begin{bmatrix}\int (t^2+2)dt & \int e^{3t}dt\\ \int \sin t dt & \int 30 dt\end{bmatrix}=\begin{bmatrix}\frac{1}{3}t^3+2t+c_1 & \frac{1}{3}e^{3t}+c_2\\ -\cos t+c_3 & 30t+c_4\end{bmatrix}$$ ■

【예제 2.15】 $\mathbf{x}=\begin{bmatrix}e^t\\t^2\end{bmatrix}$일 때 $\int_0^1 \mathbf{x} dt$를 구하라.

풀이 $$\int_0^1 \mathbf{x} dt=\begin{bmatrix}\int_0^1 e^t dt\\ \int_0^1 t^2 dt\end{bmatrix}=\begin{bmatrix}[e^t]_0^1\\ \left[\frac{1}{3}t^3\right]_0^1\end{bmatrix}=\begin{bmatrix}e-1\\ \frac{1}{3}\end{bmatrix}$$ ■

연습문제(2.1)

1. 다음 벡터 방정식으로 정의되는 곡선을 구하라.

$$\mathbf{f}(\mathrm{t}) = (\cos t)\mathbf{i} + (\sin t)\mathbf{j}$$

2. $\mathbf{f}(t) = \left\{\dfrac{\sin t}{t}\right\}\mathbf{i} + \{\ln(3+t)\}\mathbf{j}$ 일 때 $\lim\limits_{t\to 0}\mathbf{f}(t)$를 구하라.

3. $\mathbf{f}(t) = f_1(t)\mathbf{i} + f_2(t)\mathbf{j} = \left(\dfrac{1}{t}\right)\mathbf{i} - \sqrt{t+1}\,\mathbf{j}$ 일 때 $\mathbf{f}$ 의 정의역을 구하라.

4. $\mathbf{f}(t) = (\cos t)\mathbf{i} + e^{2t}\mathbf{j}$ 에서 $\mathbf{f}'(t)$를 구하라.

5. 벡터 함수 $\mathbf{f}(t) = (\cos t)\mathbf{i} + (\sin t)\mathbf{j} + t\mathbf{k}$로 정의된 곡선은 원형 나선(circular helix)이다. 이 곡선을 그리고 도함수를 계산하라.

6. $|\mathbf{r}(t)| = c$(상수)이면, $\mathbf{r}'(t)$는 모든 t에 대하여 $\mathbf{r}(t)$와 직교함을 밝혀라.

7. $\mathbf{r}(t) = 2\cos t\mathbf{i} + 2\sin t\mathbf{j} + t\mathbf{k}$일 때, $\mathbf{r}'(t)$, $|\mathbf{r}'(t)|$, $\mathbf{r}''(t)$, $|\mathbf{r}''(t)|$를 구하라.

8. $\mathbf{u} = t\mathbf{i} + 2t^2\mathbf{k}$, $\mathbf{v} = t^3\mathbf{j} + t\mathbf{k}$일 때 $(\mathbf{u}\times\mathbf{v})'$을 구하라.

9. 길이가 일정한 $\mathbf{u}(t)$에서 $\mathbf{u}\cdot\mathbf{u}' = 0$임을 밝혀라.

10. $\mathbf{u} = 5t^2\mathbf{i} + t\mathbf{j} - t^3\mathbf{k}$, $\mathbf{v} = \sin t\mathbf{i} - \cos t\mathbf{j}$ 일 때, 다음을 구하라.

(1) $(\mathbf{u}\cdot\mathbf{v})'$ (2) $(\mathbf{u}\times\mathbf{v})'$ (3) $(\mathbf{u}^2)'$

11. 벡터함수 $\mathbf{a} = u\mathbf{i} + v\mathbf{j} + (u^2+v^2)\mathbf{k}$의 2계 편도함수를 모두 구하라.

2.2 공간곡선의 접선벡터와 법선벡터

1 호의 길이

평면에서 매개방정식 $x=x(t)$, $y=y(t)(a \le t \le b)$로 주어지는 평면곡선에서 $t=a$로부터 $t=b$까지의 호의 길이는

$$\int_a^b \sqrt{\dot{x}(t)^2+\dot{y}(t)^2}\, dt \left(\dot{x}(t)=\frac{dx}{dt},\ \dot{y}(t)=\frac{dy}{dt}\right) \tag{1}$$

이므로 2차원의 벡터함수 $\mathbf{r}(t)=(x(t),\ y(t))$를 써서 (1)식은 ($\mathbf{r}$의 매개변수 t에 관한 도함수는 $\dot{\mathbf{r}}$로 나타낸다)

$$\int_a^b |\dot{\mathbf{r}}(t)|\, dt$$

로 나타내진다.

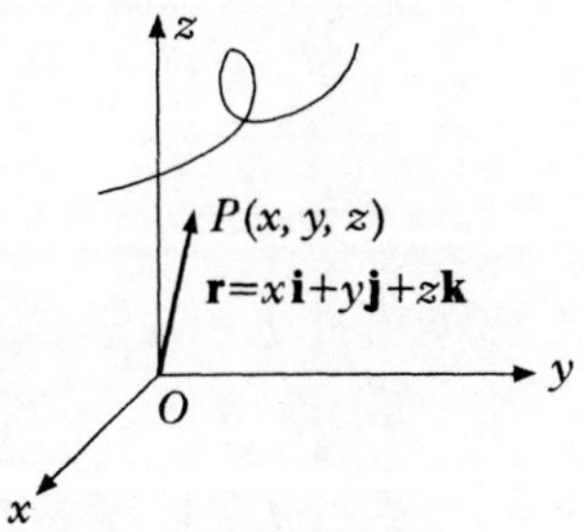

[그림 2.3]

공간곡선은 매개변수 t에 관한 벡터함수

$$\mathbf{r}(t)=x(t)\mathbf{i}+y(t)\mathbf{j}+z(t)\mathbf{k}$$

로 정의되며, $\mathbf{r}(t)$가 $t=a$에서 b까지의 구간에서 미분이 가능하면, $t=a$부터 $t=b$까지의 호의 길이는

$$s=\int_a^b |\dot{\mathbf{r}}(t)|\, dt=\int_a^b \sqrt{\dot{x}(t)^2+\dot{y}(t)^2+\dot{z}(t)^2}\, dt \tag{2}$$

로 주어진다. 특히 $\dot{\mathbf{r}}(t)$가 $[a,\ b]$에서 연속이면 $a \le t \le b$인 임의의 t에 관하여 곡선의 호의 길이는 다음과 같이 t의 함수 $s(t)$로 나타내진다.

$$s(t)=\int_a^t |\dot{\mathbf{r}}(t)|\, dt \tag{3}$$

점 $P(a)$, $P(b)(a<b)$ 사이의 호의 길이 공식 (2)를 유도한다. 호를 $P_0= P(a)$, P_1, $\cdots$, $P_n=P(b)$로 분할하면, 이웃한 점을 차례로 연결한 현의 길이의 합 s_n은

$$s_n = \sum_{i=1}^{n} \overline{P_{i-1}P_i} = \sum_{i=1}^{n} [(\Delta x_i)^2 + (\Delta y_i)^2 + (\Delta z_i)^2]^{\frac{1}{2}}$$

$$= \sum_{i=1}^{n} \left[\left(\frac{\Delta x_i}{\Delta t} \right)^2 + \left(\frac{\Delta y_i}{\Delta t} \right)^2 + \left(\frac{\Delta z}{\Delta t} \right)^2 \right]^{\frac{1}{2}} \Delta t \rightarrow s$$

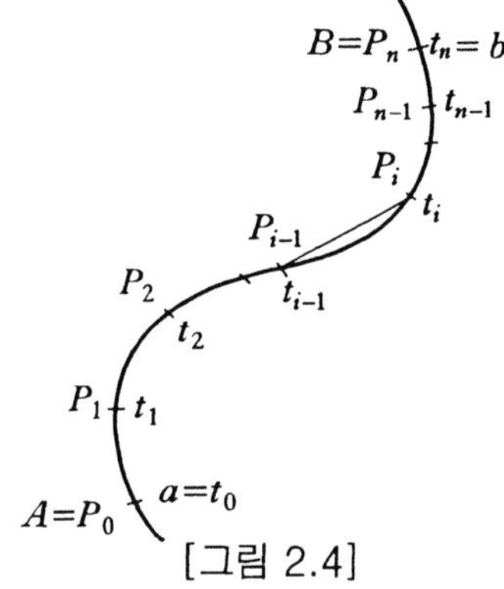

[그림 2.4]

(2)식을 다음과 같이 나타내기도 한다.

$$s = \int_a^b \left| \frac{d\mathbf{r}}{dt} \right| dt = \int_a^b \sqrt{(dx)^2 + (dy)^2 + (dz)^2}$$

(3)식에서 $b=t$라면 호의 길이(함수)는

$$s(t) = \int_a^t \sqrt{\dot{x}^2 + \dot{y}^2 + \dot{z}^2}\, dt \tag{4}$$

참고 실함수 f, 실변수 x, 벡터함수 $\mathbf{r}$ 등의 매개변수(t나 u 등)에 관한 도함수를 $\dot{f}$, $\dot{x}$, $\dot{\mathbf{r}}$ 등으로 나타내고, 벡터함수 $\mathbf{r}$의 호의 길이의 함수 s에 관한 도함수를 $\mathbf{r}'$ 등으로 나타내서 구분한다.

【예제 2.16】 벡터방정식이 $\mathbf{r}(t) = \cos t\mathbf{i} + \sin t\mathbf{j} + t\mathbf{k}$인 원형나선 위의 점 (1, 0, 0)에서 (1, 0, 2π)까지의 호의 길이와 $t=0$에서 $t=t$까지의 호의 길이 $s(t)$를 구하라.

풀이 $\dot{\mathbf{r}}(t) = -\sin t\mathbf{i} + \cos t\mathbf{j} + \mathbf{k}$이므로

$$|\dot{\mathbf{r}}(t)| = \sqrt{(-\sin t)^2 + \cos^2 t + 1} = \sqrt{2}$$

$x = \cos t$, $y = \sin t$, $z = t$에서 $t=0$이면 $(x, y, z) = (1, 0, 0)$이고, $t = 2\pi$일 때, $(x, y, z) = (1, 0, 2\pi)$이므로 (1, 0, 0)에서 (1, 0, 2π)까지의 구간 $0 \le t \le 2\pi$에서의 호의 길이 s는 공식 (3)으로부터

$$s=\int_0^{2\pi}|\dot{\mathbf{r}}(t)|\,dt=\int_0^{2\pi}\sqrt{2}\,dt=2\sqrt{2}\,\pi$$

호의 길이함수 $s(t)$는 (4)식에서 다음과 같다.

$$s(t)=\int_0^t|\dot{\mathbf{r}}(t)|\,dt=\sqrt{2}\,t$$ ■

【예제 2.17】 $t=1$에서 $t=3$까지 평면곡선 $\mathbf{r}(t)=(2t-t^2)\mathbf{i}+\left(\frac{8}{3}t^{\frac{3}{2}}\right)\mathbf{j}$의 호의 길이를 구하라.

풀이 $\dot{\mathbf{r}}(t)=(2-2t)\mathbf{i}+4\sqrt{t}\,\mathbf{j}$ 이므로

$$|\dot{\mathbf{r}}(t)|=\sqrt{(2-2t)^2+(4\sqrt{t})^2}=\sqrt{4t^2+8t+4}=2(t+1)$$

$$\therefore\ s=\int_1^3|\dot{\mathbf{r}}(t)|\,dt=2\int_1^3(t+1)\,dt=[t^2+2t]_1^3=12$$ ■

【예제 2.18】 $\mathbf{r}(t)=a\cos t\mathbf{i}+a\sin t\mathbf{j}+ct\mathbf{k}$일 때, 호의 길이를 구하는 공식 $s=\int_0^t|\dot{\mathbf{r}}(t)|\,dt$를 써서, 호의 길이 s를 변수로 하는 곡선의 방정식을 구하라.

풀이 $\dot{\mathbf{r}}(t)=-a\sin t\mathbf{i}+a\cos t\mathbf{j}+c\mathbf{k}$에서 $|\dot{\mathbf{r}}(t)|^2=a^2(\cos^2+\sin^2 t)+c^2=a^2+c^2$ 이므로

$$|\dot{\mathbf{r}}(t)|=\sqrt{a^2+c^2}\quad\therefore\ s=\int_0^t\sqrt{a^2+c^2}\,dt=t\sqrt{a^2+c^2}$$

$t=\dfrac{s}{\sqrt{a^2+c^2}}$ 이므로, 준곡선의 방정식은

$$\mathbf{r}\left(\frac{s}{\sqrt{a^2+c^2}}\right)=a\cos\frac{s}{\sqrt{a^2+c^2}}\mathbf{i}+a\sin\frac{s}{\sqrt{a^2+c^2}}\mathbf{j}+\frac{cs}{\sqrt{a^2+c^2}}\mathbf{k}$$ ■

2 접선벡터

매개변수 t에 관한 $\mathbf{r}$의 2계 도함수 $\ddot{\mathbf{r}}$은 $\dot{\mathbf{r}}$의 도함수로 정의된다. $\dot{\mathbf{r}}$에 대한 기하학적 의미를 살펴보자. $\mathbf{r}$의 정의역 t에 대해서 벡터 $\mathbf{r}(t)=x_1(t)\mathbf{i}+y_2(t)\mathbf{j}$의 집합은 평면에서 곡선 C를 그린다. $\dot{\mathbf{r}}(t)\neq 0$를 가정한다.

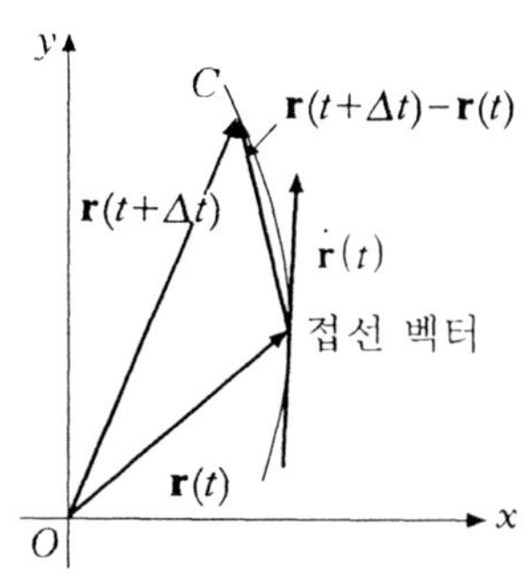

[그림 2.5]

$$\dot{\mathbf{r}}(t)=\lim_{\Delta t\to 0}\frac{\mathbf{r}(t+\Delta t)-\mathbf{r}(t)}{\Delta t}$$

에서 분모는 실수이고 분자는 현의 증분을 나타내는 벡터이다(그림 참조). 이 현의 벡터의 방향은 $\Delta t\to 0$일 때 $\mathbf{r}(t)$에서 곡선 C의 접선의 방향에 접근한다. 따라서 $\dot{\mathbf{r}}(t)$는 $\mathbf{r}(t)$의 끝점에서 곡선 C의 접선과 같은 방향을 가지므로 $\dot{\mathbf{r}}(t)$를 $\mathbf{r}(t)$인 곡선 C의 접선 벡터(tangent vector)라 한다. 크기가 1인 접선 벡터 즉 단위 접선 벡터를 $\mathbf{T}$로 표시하고 $\dot{\mathbf{r}}(t)\neq 0$인 경우 임의의 수 t에 대하여 다음 식으로 정의된다.
3차원 곡선에서의 단위 접선벡터가 다음과 같이 정의된다.

$$\mathbf{T}(t)=\frac{\dot{\mathbf{r}}(t)}{|\dot{\mathbf{r}}(t)|} \tag{5}$$

【예제 2.19】 $\mathbf{r}(t)=(1+t^2)\mathbf{i}+te^{-t}\mathbf{j}+\sin 2t\mathbf{k}$의 도함수를 구하고, $t=0$에서 단위접선벡터를 구하라.

풀이 $\dot{\mathbf{r}}(t)=2t\mathbf{i}+(1-t)e^{-t}\mathbf{j}+2\cos 2t\mathbf{k}$

$\mathbf{r}(0)=\mathbf{i}$이고, $\dot{\mathbf{r}}(0)=\mathbf{j}+2\mathbf{k}$이므로, $t=1$ 즉 점 (1, 0, 0)에서의 단위접선벡터는

$$\mathbf{T}(0)=\frac{\dot{\mathbf{r}}(0)}{|\dot{\mathbf{r}}(0)|}=\frac{\mathbf{j}+2\mathbf{k}}{\sqrt{1+4}}=\frac{1}{\sqrt{5}}\mathbf{j}+\frac{2}{\sqrt{5}}\mathbf{k}$$ ■

【예제 2.20】 곡선 $\mathbf{r}(t)=\sqrt{t}\,\mathbf{i}+(2-t)\mathbf{j}$에서 $\mathbf{r}(1)$과 접선벡터 $\dot{\mathbf{r}}(1)$을 그려라.

풀이 $\dot{\mathbf{r}}(t)=\dfrac{1}{2\sqrt{t}}\mathbf{i}-\mathbf{j}$이므로, $t=1$인 점 (1, 1)에서의 접선벡터 $\dot{\mathbf{r}}(1)=\dfrac{1}{2}\mathbf{i}-\mathbf{j}$의 위치벡터의 끝점이 $\left(\dfrac{1}{2},\ -1\right)$이므로, 접선벡터는 (1, 1)이 시작점, $\left(1+\dfrac{1}{2},\ 1-1\right)=\left(\dfrac{3}{2},\ 0\right)$을 끝점으로 하는 벡터이다. 곡선은 $y=2-x^2$, $x\geq 0$이다. ■

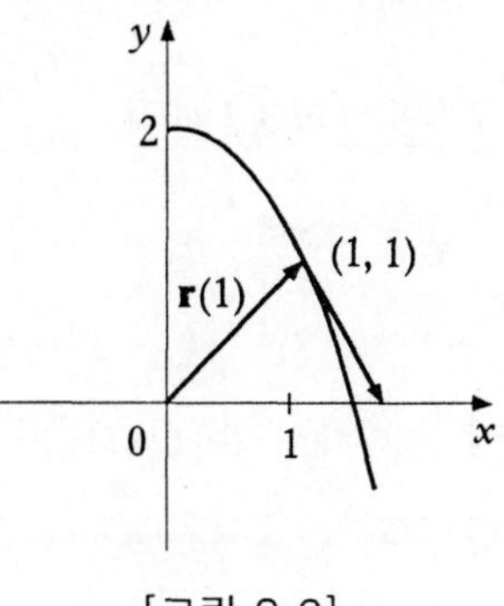

[그림 2.6]

3 법선벡터

매끄러운(smooth) 공간곡선 $\mathbf{r}(t)$ 상의 주어진 점에서 단위접선벡터 $\mathbf{T}(t)$에 수직인 벡터가 존재한다. 모든 t에 대하여 $|\mathbf{T}(t)|=1$이므로 $\mathbf{T}(t)\cdot\dot{\mathbf{T}}(t)=0$이다. 따라서 $\mathbf{T}(t)$와 $\dot{\mathbf{T}}(t)$는 수직이다. $\dot{\mathbf{T}}(t)$는 $\mathbf{T}(t)$에 수직인 법선벡터이다. 단위법선벡터 $\mathbf{N}(t)$는

$$\mathbf{N}(t)=\frac{\dot{\mathbf{T}}(t)}{|\dot{\mathbf{T}}(t)|} \tag{6}$$

로 정의된다.

주의 법선벡터는 $\mathbf{n}$으로, 단위법선벡터는 $\mathbf{N}$으로 나타낸다.

【예제 2.21】 다음 원형나선의 단위법선벡터를 구하라.

$$\mathbf{r}(t)=\cos t\mathbf{i}+\sin t\mathbf{j}+t\mathbf{k}$$

풀이 $\dot{\mathbf{r}}(t)=-\sin t\mathbf{i}+\cos t\mathbf{j}+\mathbf{k},\ |\dot{\mathbf{r}}(t)|=\sqrt{(-\sin t)^2+\cos^2 t+1}=\sqrt{2}$

$$\mathbf{T}(t)=\frac{\dot{\mathbf{r}}(t)}{|\dot{\mathbf{r}}(t)|}=\frac{1}{\sqrt{2}}(-\sin t\mathbf{i}+\cos t\mathbf{j}+\mathbf{k})$$

$$\dot{\mathbf{T}}(t)=\frac{1}{\sqrt{2}}(-\cos t\mathbf{i}-\sin t\mathbf{j}),\ |\dot{\mathbf{T}}(t)|=\frac{1}{\sqrt{2}}(1)=\frac{1}{\sqrt{2}}$$

$$\therefore\ \mathbf{N}(t)=\frac{\dot{\mathbf{T}}(t)}{|\dot{\mathbf{T}}(t)|}=-\cos t\mathbf{i}-\sin t\mathbf{j}$$ ■

4 접선과 법평면

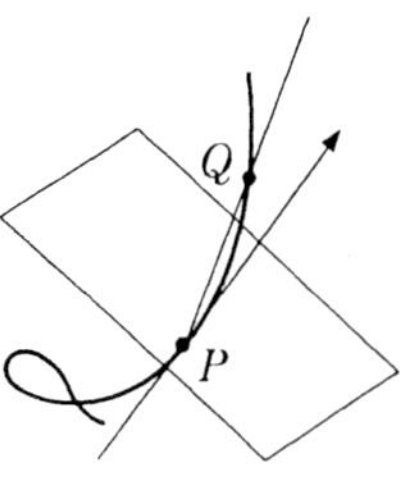

[그림 2.7]

공간곡선의 접선 및 접평면의 방정식을 구해보자. 공간곡선상에 한 점 $P(x(t_0),\ y(t_0),\ z(t_0))$를 취하고, 같은 곡선상에 점 P에 가까운 점 $Q(x(t_0+\Delta t),\ y(t_0+\Delta t),\ z(t_0+\Delta t))$를 취하면, 점 P와 Q를 맺는 직선의 방정식은

$$\frac{x(t)-x(t_0)}{x(t_0+\Delta t)-x(t_0)}=\frac{y(t)-y(t_0)}{y(t_0+\Delta t)-y(t_0)}=\frac{Z(t)-z(t_0)}{z(t_0+\Delta t)-z(t_0)} \tag{7}$$

또는

$$\frac{x(t)-x(t_0)}{\dfrac{x(t_0+\Delta t)-x(t_0)}{\Delta t}}=\frac{y(t)-y(t_0)}{\dfrac{y(t_0+\Delta t)-y(t_0)}{\Delta t}}=\frac{z(t)-z(t_0)}{\dfrac{z(t_0+\Delta t)-z(t_0)}{\Delta t}} \tag{8}$$

로 주어진다. 여기서 $\Delta t\to 0$되게 점 Q를 곡선에 따라서 점 P에 한없이 가까이 다가가면, 직선 PQ는 극한의 위치에서 접선이 되고, PQ의 방정식은

$$\boxed{\frac{x(t)-x(t_0)}{\dot{x}(t_0)}=\frac{y(t)-y(t_0)}{\dot{y}(t_0)}=\frac{z(t)-z(t_0)}{\dot{z}(t_0)}} \tag{8}$$

가 된다. 이 직선이 곡선상의 점 P에서의 접선이다.

점 $P(x(t_0),\ y(t_0),\ z(t_0))$에서의 접선의 방향비는 $(\dot{x}(t_0),\ \dot{y}(t_0),\ \dot{z}(t_0))$로 주어진다. 공간곡선상의 한 점 $P(x(t_0),\ y(t_0),\ z(t_0))$를 지나, 그 점에서의 접선에 수직인 평면을 점 P에서의 법평면(normal plane)이라 한다. 그 방정식은

$$\boxed{\dot{x}(t_0)(x(t)-x(t_0))+\dot{y}(t_0)(y(t)-y(t_0))+\dot{z}(t)(z(t)-z(t_0))=0} \tag{9}$$

로 주어진다.

【예제 2.22】 나선 $x=2\cos t$, $y=\sin t$, $z=t$ 상의 점 $(-2, 0, \pi)$에서의 접선의 방정식을 구하라.

풀이 나선의 방정식은 $\mathbf{r}(t)=[2\cos t,\ \sin t,\ t]$이므로

$$\dot{\mathbf{r}}(t)=[-2\sin t,\ \cos t,\ 1]$$

점 $(-2, 0, \pi)$에 대응하는 매개변수값은 $t=\pi$이므로 접선벡터는 $\dot{\mathbf{r}}(\pi)=[0, -1, 1]$이다. 따라서 점 $(-2, 0, \pi)$를 지나는 접선은 벡터 $[0, -1, 1]$에 평행하므로, 이 접선의 방정식은

$$\frac{x+2}{0}=\frac{y-0}{-1}=\frac{z-\pi}{1}=t \text{에서 } x=-2,\ y=-t,\ z=\pi+t$$ ■

【예제 2.23】 $|\mathbf{r}(t)|=C$ (C는 상수)이면 $\dot{\mathbf{r}}(t)$는 모든 t에 대하여 $\mathbf{r}(t)$에 수직임을 밝혀라.

풀이 $\mathbf{r}(t)\cdot\mathbf{r}(t)=|\mathbf{r}(t)|^2=C^2$의 양변을 t에 관하여 미분하면

$$0=\frac{d}{dt}[\mathbf{r}(t)\cdot\mathbf{r}(t)]=\dot{\mathbf{r}}(t)\cdot\mathbf{r}(t)+\mathbf{r}(t)\cdot\dot{\mathbf{r}}(t)=2\dot{\mathbf{r}}(t)\cdot\mathbf{r}(t)$$

$\dot{\mathbf{r}}(t)\cdot\mathbf{r}(t)=0$은 $\dot{\mathbf{r}}(t)$와 $\mathbf{r}(t)$가 수직임을 의미한다. ■

연습문제(2.2)

1. 곡선 C의 매개방정식이 $x=x(s)$, $y=y(s)$, $z=z(s)$로 주어지고, 곡선 C 위의 임의점의 위치벡터를 $\mathbf{r}$이라 할 때, $\left|\dfrac{d\mathbf{r}}{ds}\right|=1$임을 밝혀라. 단, s는 곡선상의 고정된 점에서 점 P까지의 호의 길이이다.

2. 곡선 $\mathbf{r}(u)=3(\cos u)\mathbf{i}+3(\sin u)\mathbf{j}+(4u)\mathbf{k}$에 대하여 다음을 구하라.

(1) 호의 길이 s와 u의 관계

(2) 단위접선벡터 $\mathbf{T}$

(3) 법선벡터의 크기 $|\mathbf{T}'|$

3. $u=0$에서 $u=1$까지 곡선 $\mathbf{r}=u\mathbf{i}+u^2\mathbf{j}+\dfrac{2}{3}u^3\mathbf{k}$의 호의 길이를 구하라.

4. $\mathbf{r}(t)=(\cos t)\mathbf{i}+(\sin t)\mathbf{j}+t\mathbf{k}$라고 하자.

(1) $t=\dfrac{\pi}{3}$에서 $\mathbf{T}(t)$를 구하라.

(2) $t=0$부터 $t=4$까지 호의 길이를 구하라.

5. $t=3$에서 곡선 $\mathbf{r}(t)=\left(\dfrac{t^3}{3}-t\right)\mathbf{i}+t^2\mathbf{j}$의 단위법선벡터를 구하라.

6. 곡선 $x=t^2+1$, $y=4t-3$, $z=2t^2-6t$ 상의 $t=2$에서 단위접선벡터를 구하라.

7. 곡선 C의 매개변수방정식이 $x=x(s)$, $y=y(s)$, $z=z(s)$이다. $\mathbf{r}$은 곡선 C상의 임의점의 위치벡터이고, s는 C상의 정점으로부터 측정한 호의 길이이다. $\dfrac{d\mathbf{r}}{ds}$가 곡선 C의 단위접선벡터임을 밝혀라.

2.3 곡률과 곡률반지름

1 곡률

곡선이 구부러져 있는 정도를 나타내는 척도를 알아보자.

곡선 $y=f(x)$ 위에 두 점 $P(x, y)$와 이웃한 점 $Q(x+\Delta x, y+\Delta y)$가 있고, 곡선 위의 한 점 A에서 점 P까지의 곡선의 길이를 s, P에서 Q까지의 곡선의 길이를 Δs라 하자. 점 P, Q에서 곡선의 접선이 x축과 이루는 각을 각각 θ, $\theta+\Delta\theta$라면, $\dfrac{\Delta\theta}{\Delta s}$는 곡선의 길이 Δs에 대한 점 P에서의 접선방향의 변화를 나타내고, 곡선이 구부러지는 정도가 클수록 그 값은 커진다.

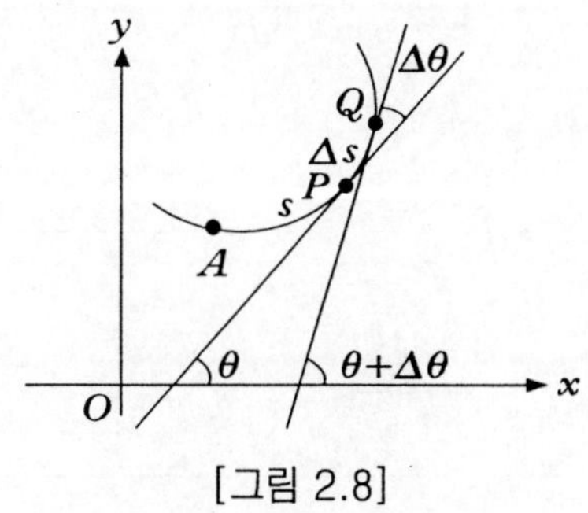

[그림 2.8]

다음 극한이 존재할 때,

$$\left|\frac{d\theta}{ds}\right| = \lim_{\Delta s \to 0}\frac{\Delta\theta}{\Delta s} = \kappa \tag{1}$$

이 값을 점 P에서의 곡선의 곡률(curvature)이라 하고, 희랍문자 κ(카파)로 나타낸다. 곡률 κ의 역수를 곡률반지름(radius of curvature)이라 하고, ρ로 나타낸다.

2차원에서 곡률을 구하기 위하여 $\tan\theta=\dfrac{dy}{dx}$의 양변을 x에 관하여 미분하면

$$\frac{d\tan\theta}{dx} = \sec^2\theta\frac{d\theta}{dx} = \frac{d^2y}{dx^2}$$

이므로

$$\frac{d\theta}{dx} = \frac{y''}{\sec^2\theta} = \frac{y''}{1+\tan^2\theta} = \frac{y''}{1+y'^2}$$

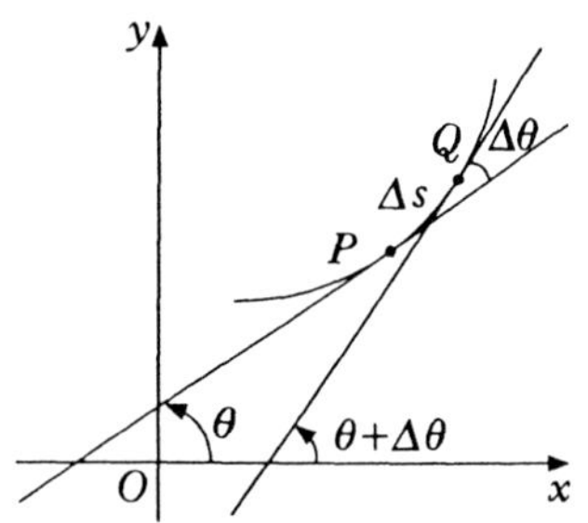

오른쪽 그림에서

$$\frac{\overline{PQ}}{\Delta s} \cdot \frac{\Delta s}{\Delta x} = \frac{\overline{PQ}}{\Delta x} = \sqrt{\frac{(\Delta x)^2 + (\Delta y)^2}{(\Delta x)^2}} = \sqrt{1+\left(\frac{\Delta y}{\Delta x}\right)^2}$$

$\Delta x \to 0$이면, $\frac{\overline{PQ}}{\Delta s} \to 1$이므로, 위 식의 극한에서

$$\frac{ds}{dx} = \sqrt{1+y'^2}, \quad \frac{d\theta}{ds} = \frac{d\theta}{dx}\frac{dx}{ds} = \frac{\frac{d\theta}{dx}}{\frac{ds}{dx}} = \frac{\frac{y''}{1+y'^2}}{(1+y'^2)^{1/2}}$$

이므로, 곡률 κ는 다음과 같다.

$$\kappa = \frac{\frac{y''}{1+y'^2}}{\sqrt{1+y'^2}} = \frac{y''}{(1+y'^2)^{3/2}} \tag{2}$$

곡선 C가 벡터함수 $\mathbf{r}$로 정의된 매끈한 곡선이고, $\dot{\mathbf{r}}(t) \neq 0$이면, 단위접선벡터 $\mathbf{T}(t)$는

$$\mathbf{T}(t) = \frac{\dot{\mathbf{r}}(t)}{|\dot{\mathbf{r}}(t)|} \tag{3}$$

로 주어진다. $\mathbf{T}(t)$는 곡선 C가 많이 구부러진 곳에서 빨리 변하고, 구부러진 정도가 덜한 곳에서는 느리게 변한다. 곡선 C상의 주어진 점에서의 곡률(curvature)은 그 점에서 곡선의 방향이 얼마나 빨리 변하는지의 척도이다.

곡률을 구하는 여러 가지 공식들을 찾아보자.

(i) 호에 관한 단위접선벡터의 변화율의 크기로 다음과 같이 정의한다. ($\mathbf{T}$는 단위접선벡터)

$$\kappa = \left| \frac{d\mathbf{T}}{ds} \right| = |\mathbf{r}''(s)| \tag{4}$$

$\mathbf{T}(s)\cdot\mathbf{T}(s)=\mathbf{T}^2(s)=1$에서 $2\mathbf{T}(s)\cdot\mathbf{T}'(s)=0$이므로, $\mathbf{T}(s)$의 $\varDelta\mathbf{T}(s)$의 회전각을 $\varDelta\theta$ 라면

$$\frac{d\theta}{ds} = \sum_{\varDelta s\to 0} \frac{\varDelta\theta}{\varDelta s}$$

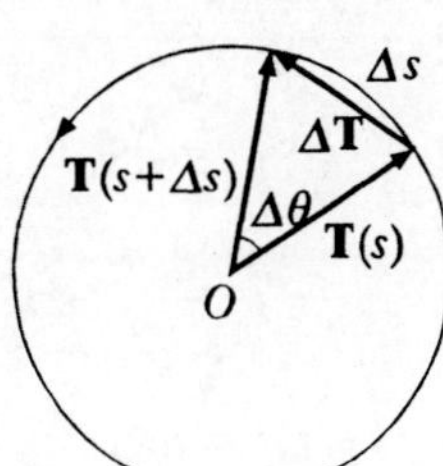

[그림 2.10]

오른쪽 그림에서 s의 증분 $\varDelta s$에 따르는 $\mathbf{T}(s)$의 증분을 $\varDelta\mathbf{T}$라면 $|\varDelta\mathbf{T}|=2|\mathbf{T}|\sin\dfrac{\varDelta\theta}{2}$이므로

$$\left|\frac{\varDelta\mathbf{T}}{\varDelta s}\right| = |\mathbf{T}|\frac{\sin\dfrac{\varDelta\theta}{2}}{\dfrac{\varDelta\theta}{2}}\cdot\frac{\varDelta\theta}{\varDelta s} \to \frac{\varDelta\theta}{\varDelta s}$$

$$\kappa = \frac{d\theta}{ds} = \frac{d\mathbf{T}}{ds} = \frac{d^2\mathbf{r}(s)}{ds^2} = \mathbf{r}''(s)$$

(ii) 곡선의 방정식이 호 s의 함수가 아니고 매개변수 t로 나타내지면 곡률은 쉽게 계산된다. 연쇄법칙을 써서

$$\frac{d\mathbf{T}}{dt} = \frac{d\mathbf{T}}{ds}\frac{ds}{dt} \text{에서} \quad \kappa = \left|\frac{d\mathbf{T}}{ds}\right| = \left|\frac{\dfrac{d\mathbf{T}}{dt}}{\dfrac{ds}{dt}}\right|, \quad \frac{ds}{dt} = |\dot{\mathbf{r}}(t)|$$

이므로 κ는 다음과 같이 정의된다.

$$\kappa(t) = \left|\frac{\dot{\mathbf{T}}(t)}{\dot{\mathbf{r}}(t)}\right| \tag{5}$$

참고 곡선 C의 매개방정식이 $x=x(s)$, $y=y(s)$, $z=z(s)$이고, 곡선 C상의 임의점의 위치벡터를 $\mathbf{r}(s)=x(s)\mathbf{i}+y(s)\mathbf{j}+z(s)\mathbf{k}$이라면

$$\left(\frac{d\mathbf{r}}{ds}\right)^2=\left(\frac{dx}{ds}\right)^2+\left(\frac{dy}{ds}\right)^2+\left(\frac{dz}{ds}\right)^2=\frac{(dx^2)+(dy)^2+(dz)^2}{(ds)^2}=1 \text{ 이므로 } \left|\frac{d\mathbf{r}}{ds}\right|=1$$

$$\left|\frac{d\mathbf{r}}{ds}\right|=\left|\frac{d\mathbf{r}}{dt}\Big/\frac{ds}{dt}\right|=1 \text{ 에서 } \left|\frac{ds}{dt}\right|=\left|\frac{d\mathbf{r}}{dt}\right|=|\dot{\mathbf{r}}|$$

【예제 2.24】 반지름이 a인 원의 곡률을 구하라.

풀이 원점이 중심이고, 반지름 a인 원의 매개방정식은

$$\mathbf{r}(t)=a\cos t\mathbf{i}+a\sin t\mathbf{j} \text{ 이므로 } \dot{\mathbf{r}}(t)=-a\sin t\mathbf{i}+a\cos t\mathbf{j}$$

$|\dot{\mathbf{r}}(t)|=a$ 이므로 단위접선벡터는

$$\mathbf{T}(t)=\frac{\dot{\mathbf{r}}(t)}{|\dot{\mathbf{r}}(t)|}=-\sin t\mathbf{i}+\cos t\mathbf{j}$$

$$\dot{\mathbf{T}}(t)=-\cos t\mathbf{i}-\sin t\mathbf{j},\quad |\dot{\mathbf{T}}(t)|=1$$

구하는 곡률은

$$\kappa(t)=\frac{|\dot{\mathbf{T}}(t)|}{|\dot{\mathbf{r}}(t)|}=\frac{1}{a}$$

■

[정리 2.2] 위치벡터 $\mathbf{r}$에 의하여 주어진 곡선의 곡률은 다음과 같다.

$$\kappa(t)=\frac{|\dot{\mathbf{r}}(t)\times\ddot{\mathbf{r}}(t)|}{|\dot{\mathbf{r}}(t)|^3} \tag{6}$$

증명 $\mathbf{T}=\dfrac{\dot{\mathbf{r}}}{|\dot{\mathbf{r}}|}$ 이고, $|\dot{\mathbf{r}}|=\dfrac{ds}{dt}$ 이므로 $\dot{\mathbf{r}}=|\dot{\mathbf{r}}|\mathbf{T}=\dfrac{ds}{dt}\mathbf{T}$

양변을 t에 관하여 미분하면 $\ddot{\mathbf{r}}=\dfrac{d^2s}{dt^2}\mathbf{T}+\dfrac{ds}{dt}\dot{\mathbf{T}}$

$\mathbf{T}\times\mathbf{T}=\mathbf{0}$ (외적의 곱의 정의에서)이므로

$$\dot{\mathbf{r}}\times\ddot{\mathbf{r}}=\frac{ds}{dt}\mathbf{T}\times\left(\frac{d^2s}{dt^2}\mathbf{T}+\frac{ds}{dt}\dot{\mathbf{T}}\right)$$

$$= \frac{ds}{dt}\frac{d^2s}{dt^2}(\mathbf{T}\times\mathbf{T}) + \left(\frac{ds}{dt}\right)^2(\mathbf{T}\times\dot{\mathbf{T}}) = \left(\frac{ds}{dt}\right)^2(\mathbf{T}\times\dot{\mathbf{T}})$$

$|\mathbf{T}(t)| = 1$이고, $\mathbf{T}\cdot\mathbf{T} = \mathbf{T}^2 = 1$에서 $2\dot{\mathbf{T}}\cdot\mathbf{T} = 0$이므로, $\mathbf{T}$와 $\dot{\mathbf{T}}$은 직교하며, $|\mathbf{T}| = 1$이므로

$$|\dot{\mathbf{r}}\times\ddot{\mathbf{r}}| = \left(\frac{ds}{dt}\right)^2(\mathbf{T}\times\dot{\mathbf{T}}) = \left(\frac{ds}{dt}\right)^2|\mathbf{T}|\,|\dot{\mathbf{T}}| = \left(\frac{ds}{dt}\right)^2|\dot{\mathbf{T}}|$$

에서 $|\dot{\mathbf{T}}| = \dfrac{|\dot{\mathbf{r}}\times\ddot{\mathbf{r}}|}{\left(\frac{ds}{dt}\right)^2} = \dfrac{|\dot{\mathbf{r}}\times\ddot{\mathbf{r}}|}{|\dot{\mathbf{r}}|^2}$이므로, 다음 공식을 얻는다.

$$\kappa = \left|\frac{\dot{\mathbf{T}}}{\dot{\mathbf{r}}}\right| = \frac{|\dot{\mathbf{r}}\times\ddot{\mathbf{r}}|}{|\dot{\mathbf{r}}|^3} \tag{7}$$ ■

【예제 2.25】 곡선 $\mathbf{r}(t) = t\mathbf{i} + t^2\mathbf{j} + t^3\mathbf{k}$상의 점 (0, 0, 0)과 점 (1, 1, 1)에서의 곡률을 구하라.

풀이 $\dot{\mathbf{r}}(t) = (1,\ 2t,\ 3t^2)$, $\ddot{\mathbf{r}}(t) = (0,\ 2,\ 6t)$

$$|\dot{\mathbf{r}}(t)| = \sqrt{1+4t^2+9t^4}$$

$$\dot{\mathbf{r}}(t)\times\ddot{\mathbf{r}}(t) = \begin{vmatrix} \mathbf{i} & \mathbf{j} & \mathbf{k} \\ 1 & 2t & 3t^2 \\ 0 & 2 & 6t \end{vmatrix} = 6t^2\mathbf{i} - 6t\mathbf{j} + 2\mathbf{k}$$

$$|\dot{\mathbf{r}}(t)\times\ddot{\mathbf{r}}(t)| = \sqrt{36t^4+36t^2+4} = 2\sqrt{9t^4+9t^2+1}$$

$$\therefore\ \kappa(t) = \frac{|\dot{\mathbf{r}}(t)\times\ddot{\mathbf{r}}(t)|}{|\dot{\mathbf{r}}(t)|^3} = \frac{2\sqrt{1+9t^2+9t^4}}{(1+4t^2+9t^4)^{3/2}}$$

점 (0, 0, 0)에서 $\kappa(0) = \dfrac{2\sqrt{1}}{1} = 2$, 점 (1, 1, 1)에서 $\kappa(1) = \dfrac{2\sqrt{19}}{14\sqrt{14}} = 0.166$ ■

특히 곡선이 $y = f(x)$ 꼴로 주어진 경우에 매개변수를 x라면, 곡선의 벡터방정식을 $\mathbf{r} = x\mathbf{i} + f(x)\mathbf{j}$가 된다. $\mathbf{i}\times\mathbf{j} = \mathbf{k}$, $\mathbf{j}\times\mathbf{j} = \mathbf{0}$이므로

$$\dot{\mathbf{r}}(x)\times\ddot{\mathbf{r}}(x) = (\mathbf{i} + \dot{f}(x)\mathbf{j})\times(\ddot{f}(x)\mathbf{j}) = \ddot{f}(x)\mathbf{k}$$

이고, $|\dot{\mathbf{r}}(x)| = \sqrt{1+[\dot{f}(x)]^2}$ 이므로

$$\kappa(x) = \frac{|\dot{\mathbf{r}}(x) \times \ddot{\mathbf{r}}(x)|}{|\dot{\mathbf{r}}(x)|^3} = \frac{|\ddot{f}(x)|}{[1+(\dot{f}(x))^2]^{3/2}} = \frac{|y''|}{[1+y'^2]^{3/2}}$$

【예제 2.26】 포물선 $y=x^2$ 상의 점 (1, 1)에서의 곡률을 구하라.

풀이 $\kappa(x) = \dfrac{|y''|}{[1+y'^2]^{\frac{3}{2}}} = \dfrac{2}{(1+4x^2)^{\frac{3}{2}}}$

점 (1, 1)에서 곡률은

$$\kappa(1) = \frac{2}{(1+4)^{\frac{3}{2}}} = 0.1789$$

이 곡선의 곡률은 $|x|$가 커질수록 작아진다. ■

【예제 2.27】 반지름 a인 반원 $y=\sqrt{a^2-x^2}\ (-a \le x < a)$의 곡률을 구하라.

풀이 $y' = \dfrac{x}{\sqrt{a^2-x^2}}$, $y'' = -\dfrac{a^2}{(a^2-x^2)^{\frac{3}{2}}}$

이므로

$$\kappa = \frac{-\dfrac{a^2}{(a^2-x^2)^{\frac{3}{2}}}}{\left\{1+\left(-\dfrac{x}{\sqrt{a^2-x^2}}\right)^2\right\}^{\frac{3}{2}}} = -\frac{a^2}{\{(a^2-x^2)+x^2\}^{\frac{3}{2}}} = -\frac{1}{a}$$ ■

참고 곡률에 부호를 부여하는 경우는 y''의 부호와 일치시킨다.

3차원 곡선 $\mathbf{r}(t)=x(t)\mathbf{i}+y(t)\mathbf{j}+z(t)\mathbf{k}$에서의 곡률공식을 구해보자.

$$\dot{\mathbf{r}}\times\ddot{\mathbf{r}}=(\dot{x}\mathbf{i}+\dot{y}\mathbf{j}+\dot{z}\mathbf{k})\times(\ddot{x}\mathbf{i}+\ddot{y}\mathbf{j}+\ddot{z}\mathbf{k})$$

$$=\begin{vmatrix}\mathbf{i} & \mathbf{j} & \mathbf{k}\\ \dot{x} & \dot{y} & \dot{z}\\ \ddot{x} & \ddot{y} & \ddot{z}\end{vmatrix}=(\dot{y}\ddot{z}-\ddot{y}\dot{z})\mathbf{i}+(\dot{z}\ddot{x}-\ddot{z}\dot{x})\mathbf{j}+(\dot{x}\ddot{y}-\ddot{x}\dot{y})\mathbf{k}$$

이므로

$$|\dot{\mathbf{r}}\times\ddot{\mathbf{r}}|^2=(\dot{y}\ddot{z}-\ddot{y}\dot{z})^2+(\dot{z}\ddot{x}-\ddot{z}\dot{x})^2+(\dot{x}\ddot{y}-\ddot{x}\dot{y})^2$$

$$|\dot{\mathbf{r}}|^3=(|\dot{\mathbf{r}}|^2)^{\frac{3}{2}}=\{\dot{x}^2+\dot{y}^2+\dot{z}^2\}^{\frac{3}{2}}$$

따라서 구하는 공간곡선에서의 곡률공식은

$$\kappa=\frac{\sqrt{(\dot{y}\ddot{z}-\ddot{y}\dot{z})^2+(\dot{z}\ddot{x}-\ddot{z}\dot{x})^2+(\dot{x}\ddot{y}-\ddot{x}\dot{y})^2}}{(\dot{x}^2+\dot{y}^2+\dot{z}^2)^{\frac{3}{2}}} \tag{8}$$

이 공식에서 곡선 C가 평면곡선이면, $|\dot{z}|=|\ddot{z}|=0$이므로, 곡률 κ는

$$\kappa=\frac{|\dot{x}\ddot{y}-\ddot{x}\dot{y}|}{(\dot{x}^2+\dot{y}^2)^{\frac{3}{2}}} \tag{9}$$

【예제 2.28】 공간곡선 $x=3\cos t$, $y=3\sin t$, $z=4t$를 그리고, 이 곡선의 곡률 κ를 구하라.

풀이 1) 공간곡선은 $x=3\cos\left(\frac{z}{4}\right)$, $y=3\sin\left(\frac{z}{4}\right)$이므로, 이 곡선은 원통 $x^2+y^2=9$에 놓이는 오른쪽 그림과 같은 원형 나선(circular helix)이다. 곡선 위의 임의의 점의 위치벡터는 다음과 같다.

$$\mathbf{r}=3\cos t\mathbf{i}+3\sin t\mathbf{j}+4t\mathbf{k}$$

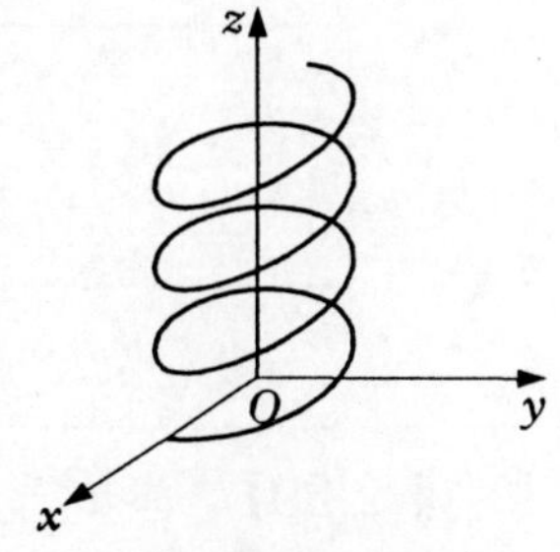

[그림 2.11]

$$\frac{d\mathbf{r}}{dt} = -3\sin t\mathbf{i} + 3\cos t\mathbf{j} + 4\mathbf{k}$$

$$\frac{ds}{dt} = \left|\frac{d\mathbf{r}}{dt}\right| = \sqrt{\frac{d\mathbf{r}}{dt}\cdot\frac{d\mathbf{r}}{dt}} = \sqrt{(-3\sin t)^2 + (3\cos t)^2 + 4^2} = 5$$

$$\mathbf{r}' = \frac{d\mathbf{r}}{ds} = \frac{\frac{d\mathbf{r}}{dt}}{\frac{ds}{dt}} = -\frac{3}{5}\sin t\mathbf{i} + \frac{3}{5}\cos t\mathbf{j} + \frac{4}{5}\mathbf{k}$$

$$\therefore\ \mathbf{r}'' = \frac{d^2\mathbf{r}}{ds^2} = \frac{d\mathbf{r}'}{dt}\bigg/\frac{ds}{dt} = \left(-\frac{3}{5}\cos t\mathbf{i} - \frac{3}{5}\sin t\mathbf{j}\right)\bigg/5$$

$$\therefore\ \kappa = |\mathbf{r}''| = \sqrt{\left(-\frac{3}{5}\cos t\right)^2 + \left(-\frac{3}{5}\sin t\right)^2}\bigg/ = \frac{3}{25}$$

풀이 2 앞쪽의 공식에 대입하여 곡률을 구한다.

$$\dot{x} = -3\sin t,\ \ddot{x} = -3\cos t,\ \dot{y} = 3\cos t,\ \ddot{y} = -3\sin t,\ \dot{z} = 4,\ \ddot{z} = 0$$

이므로

$$(\dot{y}\ddot{z} - \ddot{y}\dot{z})^2 + (\dot{z}\ddot{x} - \ddot{z}\dot{x})^2 + (\dot{x}\ddot{y} - \ddot{x}\dot{y})^2$$
$$= (3\cos t\cdot 0 + 12\sin t)^2 + (-12\cos t - 0)^2 + (9\sin^2 t + 9\cos^2 t)^2$$
$$= 144\sin^2 t + 144\cos^2 t + 81 = 144 + 81 = 225$$
$$\dot{x}^2 + \dot{y}^2 + \dot{z}^2 = 9\cos^2 t + 9\sin^2 t + 16 = 25$$
$$\therefore\ \kappa = \frac{\sqrt{225}}{25^{3/2}} = \frac{15}{125} = \frac{3}{25}$$

■

2 곡률반지름

곡률 κ의 역수를 곡률반지름이라 하고, ρ로 나타낸다. 평면곡선 $y=f(x)$에서 ρ는

$$\rho = \frac{1}{\kappa} = \frac{(1+y'^2)^{\frac{3}{2}}}{|y''|} \qquad (10)$$

【예제 2.29】 원 $x^2+y^2=a^2$의 곡률을 구하라. (a는 반지름)

풀이1 $2x+2yy'=0$에서 $y'=\dfrac{x}{-y}$

$$y''=\frac{-y+xy'}{y^2}=\frac{-y-x^2/y}{y^2}=-\frac{x^2+y^2}{y^3}=-\frac{a^2}{y^3}$$

$$1+y'^2=1+\frac{x^2}{y^2}=\frac{x^2+y^2}{y^2}=\frac{a^2}{y^2}=\left(\frac{a}{y}\right)^2$$

$$\therefore\ \kappa=\frac{\left|-\dfrac{a^2}{y^3}\right|}{\left\{\left(\dfrac{a}{y}\right)^2\right\}^{\frac{3}{2}}}=\frac{\dfrac{a^2}{y^3}}{\dfrac{a^3}{y^3}}=\frac{1}{a}$$

풀이2 원 $x^2+y^2=a^2$의 매개방정식 $x=a\cos\theta,\ y=a\sin\theta$에서

$$\frac{dx}{d\theta}=-a\sin\theta,\ \frac{dy}{d\theta}=a\cos\theta,\ 1+y'^2=1+\left(\frac{a\cos\theta}{-a\sin\theta}\right)^2=\frac{1}{\sin^2\theta}$$

$$\frac{dy}{dx}=\frac{\dfrac{dy}{d\theta}}{\dfrac{dx}{d\theta}},\quad \frac{d^2y}{dx^2}=\frac{\dfrac{d^2y}{d\theta^2}\dfrac{dx}{d\theta}-\dfrac{d^2x}{d\theta^2}\dfrac{dy}{d\theta}}{\left(\dfrac{dx}{d\theta}\right)^2}\cdot\frac{d\theta}{dx}=\frac{\dfrac{d^2y}{d\theta^2}\dfrac{dx}{d\theta}-\dfrac{d^2x}{d\theta^2}\dfrac{dy}{d\theta}}{\left(\dfrac{dx}{d\theta}\right)^3}$$

이고, $\dfrac{d^2y}{d\theta^2}=-a\sin t,\ \dfrac{d^2x}{d\theta^2}=-a\cos t$이므로

$$\frac{d^2y}{dx^2}=\frac{\{(-a\sin\theta)(-a\sin\theta)-(-a\cos\theta)(a\cos\theta)\}}{(-a\sin\theta)^3}$$

$$=-\frac{a^2\sin^2\theta+a^2\cos^2\theta}{a^3\sin^3\theta}=\frac{-1}{a\sin^3\theta},$$

$$(1+y'^2)^{\frac{3}{2}}=\left(\frac{1}{\sin^2\theta}\right)^{\frac{3}{2}}=\frac{1}{\sin^3\theta}$$

$$\therefore\ \kappa=\frac{|y''|}{(1+y'^2)^{3/2}}=\frac{\dfrac{1}{a\sin^3\theta}}{\dfrac{1}{\sin^3\theta}}=\frac{\sin^3\theta}{a\sin^3\theta}=\frac{1}{a}\ \left(\rho=\frac{1}{\kappa}=a\right)$$ ■

연습문제(2.3)

1. 현수선 $y = \cosh x$의 곡률반지름을 구하라.

참고 현수선은 끈의 양끝을 어떤 위치에 고정시키고, 현을 튕길때의 현의 형태이다.

2. 반지름이 a인 원의 방정식을 곡선의 길이 s의 벡터방정식으로 나타내서 곡률반지름을 구하라.

Hint $\mathbf{r} = a(\cos\theta)\mathbf{i} + a(\sin\theta)\mathbf{j}$ 이고, $s = a\theta$이므로, $\theta = \frac{s}{a}$ 이다.

따라서 $\mathbf{r}(s) = a\left\{\left(\cos\frac{s}{a}\right)\mathbf{i} + \left(\sin\frac{s}{a}\right)\mathbf{j}\right\}$

3. 다음 곡선의 호의 길이 s와 t의 관계와 곡률 κ를 구하라.

$$\mathbf{r}(t) = (t - \sin t)\mathbf{i} + (1 - \cos t)\mathbf{j} + 4\sin\left(\frac{t}{2}\right)\mathbf{k}$$

4. 곡선 $\mathbf{r} = 3\cos t\mathbf{i} + 3\sin t\mathbf{j} + 4t\mathbf{k}$에서 곡률 κ를 구하라.

2.4 Frenet-Serret 공식

1 주법선과 종법선

곡선 $\mathbf{r}(t)$에서 $\dfrac{d\mathbf{r}}{dt}$는 곡선에 접한다. 호의 길이 s를 매개변수로 하면

$$\mathbf{T}=\frac{d\mathbf{r}}{ds}=\frac{\dfrac{d\mathbf{r}}{dt}}{\dfrac{ds}{dt}}=\frac{\dot{\mathbf{r}}}{|\dot{\mathbf{r}}|} \tag{1}$$

는 단위접선벡터(unit tangent vector)이다. $\mathbf{T}'$와 $\mathbf{T}$는 수직이다. $\mathbf{T}'$의 방향을 주법선 방향이라 한다. $\mathbf{T}'$와 같은 방향을 갖는 단위벡터

$$\mathbf{N}=\frac{\mathbf{T}'}{|\mathbf{T}'|} \tag{2}$$

을 단위주법선벡터(unit principal normal vector)라 한다.

호의 길이 s의 증분 Δs에 따른 $\mathbf{T}$의 회전각을 $\Delta\theta$이라면 $|\mathbf{T}'|$은

$$|\mathbf{T}'|=\frac{d\theta}{ds}=\lim_{\Delta s\to 0}\frac{\Delta\theta}{\Delta s}$$

로 주어지고, $|\mathbf{T}'|$는 곡선의 곡률 κ이므로

$$\kappa=\left|\frac{d\mathbf{T}}{ds}\right|=\left|\frac{d}{ds}\left(\frac{d\mathbf{r}}{ds}\right)\right|=\left|\frac{d^2\mathbf{r}}{ds^2}\right| \tag{3}$$

특히 $\mathbf{T}'=\mathbf{0}$인 경우는 $\kappa=0$이다.

곡률 κ의 역수 $\rho=\dfrac{1}{\kappa}$은 곡률반지름이므로

$$\rho=\frac{1}{\kappa}=\frac{1}{|\mathbf{r}''|}$$

곡선 $\mathbf{r}$의 단위종법선벡터(unit binormal vector) $\mathbf{B}$는 다음과 같이 정의된다.

$$\mathbf{B} = \mathbf{T} \times \mathbf{N}$$

$\mathbf{B}$는 $\mathbf{T}$와 $\mathbf{N}$ 모두에 수직이므로

$$|\mathbf{B}| = |\mathbf{T} \times \mathbf{N}| = |\mathbf{T}|\,|\mathbf{N}| = 1$$

【예제 2.30】 원형나선 $\mathbf{r}(t) = \cos t\mathbf{i} + \sin t\mathbf{j} + t\mathbf{k}$에서 단위법선벡터 $\mathbf{N}$과 단위종법선벡터 $\mathbf{B}$를 구하라.

풀이 $\mathbf{r}'(t) = -\sin t\mathbf{i} + \cos t\mathbf{j} + \mathbf{k}$, $|\mathbf{r}'(t)| = \sqrt{2}$

$$\mathbf{T}(t) = \frac{\dot{\mathbf{r}}(t)}{|\dot{\mathbf{r}}(t)|} = \frac{1}{\sqrt{2}}(-\sin t\mathbf{i} + \cos t\mathbf{j} + \mathbf{k})$$

$$\mathbf{T}'(t) = \frac{1}{\sqrt{2}}(-\cos t\mathbf{i} - \sin t\mathbf{j}),\quad |\mathbf{T}'(t)| = \frac{1}{\sqrt{2}}$$

$$\mathbf{N}(t) = \frac{\mathbf{T}'(t)}{|\mathbf{T}'(t)|} = -\cos t\mathbf{i} - \sin t\mathbf{j}$$

단위종법선벡터는 다음과 같다.

$$\mathbf{B}(t) = \mathbf{T}(t) \times \mathbf{N}(t) = \frac{1}{\sqrt{2}}\begin{vmatrix} \mathbf{i} & \mathbf{j} & \mathbf{k} \\ -\sin t & \cos t & 1 \\ -\cos t & -\sin t & 0 \end{vmatrix}$$

$$= \frac{1}{\sqrt{2}}(\sin t\mathbf{i} - \cos t\mathbf{j} + \mathbf{k})$$ ■

【예제 2.31】 곡선의 단위접선벡터 $\mathbf{T}$는 단위주법선벡터 $\mathbf{N}$에 수직이고,

$$\frac{d\mathbf{T}}{ds} = \kappa\mathbf{N} \tag{4}$$

임을 밝혀라.

풀이 $\mathbf{N} = \dfrac{\mathbf{T}'}{|\mathbf{T}'|}$이고, $\kappa = |\mathbf{T}'|$이므로 $\mathbf{T}' = \kappa\mathbf{N}$

또한 $\mathbf{T}$는 단위접선벡터이므로, $\mathbf{T}'$은 $\mathbf{T}$에 수직이다. 따라서 $\mathbf{N}$은 $\mathbf{T}$에 수직이다. ■

【예제 2.32】 곡선 $\mathbf{r}=\left(u-\dfrac{u^3}{3}\right)\mathbf{i}+u^2\mathbf{j}+\left(u+\dfrac{u^3}{3}\right)\mathbf{k}$의 단위접선벡터 $\mathbf{T}$와 단위주법선벡터 $\mathbf{N}$을 구하라. 단, u는 매개변수이다.

풀이 $\dot{\mathbf{r}}(u)=(1-u^2)\mathbf{i}+2u\mathbf{j}+(1+u^2)\mathbf{k},$

$$|\dot{\mathbf{r}}|=\sqrt{(1-u^2)^2+(2u)^2+(1+u^2)^2}=\sqrt{2}\,(1+u^2)$$

$$\therefore\ \mathbf{T}=\frac{\dot{\mathbf{r}}}{|\dot{\mathbf{r}}|}=\frac{1-u^2}{\sqrt{2}\,(1+u^2)}\mathbf{i}+\frac{2u}{\sqrt{2}\,(1+u^2)}\mathbf{j}+\frac{1+u^2}{\sqrt{2}\,(1+u^2)}\mathbf{k}$$

$$\dot{\mathbf{T}}=\frac{1}{\sqrt{2}}\frac{[\{-2u(1+u^2)-2u(1-u^2)\}\mathbf{i}+\{2(1+u^2)-2u(2u)\}\mathbf{j}]}{(1+u^2)^2}$$

$$=\frac{1}{\sqrt{2}\,(1+u^2)^2}\{-4u\mathbf{i}+(2-2u^2)\mathbf{j}\}$$

$$\therefore\ |\dot{\mathbf{T}}|=\frac{1}{\sqrt{2}\,(1+u^2)^2}\sqrt{16u^2+4(1-u^2)^2}=\frac{\sqrt{2}}{1+u^2}$$

$$\therefore\ \mathbf{N}=\frac{\dot{\mathbf{T}}}{|\dot{\mathbf{T}}|}=\frac{-2u}{1+u^2}\mathbf{i}+\frac{1-u^2}{1+u^2}\mathbf{j}$$ ■

2 Frenet-Serret 공식

[정리 2.3] 곡선의 단위종법선벡터 $\mathbf{B}$는 단위접선벡터 $\mathbf{T}$와 단위주법선벡터 $\mathbf{N}$에 수직이고

$$\frac{d\mathbf{B}}{ds}=-\tau\mathbf{N} \tag{5}$$

이다. 단, s는 호의 길이 함수이다.

증명 $\mathbf{B}=\mathbf{T}\times\mathbf{N}$이므로, $\mathbf{B}$는 $\mathbf{T}$와 $\mathbf{N}$에 수직이다.

$$\begin{aligned}\mathbf{B}'&=(\mathbf{T}\times\mathbf{N})'=\mathbf{T}'\times\mathbf{N}+\mathbf{T}\times\mathbf{N}'=(\kappa\mathbf{N})\times\mathbf{N}+\mathbf{T}\times\mathbf{N}'\\&=\mathbf{0}+\mathbf{T}\times\mathbf{N}'=\mathbf{T}\times\mathbf{N}'\end{aligned}$$

따라서 $\mathbf{B}'$는 $\mathbf{T}$에 수직이다. 또 $\mathbf{B}$는 단위벡터이므로 $\mathbf{B}\cdot\mathbf{B}=\mathbf{B}^2=1$이고, $2\mathbf{B}\mathbf{B}'=0$이므로 $\mathbf{B}'$은 $\mathbf{B}$에 수직이다. 따라서 $\mathbf{B}'$은 $\mathbf{N}$에 평행이다. 이것을

$$\mathbf{B}' = -a\mathbf{N} \qquad \cdots\cdots ①$$

이라면

$$a = \mathbf{N} \cdot (a\mathbf{N}) = \mathbf{N} \cdot (-\mathbf{B}') = -\mathbf{N} \cdot \mathbf{B}'$$

그런데 $\mathbf{B}' = \mathbf{T} \times \mathbf{N}'$, $\mathbf{N}' \times \mathbf{N} = -\mathbf{N} \times \mathbf{N}'$이므로,

$$\begin{aligned} a &= -\mathbf{N} \cdot \mathbf{B}' = -\mathbf{N} \cdot (\mathbf{T} \times \mathbf{N}') = -|\mathbf{N}\mathbf{T}\mathbf{N}'| = -|\mathbf{T}\mathbf{N}'\mathbf{N}| \\ &= |\mathbf{T}\mathbf{N}\mathbf{N}'| = \mathbf{T} \cdot (\mathbf{N} \times \mathbf{N}') \qquad \cdots\cdots ② \end{aligned}$$

한편 $\mathbf{T}' = \kappa\mathbf{N}$에서 $\mathbf{N} = \dfrac{\mathbf{T}'}{\kappa}$ $\cdots\cdots$ ③

③식을 s에 관하여 미분하면

$$\mathbf{N}' = \frac{1}{\kappa}(\mathbf{T}'') - \frac{\kappa'}{\kappa^2}\mathbf{T}' \qquad \cdots\cdots ④$$

이들 식을 ②식에 대입하면

$$\begin{aligned} a &= \mathbf{T} \cdot \left[\frac{\mathbf{T}'}{\kappa} \times \left(\frac{\mathbf{T}''}{\kappa} - \frac{\kappa'}{\kappa^2}\mathbf{T}'\right)\right] \\ &= \mathbf{T} \cdot \left(\frac{\mathbf{T}'}{\kappa} \times \frac{\mathbf{T}''}{\kappa}\right) - \mathbf{T} \cdot \left(\frac{\mathbf{T}'}{\kappa} \times \frac{\kappa'}{\kappa^2}\mathbf{T}'\right) = \frac{1}{\kappa^2}\mathbf{T} \cdot (\mathbf{T}' \times \mathbf{T}'') \\ &= \frac{1}{\kappa^2}|\mathbf{T}\mathbf{T}'\mathbf{T}''| = \tau \end{aligned}$$

따라서 ①식에서

$$\mathbf{B}' = -\tau\mathbf{N}$$ ■

스칼라 τ를 비틀림(torsion)이라 하고, $\sigma = \dfrac{1}{\tau}$를 비틀림의 반지름(radius of torsion)이라 한다.

단위접선벡터 $\mathbf{T}$, 단위주법선벡터 $\mathbf{N}$, 단위종법선벡터 $\mathbf{B}$ 사이에 다음 세 가지 관계식이 성립한다.

$$\frac{d\mathbf{T}}{ds} = \kappa\mathbf{N}, \quad \frac{d\mathbf{B}}{ds} = -\tau\mathbf{N}, \quad \frac{d\mathbf{N}}{ds} = \tau\mathbf{B} - \kappa\mathbf{T} \qquad (6)$$

이 세가지 관계식을 Frenet−Serret 공식이라 한다. 여기서 κ는 곡률, τ는 비틀림, $1/\tau$는 비틀림의 반지름이다.

첫째 공식과 둘째 공식은 앞에서 증명되었다. 셋째 관계식은 다음과 같이 유도된다.

$$\mathbf{N}=\mathbf{B}\times\mathbf{T}$$

의 양변을 s에 관하여 미분하고, $\mathbf{T}'=\kappa\mathbf{N}$과 $\mathbf{B}'=-\tau\mathbf{N}$을 대입하면

$$\frac{d\mathbf{N}}{ds}=\mathbf{B}\times\frac{d\mathbf{T}}{ds}+\frac{d\mathbf{B}}{ds}\times\mathbf{T}=\mathbf{B}\times\kappa\mathbf{N}-\tau\mathbf{N}\times\mathbf{T}=-\kappa\mathbf{T}+\tau\mathbf{B}=\tau\mathbf{B}-\kappa\mathbf{T}$$

【예제 2.33】 곡선 $\mathbf{r}=\mathbf{r}(u)$에서 다음 관계를 증명하라.(s는 호의 길이)

(1) $\kappa^2=\dfrac{(\dot{\mathbf{r}}\cdot\dot{\mathbf{r}})(\ddot{\mathbf{r}}\cdot\ddot{\mathbf{r}})-(\dot{\mathbf{r}}\cdot\ddot{\mathbf{r}})^2}{(\dot{\mathbf{r}}\cdot\dot{\mathbf{r}})^3}$

(2) $\tau=\dfrac{|\dot{\mathbf{r}}\ddot{\mathbf{r}}\dddot{\mathbf{r}}|}{(\dot{\mathbf{r}}\cdot\dot{\mathbf{r}})(\ddot{\mathbf{r}}\cdot\ddot{\mathbf{r}})-(\dot{\mathbf{r}}\cdot\ddot{\mathbf{r}})^2}=\dfrac{1}{\kappa^2}\dfrac{|\dot{\mathbf{r}}\ddot{\mathbf{r}}\dddot{\mathbf{r}}|}{(\dot{\mathbf{r}}\cdot\dot{\mathbf{r}})^3}$

풀이 (1) $\dfrac{d\mathbf{r}}{dt}=\dfrac{d\mathbf{r}}{ds}\dfrac{ds}{dt}$ 즉 $\dot{\mathbf{r}}=\mathbf{r}'\dot{s}$에서 $\ddot{\mathbf{r}}=\mathbf{r}''(\dot{s})^2+\mathbf{r}'\ddot{s}$이므로

$$(\ddot{\mathbf{r}})^2=(\mathbf{r}'')^2(\dot{s})^4+2(\mathbf{r}''\cdot\mathbf{r}')(\dot{s})^2\ddot{s}+(\mathbf{r}'\cdot\mathbf{r}')(\ddot{s})^2 \quad \cdots\cdots①$$

그런데 $(\mathbf{r}')^2=1$이므로, $\mathbf{r}''\cdot\mathbf{r}'=0$이다. 이것을 ①에 대입하고, 양변에 $(\dot{s})^2$을 곱하여

$$(\mathbf{r}'')^2(\dot{s})^6=(\dot{s})^2(\ddot{\mathbf{r}})^2-(\dot{s}\ddot{s})^2 \quad \cdots\cdots②$$

$\dfrac{d\mathbf{r}}{dt}=\dfrac{d\mathbf{r}}{ds}\dfrac{ds}{dt}$에서, $\mathbf{r}'\cdot\mathbf{r}'=1$, $\dot{\mathbf{r}}\cdot\dot{\mathbf{r}}=\mathbf{r}'\cdot\mathbf{r}'\dot{s}^2$이므로 $\dot{s}^2=\dot{\mathbf{r}}\cdot\dot{\mathbf{r}}$

끝식의 양변을 s에 관하여 미분하면

$2\dot{s}\ddot{s}=2\dot{\mathbf{r}}\cdot\ddot{\mathbf{r}}$에서 $\dot{s}\ddot{s}=\dot{\mathbf{r}}\cdot\ddot{\mathbf{r}}$

이들 관계를 ② 식에 대입하면

$$(\mathbf{r}'')^2(\dot{\mathbf{r}}\cdot\dot{\mathbf{r}})^3=(\dot{\mathbf{r}}\cdot\dot{\mathbf{r}})(\ddot{\mathbf{r}}\cdot\ddot{\mathbf{r}})-(\dot{\mathbf{r}}\cdot\ddot{\mathbf{r}})^2$$

$$\therefore\ \kappa^2=(\mathbf{r}'')^2=\frac{(\dot{\mathbf{r}}\cdot\dot{\mathbf{r}})(\ddot{\mathbf{r}}\cdot\ddot{\mathbf{r}})-(\dot{\mathbf{r}}\cdot\ddot{\mathbf{r}})^2}{(\dot{\mathbf{r}}\cdot\dot{\mathbf{r}})^3}$$

(2) $\dot{\mathbf{r}}=\mathbf{r}'\dot{s}$에서 $\ddot{\mathbf{r}}=\mathbf{r}''(\dot{s})^2+\mathbf{r}'\ddot{s}$, $\dddot{\mathbf{r}}=\mathbf{r}'''(\dot{s})^3+3\mathbf{r}''\dot{s}\ddot{s}+\mathbf{r}'\dddot{s}$이고, $\mathbf{r}'\times\mathbf{r}'=0$

a, **b**, **c**의 스칼라 3중적의 절대값을 $|\mathbf{abc}|$로 나타내면

$$\begin{aligned}|\dot{\mathbf{r}}\cdot(\ddot{\mathbf{r}}\times\dddot{\mathbf{r}})| &= |\dot{\mathbf{r}}\ddot{\mathbf{r}}\dddot{\mathbf{r}}| = |\mathbf{r}'\dot{s}\ \ \mathbf{r}''\dot{s}^2+\mathbf{r}''\dot{s}+\mathbf{r}'\ddot{s}\ \ \mathbf{r}'''\dot{s}^3+3\mathbf{r}''\dot{s}\ddot{s}+\mathbf{r}'\dddot{s}| \\ &= |\mathbf{r}'\dot{s}\ \ \mathbf{r}''(\dot{s})^2\ \ \mathbf{r}'''(\dot{s})^3| = (\dot{s})^6|\mathbf{r}'\mathbf{r}''\mathbf{r}'''| \\ &= (\dot{\mathbf{r}}\cdot\dot{\mathbf{r}})^3|\mathbf{r}'\mathbf{r}''\mathbf{r}''|\end{aligned}$$

앞 정리에서 $\tau=\dfrac{|r'r''r'''|}{\kappa^2}$이므로

$$\begin{aligned}\tau &= \frac{1}{\kappa^2}|\mathbf{r}'\mathbf{r}''\mathbf{r}'''| = \left\{\frac{(\dot{\mathbf{r}}\cdot\dot{\mathbf{r}})(\ddot{\mathbf{r}}\cdot\ddot{\mathbf{r}})-(\dot{\mathbf{r}}\cdot\ddot{\mathbf{r}})^2}{(\dot{\mathbf{r}}\cdot\dot{\mathbf{r}})^3}\right\}^{-1}\frac{|\dot{\mathbf{r}}\ddot{\mathbf{r}}\dddot{\mathbf{r}}|}{(\dot{\mathbf{r}}\cdot\dot{\mathbf{r}})^3} \\ &= \frac{|\dot{\mathbf{r}}\ddot{\mathbf{r}}\dddot{\mathbf{r}}|}{(\dot{\mathbf{r}}\cdot\dot{\mathbf{r}})(\ddot{\mathbf{r}}\cdot\ddot{\mathbf{r}})-(\dot{\mathbf{r}}\cdot\ddot{\mathbf{r}})^2}\end{aligned} \tag{7}$$ ■

【예제 2.34】 곡선 $\mathbf{r}=3\cos t\mathbf{i}+3\sin t\mathbf{j}+4t\mathbf{k}$에 대하여 비틀림 τ를 구하라.

풀이 1 $\dot{\mathbf{r}}=-3\sin t\mathbf{i}+3\cos t\mathbf{j}+4\mathbf{k}$, $\ddot{\mathbf{r}}=-3\cos t\mathbf{i}-3\sin t\mathbf{j}$,
$\dddot{\mathbf{r}}=3\sin t\mathbf{i}-3\cos t\mathbf{j}$이므로

$$\begin{aligned}&\dot{\mathbf{r}}\cdot\dot{\mathbf{r}}=|\dot{\mathbf{r}}|^2=9\sin^2 t+9\cos^2 t+16=25, \\ &\ddot{\mathbf{r}}\cdot\ddot{\mathbf{r}}=|\ddot{\mathbf{r}}|^2=9\cos^2 t+9\sin^2 t=9 \\ &\dot{\mathbf{r}}\cdot\ddot{\mathbf{r}}=0\end{aligned}$$

이들 값을 τ를 구하는 (7)식에 대입하여

$$\begin{aligned}\tau &= \frac{|\dot{\mathbf{r}}\ddot{\mathbf{r}}\dddot{\mathbf{r}}|}{(\dot{\mathbf{r}}\cdot\dot{\mathbf{r}})(\ddot{\mathbf{r}}\cdot\ddot{\mathbf{r}})-(\dot{\mathbf{r}}\cdot\ddot{\mathbf{r}})^2} = \frac{1}{25\times9-0}\begin{vmatrix}-3\sin t & 3\cos t & 4 \\ -3\cos t & -3\sin t & 0 \\ 3\sin t & -3\cos t & 0\end{vmatrix} \\ &= \frac{1}{25\times9}(9\times4)=\frac{4}{25}\end{aligned}$$ ■

풀이2 τ를 정의식에 의하여 구해본다.

$\dfrac{d\mathbf{B}}{ds} = -\tau\mathbf{N}$ 이고,

$$\mathbf{N} = \frac{\mathbf{T}'}{|\mathbf{T}'|} = \frac{\left(\frac{3}{5}\sin t\mathbf{i} - \frac{3}{5}\cos t\mathbf{j}\right)}{\frac{3}{5}} = \sin t\mathbf{i} - \cos t\mathbf{j}$$

$$\mathbf{B} = \mathbf{T}\times\mathbf{N} = \left(-\frac{3}{5}\cos t\mathbf{i} - \frac{3}{5}\sin t\mathbf{j} + \frac{4}{5}\mathbf{k}\right)\times(\sin t\mathbf{i} - \cos t\mathbf{j})$$

$$= \begin{vmatrix} \mathbf{i} & \mathbf{j} & \mathbf{k} \\ -\frac{3}{5}\cos t & -\frac{3}{5}\sin t & \frac{4}{5} \\ \sin t & -\cos t & 0 \end{vmatrix}$$

$$= -\frac{4}{5}(-\cos t\mathbf{i} - \sin t\mathbf{j}) + \left(\frac{3}{5}\cos^2 t + \frac{3}{5}\sin^2 t\right)\mathbf{k}$$

$$= \frac{4}{5}(\cos t\mathbf{i} + \sin t\mathbf{j}) + \frac{3}{5}\mathbf{k}$$

$$s = \int_0^t \sqrt{\dot{\mathbf{r}}^2}\,dt = \int_0^t \sqrt{(-3\sin t)^2 + (3\cos t)^2 + 4^2}\,dt = 5t, \quad s' = 5$$

이므로

$$\mathbf{B}' = \frac{d\mathbf{B}}{dt}\bigg/\frac{ds}{dt} = \frac{4}{5}(-\sin t\mathbf{i} + \cos t\mathbf{j})/5 = \frac{4}{25}(-\sin t\mathbf{i} + \cos t\mathbf{j})$$

$$= -\frac{4}{25}\mathbf{N}$$

$\mathbf{B}' = -\tau\mathbf{N} = -\dfrac{4}{25}\mathbf{N}$ 에서 $\tau = \dfrac{4}{25}$ ■

연습문제(2.4)

1. 다음 공간곡선에 대하여 비틀림 τ를 구하라.

$x=t,\ y=t^2,\ z=\dfrac{2}{3}t^3$

2. 비틀림 $\tau(s)=\dfrac{|\dot{\mathbf{r}}\ddot{\mathbf{r}}\dddot{\mathbf{r}}|}{\kappa^2\dot{\mathbf{r}}^2}=\dfrac{(\dot{\mathbf{r}}\ddot{\mathbf{r}}\dddot{\mathbf{r}})}{(\dot{\mathbf{r}}\cdot\dot{\mathbf{r}})(\ddot{\mathbf{r}}\cdot\ddot{\mathbf{r}})-(\dot{\mathbf{r}}\cdot\ddot{\mathbf{r}})^2}$ 임을 이용하여 원 $\mathbf{r}=a\cos t\mathbf{i}+a\sin t\mathbf{j}$의 비틀림을 구하라.

3. 점 P의 위치벡터 $\mathbf{r}=x(t)\mathbf{i}+y(t)\mathbf{i}+z(t)\mathbf{k}$에서 $\mathbf{r}''=\dfrac{d^2\mathbf{r}}{ds^2}=t''\dot{\mathbf{r}}+t^2\ddot{\mathbf{r}}$ 임을 밝혀라.

단, $t'=\dfrac{dt}{ds}$, $\dot{\mathbf{r}}=\dfrac{d\mathbf{r}}{dt}$이다.

4. $\mathbf{r}(t)=\cos t\mathbf{i}+\sin t\mathbf{j}+t\mathbf{k}$일 때, 다음에 답하라.

(1) $|\dot{\mathbf{r}}(t)|$, $|\dot{\mathbf{T}}(t)|$, $\mathbf{N}(t)$를 구하라.

(2) Frenet−Serret 공식이 성립함을 밝혀라.

2.5 속도와 가속도

1 속도와 가속도

물체의 위치가 시각 t_1에서 s_1이었던 것이 시각 t_2에서 s_2로 되었다면 시간 t_2-t_1 동안에 물체의 평균적 위치변화량을 **평균속도**라 하고,

평균속도 $\bar{v}$는

$$\bar{v}=\frac{s_2-s_1}{t_2-t_1}=\frac{\Delta s}{\Delta t} \qquad (1)$$

로 나타내진다.

$t=0$에서의 물체의 위치를 0이라 할 때, 오른쪽의 시간과 위치 관계를 나타낸 그래프에서 $\bar{v}$는 두 점 $A(t_1,\ s_1)$, $B(t_2,\ s_2)$를 맺은 직선의 기울기와 같다.

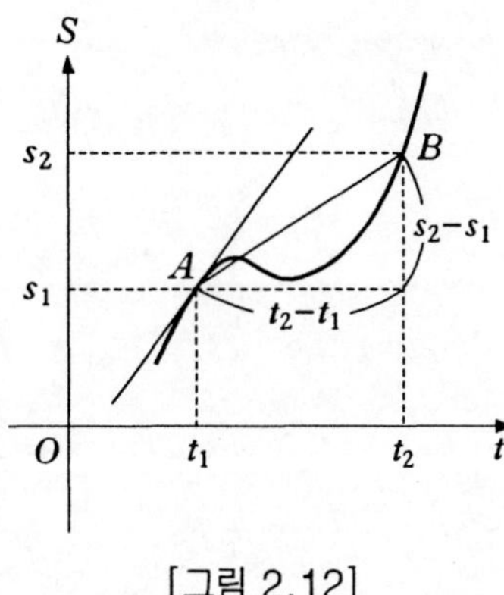

[그림 2.12]

식 (1)에서 $\Delta t=t_2-t_1$을 매우 작게 취할 때, 평균속도의 극한을 **순간속도**라 한다. 즉 순간속도 v는

$$v=\lim_{\Delta t\to 0}\frac{\Delta s}{\Delta t} \qquad (2)$$

로 정의한다. 앞으로 순간속도를 간단히 속도라고 한다.

$t=t_1$에서의 순간속도 v_1은 시간과 거리함수 $y=f(t)$의 그래프상의 $t=t_1$인 점에서의 접선의 기울기와 같다.

$t=t_1$에서의 속도를 $v(t_1)=v_1$, $t=t_2$에서의 속도를 $v(t_2)=v_2$라 할 때, 속도가 어떻게 변하는지는 속도의 변화량 $\Delta v=v_2-v_1$을 시간의 변화량 $\Delta t=t_2-t_1$로 나누면 알수 있다. 여기서 $\dfrac{\Delta v}{\Delta t}$를 **평균가속도**라 한다. 평균가속도 $\bar{a}$는

$$\bar{a}=\frac{v_2-v_1}{t_2-t_1}=\frac{\Delta v}{\Delta t} \qquad (3)$$

이고, 이 평균가속도의 극한을 시각 t_1에서의 **순간가속도**라 하고, a로 나타낸다. 즉

$$a = \lim_{\Delta t \to 0} \frac{\Delta v}{\Delta t} \tag{4}$$

속도와 가속도는 모두 크기와 방향을 가지고 있으므로 벡터이다. 3차원 공간에서 속도와 가속도를 살펴보자.

공간의 점 $P(x(t),\ y(t),\ z(t))$가 변수 t의 변화에 따라 운동하면, 이 점 P는 하나의 공간곡선 C를 그리고, 점 P의 위치벡터

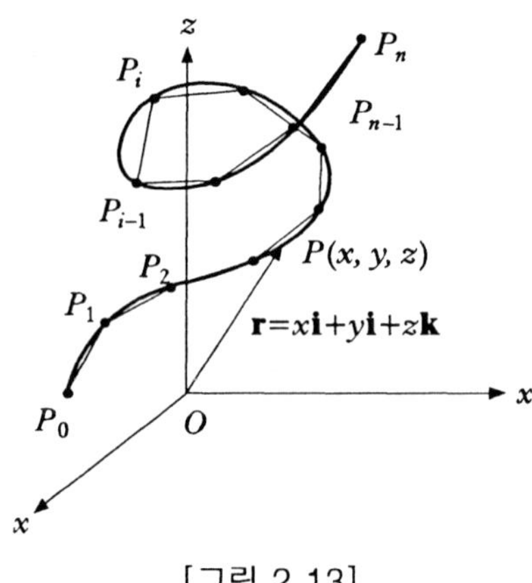

[그림 2.13]

$$\mathbf{r}(t) = x(t)\mathbf{i} + y(t)\mathbf{j} + z(t)\mathbf{k}$$

는 변수 t의 벡터함수이다. 방정식

$$\mathbf{r} = \mathbf{r}(t)\ (a \le t \le b)$$

를 곡선 C의 벡터방정식이라 한다. t는 매개변수이다.

앞으로 함수 $x(t),\ y(t),\ z(t)$는 적어도 3회 연속 미분가능하다 하고, $\frac{dx}{dt},\ \frac{dy}{dt},\ \frac{dz}{dt}$는 동시에 0이 안된다. 즉 $\frac{d\mathbf{r}}{dt} \neq \mathbf{0}$이라고 가정한다.

공간곡선 C의 매개방정식이 $x=x(t),\ y=y(t),\ z=z(t)\ (a \le t \le b)$로 주어지고, $x(t),\ y(t),\ z(t)$가 미분가능하고, $\frac{dx}{dt},\ \frac{dy}{dt},\ \frac{dz}{dt}$가 연속이라 하자.

공간상의 두 점 $P,\ Q$를 맺는 하나의 곡선 C상에 $n+1$개의 점

$$P = P_0,\ P_1,\ P_2,\ \cdots,\ P_n = Q$$

를 취할 때, 꺾음선(할선) $P_0P_1P_2\cdots P_{n-1}P_n$의 길이는

$$\sum_{i=1}^{n} P_{i-1}P_i = P_0P_1 + P_1P_2 + \cdots + P_{n-2}P_{n-1} + P_{n-1}P_n$$

이고, 점 P_i의 좌표를 $(x_i,\ y_i,\ z_i)$라면

$$\overline{P_{i-1}P_i}^2 = (x_i - x_{i-1})^2 + (y_i - y_{i-1})^2 + (z_i - z_{i-1})^2 = \Delta x_i^2 + \Delta y_i^2 + \Delta z_i^2$$

이므로

$$\begin{aligned}\sum_{i=1}^{n} P_{i-1}P_i &= \sum_{i=1}^{n} \sqrt{(\Delta x_i)^2 + (\Delta y_i)^2 + (\Delta z_i)^2} \\ &= \sum_{i=1}^{n} \sqrt{\left(\frac{\Delta x_i}{\Delta t_i}\right)^2 + \left(\frac{\Delta y_i}{\Delta t_i}\right)^2 + \left(\frac{\Delta z_i}{\Delta t_i}\right)^2}\ \Delta t_i \quad (t_i - t_{i-1} = \Delta t_i)\end{aligned}$$

이고, $\Delta t_i \to 0$일 때의 극한은 일정한 값

$$s(b) = \int_a^b \sqrt{\left(\frac{dx}{dt}\right)^2 + \left(\frac{dy}{dt}\right)^2 + \left(\frac{dz}{dt}\right)^2}\, dt \tag{5}$$

에 수렴한다. 이 값은 곡선 C의 길이이다.

(5)식에서 b를 t로 바꾼 $s = s(t)$를 이 곡선의 호의 길이(함수)라 한다.

공간에서 운동하고 있는 입자의 위치벡터를

$$\mathbf{r}(t) = x(t)\mathbf{i} + y(t)\mathbf{j} + z(t)\mathbf{k}$$

라 하고, $\mathbf{r}(t)$의 입자의 운동경로를 C로 표시하자. 단, t는 시간이다. 시간 $a \le t \le b$에서 이 입자의 이동거리 s는

$$s = \int_a^b |\dot{\mathbf{r}}(t)|\, dt = \int_a^b \sqrt{\left(\frac{dx}{dt}\right)^2 + \left(\frac{dy}{dt}\right)^2 + \left(\frac{dz}{dt}\right)^2}\, dt \tag{6}$$

로 나타내진다.

$$\boxed{\mathbf{v}(t) = \dot{\mathbf{r}}(t) = \frac{dx}{dt}\mathbf{i} + \frac{dy}{dt}\mathbf{j} + \frac{dz}{dt}\mathbf{k}} \tag{7}$$

를 시각 t에서의 입자의 속도(velocity)라 하고, 속도의 크기

$$v = |\mathbf{v}|$$

를 속력(speed)이라 한다. 또한 속도의 변화율

$$\mathbf{a}(t) = \dot{\mathbf{v}}(t) = \frac{d^2x}{dt^2}\mathbf{i} + \frac{d^2y}{dt^2}\mathbf{j} + \frac{d^2z}{dt^2}\mathbf{k} \tag{8}$$

를 가속도(acceleration)라 한다.

【예제 2.35】 평면상에서 움직이는 물체의 위치벡터가 $\mathbf{r}(t) = t^2\mathbf{i} + t^3\mathbf{j}$, $t \geq 0$이다. $t=1$일 때, 이 물체의 속도, 속력, 가속도를 구하라.

풀이 $\mathbf{v}(t) = \dot{\mathbf{r}}(t) = 2t\mathbf{i} + 3t^2\mathbf{j}$, $\mathbf{a}(t) = 2\mathbf{i} + 6t\mathbf{j}$, $|\mathbf{v}(t)| = \sqrt{4t^2 + 9t^4}$

$t = 1$일 때, 속도 $\mathbf{v}(1) = 2\mathbf{i} + 3\mathbf{j}$, 속력 $|\mathbf{v}(1)| = \sqrt{4+9} = \sqrt{13}$,

가속도 $\mathbf{a}(1) = 2\mathbf{i} + 6\mathbf{j}$ ■

【예제 2.36】 $\mathbf{r}(\mathrm{t}) = \sin t\mathbf{i} + 2e^{-t}\mathbf{j} + t^2\mathbf{k}$라 할 때, 속력과 가속도를 구하라.

풀이 속도는 $\mathbf{v}(t) = \cos t\mathbf{i} - 2e^{-t}\mathbf{j} + 2t\mathbf{k}$

속력은

$$v = |\mathbf{v}| = \sqrt{\cos^2 t + 4e^{-2t} + 4t^2}$$

가속도는

$$\mathbf{a} = -\sin t\mathbf{i} + 2e^{-t}\mathbf{j} + 2\mathbf{k}$$ ■

(6)식에서 상한 b를 t로 바꾸어 놓으면, 호의 길이함수

$$s(t) = \int_a^t \sqrt{\dot{x}^2 + \dot{y}^2 + \dot{z}^2}\, dt \tag{9}$$

를 얻고, $s(t)$는 정점 $P(t_1)$에서 임의의 점 $Q(t)$까지의 호의 길이를 나타낸다.

함수 f의 호의 길이 s에 관한 도함수를 f', f'', f''', …로 나타내고, 임의의 매개변수 t에 관한 도함수를 $\dot{f}$, $\ddot{f}$, $\dddot{f}$, …로 나타낸다.

【예제 2.37】 한 입자의 처음 위치가 $\mathbf{r}(0)=(1, 0, 0)$, 초속도는 $\mathbf{v}(0)=\mathbf{i}-\mathbf{j}+\mathbf{k}$이다. 이 입자의 가속도 $\mathbf{a}(t)=2t\mathbf{i}+6t\mathbf{j}+\mathbf{k}$일 때, 이 입자의 시각 t에서의 속도를 구하라.

풀이 $\mathbf{a}(t)=\dot{\mathbf{v}}(t)$이므로

$$\mathbf{v}(t)=\int \mathbf{a}(t)dt=\int(2t\mathbf{i}+6t\mathbf{j}+\mathbf{k})dt=t^2\mathbf{i}+3t^2\mathbf{j}+t\mathbf{k}+C_1$$

$\mathbf{v}(0)=\mathbf{i}-\mathbf{j}+\mathbf{k}$이다. 따라서

$$\begin{aligned}\mathbf{v}(t)&=t^2\mathbf{i}+3t^2\mathbf{j}+t\mathbf{k}+(\mathbf{i}-\mathbf{j}+\mathbf{k})\\&=(t^2+1)\mathbf{i}+(3t^2-1)\mathbf{j}+(t+1)\mathbf{k}\end{aligned}$$

$\mathbf{v}(t)=\dot{\mathbf{r}}(t)$이므로,

$$\begin{aligned}\mathbf{r}(t)&=\int \mathbf{v}(t)dt=\int[(t^2+1)\mathbf{i}+(3t^2-1)\mathbf{j}+(t+1)\mathbf{k}]dt\\&=\left(\frac{1}{3}t^3+t\right)\mathbf{i}+(t^3-t)\mathbf{j}+\left(\frac{1}{2}t^2+t\right)\mathbf{k}+C_2\end{aligned}$$

$t=0$일 때, $\mathbf{r}(0)=C_2=\mathbf{i}$이므로, $\mathbf{r}(t)$는

$$\mathbf{r}(t)=\left(\frac{1}{3}t^3+t+1\right)\mathbf{i}+(t^3-t)\mathbf{j}+\left(\frac{1}{2}t^2+t\right)\mathbf{k}$$ ■

일반적으로 가속도가 알려지면 속도를, 속도가 알려지면 위치 $\mathbf{r}(t)$를 알 수 있다.

$$\mathbf{v}(t)=\mathbf{v}(t_0)+\int_{t_0}^{t}\mathbf{a}(t)dt,\ \mathbf{r}(t)=\mathbf{r}(t_0)+\int_{t_0}^{t}\mathbf{v}(t)dt$$

여기서 $\mathbf{v}(t_0)$는 초속도, $\mathbf{r}(t_0)$는 초기 위치벡터이다.

2 가속도와 힘

입자에 힘이 작용할 때, 가속도는 Newton의 제2 운동법칙으로 부터 구해진다. 임의시간 t에 질량 m인 물체에 힘 $\mathbf{F}$가 작용하였을 때의 가속도를 $\mathbf{a}(t)$라면 다음 관계가 성립된다.

$$\mathbf{F}(t) = m\mathbf{a}(t) \tag{10}$$

이것은 질량 m인 물체에 가속도 $\mathbf{a}$를 생기게 하는 힘의 크기에 관한 관계식이다.

【예제 2.38】 질량 m인 물체가 일정한 각속도 ω로 타원궤도를 따라 움직일 때 물체의 위치 벡터는 $\mathbf{r}(t) = a\cos\omega t\mathbf{i} + b\sin\omega t\mathbf{j}$이다. 물체에 작용하는 힘을 구하고, 힘이 중심을 향하고 있음을 밝혀라.

풀이 $\mathbf{v}(t) = \dot{\mathbf{r}}(t) = -a\omega\sin\omega t\mathbf{i} + b\omega\cos\omega t\mathbf{j}$

$\mathbf{a}(t) = \dot{\mathbf{v}}(t) = -a\omega^2\cos\omega t\mathbf{i} - b\omega^2\sin\omega t\mathbf{j}$

Newton의 제2 운동법칙에 의하여

$$\mathbf{F}(t) = m\mathbf{a}(t)$$
$$= -m\omega^2(a\cos\omega t\mathbf{i} + b\sin\omega t\,\mathbf{j})$$
$$\mathbf{F}(t) = -m\omega^2\mathbf{r}(t)$$

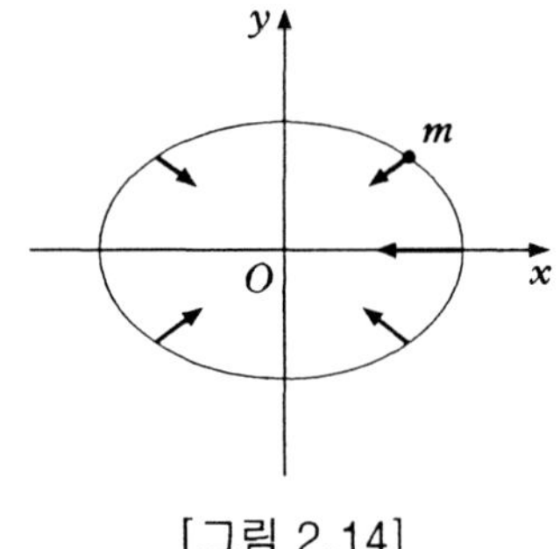

[그림 2.14]

$-$는 힘이 위치 벡터 $\mathbf{r}(t)$에 반대방향으로 작용함을 나타낸다. 이러한 힘을 **구심력**(centripetal force)이라 한다. ■

【예제 2.39】 입자를 수평면에 대하여 각 α, 초속도 $\mathbf{v}_0$로 던졌다. 공기의 저항을 무시하고, 중력에 의한 작용만 받는다. 입자의 위치벡터를 구하라.

풀이 그림과 같이 좌표축을 정한다. 힘은 중력으로 아래로 작용하므로

$$\mathbf{F} = m\mathbf{a} = -mg\mathbf{j}$$

단, $g = |\mathbf{a}| = 9.8\text{m/s}^2$

따라서 $\mathbf{a} = -g\mathbf{j}$, $\dot{\mathbf{v}}(t) = \mathbf{a}$

이므로

$$\mathbf{v}(t) = -gt\mathbf{j} + \mathbf{C}_1, \ \mathbf{C}_1 = \mathbf{v}(0) = \mathbf{v}_0$$

$$\dot{\mathbf{r}}(t) = \mathbf{v}(t) = -gt\mathbf{j} + \mathbf{v}_0$$

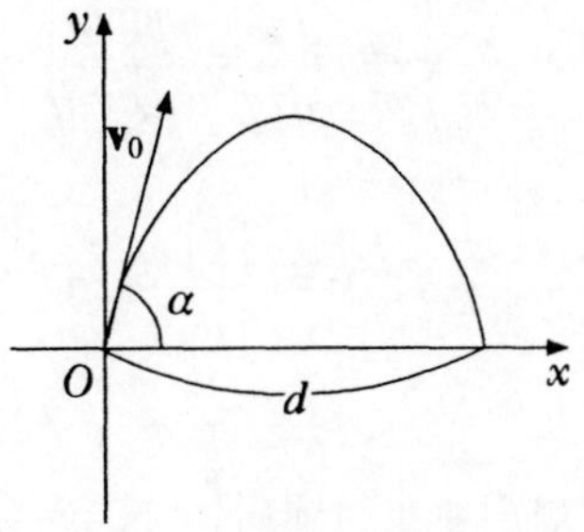

적분하면

$$\mathbf{r}(t) = -\frac{1}{2}gt^2\mathbf{j} + \mathbf{v}_0 t + \mathbf{C}_2, \quad \mathbf{C}_2 = \mathbf{r}(0) = \mathbf{0}$$

[그림 2.15]

이므로, 입자의 위치벡터는

$$\mathbf{r}(t) = -\frac{1}{2}gt^2\mathbf{j} + \mathbf{v}_0 t$$

초속도 $\mathbf{v}_0$를

$$\mathbf{v}_0 = v_0\cos\alpha\mathbf{i} + v_0\sin\alpha\mathbf{j}$$

라면

$$\mathbf{r}(t) = (v_0\cos\alpha)t\mathbf{i} + \left[(v_0\sin\alpha)t - \frac{1}{2}gt^2\right]\mathbf{j}$$

이므로, 입자의 매개방정식은 다음과 같다.

$$x(t) = (v_0\cos\alpha)t, \ y(t) = (v_0\sin\alpha)t - \frac{1}{2}gt^2$$ ■

3 가속도의 접선성분과 법선성분

입자의 운동을 연구할 때, 가속도를 두 성분으로 분리하면 편리하다. 하나는 접선방향이고, 다른 하나는 법선방향이다. 입자의 위치벡터를 $\mathbf{r}(t)$로, 속력을 $v = |\mathbf{v}|$로, 단위접선벡터를 $\mathbf{T}(t)$로 나타내면

$$\mathbf{T}(t) = \frac{\dot{\mathbf{r}}(t)}{|\dot{\mathbf{r}}(t)|} = \frac{\mathbf{v}(t)}{|\mathbf{v}(t)|} = \frac{\mathbf{v}}{v} \text{에서} \quad \mathbf{v} = v\mathbf{T} \tag{11}$$

양변을 t에 관하여 미분하면

$$\mathbf{a} = \dot{\mathbf{v}} = \dot{v}\mathbf{T} + v\dot{\mathbf{T}} \qquad \cdots\cdots①$$

곡률 κ는 $\dfrac{d\mathbf{T}}{dt}=\dfrac{d\mathbf{T}}{ds}\dfrac{ds}{dt}$에서 $\kappa=\left|\dfrac{d\mathbf{T}}{ds}\right|=\left|\dfrac{d\mathbf{T}/dt}{ds/dt}\right|$이므로

$$\kappa=\frac{|\dot{\mathbf{T}}|}{|\dot{\mathbf{r}}|}\text{에서 } |\dot{\mathbf{T}}|=\kappa v$$

단위주법선벡터는 $\mathbf{N}=\dfrac{\dot{\mathbf{T}}}{|\dot{\mathbf{T}}|}$로 정의되므로

$$\dot{\mathbf{T}}=|\dot{\mathbf{T}}|\mathbf{N}=\kappa v\mathbf{N} \qquad \cdots\cdots②$$

여기서 ②를 ①에 대입하면 가속도 $\mathbf{a}$는 다음과 같다.

$$\mathbf{a}=\dot{v}\mathbf{T}+\kappa v^2\mathbf{N} \tag{12}$$

참고 $\kappa=\dfrac{1}{\rho}$(ρ는 곡률반지름)이므로, κ 대신 $\dfrac{1}{\rho}$을 써도 된다.

가속도를 a_T와 a_N으로 나타내면

$$\mathbf{a}=a_T\mathbf{T}+a_N\mathbf{N},\quad \text{단, } a_T=\dot{v},\ a_N=\kappa v^2$$

v와 a의 내적을 취하면 $\mathbf{T}\cdot\mathbf{T}=1$, $\mathbf{T}\cdot\mathbf{N}=0$이므로

$$\begin{aligned}\mathbf{v}\cdot\mathbf{a}&=v\mathbf{T}\cdot(\dot{v}\mathbf{T}+\kappa v^2\mathbf{N})\\&=v\dot{v}\mathbf{T}\cdot\mathbf{T}+\kappa v^3\mathbf{T}\cdot\mathbf{N}\\&=v\dot{v}\end{aligned}$$

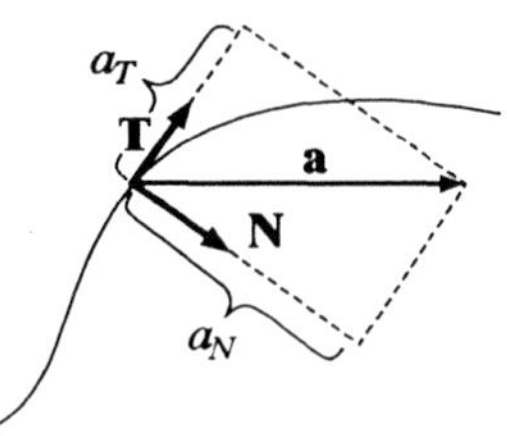

[그림 2.16]

따라서

$$a_T=\dot{v}=\frac{\mathbf{v}\cdot\mathbf{a}}{v}=\frac{\dot{\mathbf{r}}(t)\cdot\ddot{\mathbf{r}}(t)}{|\dot{\mathbf{r}}(t)|}$$

곡률에 관한 공식을 써서

$$a_N=\kappa v^2=\frac{|\dot{\mathbf{r}}(t)\times\ddot{\mathbf{r}}(t)|}{|\dot{\mathbf{r}}(t)|^3}|\dot{\mathbf{r}}(t)|^2=\frac{|\dot{\mathbf{r}}(t)\times\ddot{\mathbf{r}}(t)|}{|\dot{\mathbf{r}}(t)|}$$ ■

【예제 2.40】 시각 t에서의 입자의 위치벡터가

$$\mathbf{r}(t)=(\cos t+t\sin t)\mathbf{i}+(\sin t-t\cos t)\mathbf{j}+t^2\mathbf{k},\ \ t>0$$

로 주어져 있다. 가속도 $\mathbf{a}$를 구하라.

풀이 $\mathbf{v}=t\cos t\mathbf{i}+t\sin t\mathbf{j}+2t\mathbf{k},\ v=|\mathbf{v}|=\sqrt{5}\,t,$

$\mathbf{a}=(\cos t-t\sin t)\mathbf{i}+(\sin t+t\cos t)\mathbf{j}+2\mathbf{k},$

$|\mathbf{a}|=\sqrt{(\cos t-t\sin t)^2+(\sin t+t\cos t)^2+4}=\sqrt{5+t^2}$

한편 $a_T=\dfrac{dv}{dt}=\sqrt{5},\ a_N^2=|\mathbf{a}|^2-a_T^2=t^2$이고, $t>0$이므로

$$a_N=|t|=t,\ \mathbf{a}=\sqrt{5}\mathbf{T}+t\mathbf{N}$$

■

【예제 2.41】 입자가 위치벡터 $\mathbf{r}(t)=t\mathbf{i}+t^2\mathbf{j}+t^3\mathbf{k}$에 따라 움직인다. 가속도의 접선성분과 법선성분을 구하라.

풀이 $\mathbf{r}(t)=t\mathbf{i}+t^2\mathbf{j}+t^3\mathbf{k}$

$$\dot{\mathbf{r}}(t)=\mathbf{i}+2t\mathbf{j}+3t^2\mathbf{k},\ |\dot{\mathbf{r}}(t)|=\sqrt{1+4t^2+9t^4},\ \ddot{\mathbf{r}}(t)=2\mathbf{j}+6t\mathbf{k}$$

$$a_T=\frac{\dot{\mathbf{r}}(t)\cdot\ddot{\mathbf{r}}(t)}{|\dot{\mathbf{r}}(t)|}=\frac{4t+18t^3}{\sqrt{1+4t^2+9t^4}}$$

$$\dot{\mathbf{r}}(t)\times\ddot{\mathbf{r}}(t)=\begin{vmatrix}\mathbf{i}&\mathbf{j}&\mathbf{k}\\1&2t&3t^2\\0&2&6t\end{vmatrix}=6t^2\mathbf{i}-6t\mathbf{j}+2\mathbf{k}$$

$$|\dot{\mathbf{r}}(t)\times\ddot{\mathbf{r}}(t)|=36t^4+36t^2+4$$

이므로 법선성분은

$$a_N=\frac{|\dot{\mathbf{r}}(t)\times\ddot{\mathbf{r}}(t)|}{|\dot{\mathbf{r}}(t)|}=\frac{\sqrt{36t^4+36t^2+4}}{\sqrt{1+4t^2+9t^4}}$$

■

연습문제(2.5)

1. 한 입자가 곡선 $x=e^{-t}$, $y=2\cos 3t$, $z=2\sin 3t$에 따라 움직인다. 다음에 답하라. 단, t는 시간이다.

(1) 임의시각 t에서의 속도와 가속도를 구하라.

(2) $t=0$에서 속도와 가속도를 구하라.

2. 한 입자가 곡선 $x=2t^2$, $y=t^2-2t$, $z=3t-5$에 따라 움직인다. $t=1$에서 방향 $\mathbf{i}-3\mathbf{j}+2\mathbf{k}$으로의 속도와 가속도의 성분을 구하라.

3. 한 입자가 $\mathbf{r}=(t^3-4t)\mathbf{i}+(t^2+4t)\mathbf{j}+(8t^2-3t^3)\mathbf{k}$ (t는 시간)에 따라 움직인다. 다음을 구하라.

(1) 속도벡터 $\mathbf{v}$　　(2) 가속도벡터 $\mathbf{a}$

(3) $t=2$에서 가속도의 접선성분 a_T와 법선성분 a_N

4. xy평면상의 회전운동 $\mathbf{r}=k(\cos\theta(t))\mathbf{i}+k(\sin\theta(t))\mathbf{j}$에 대하여 가속도의 접선성분을 a_T, 법선성분을 a_N라 할 때, $\mathbf{a}=k\dot{\theta}(t)\mathbf{T}+k\{\dot{\theta}(t)\}^2\mathbf{N}$임을 밝혀라. 단, k는 양의 정수, $\theta(t)$는 시간 t의 함수이고, $\theta \ge 0$이다.

5. 가속도 $\mathbf{a}$가 일정할 때, 동점 P의 자취는, $t=0$일 때의 위치벡터를 $\mathbf{r}_0$, 속도를 $\mathbf{v}_0$이라면

$$\mathbf{r}(t)=\frac{1}{2}t^2a+tv_0+r_0$$

로 나타내짐을 밝혀라.

구배 · 발산 · 회전

3.1 구배

1 스칼라장과 구배

공간 전체 또는 공간의 어떤 영역 R에서 스칼라 ϕ가 분포하고 있을 때, 그 영역의 각 점에서 ϕ의 값이 점 $P(x, y, z)$의 함수 $\phi(x, y, z)$로 정의되어 있는 영역 R은 스칼라장(scalar field)이라고 한다.

스칼라장 ϕ의 각 점에서 벡터

$$\text{grad}\,\phi = \mathbf{i}\frac{\partial \phi}{\partial x} + \mathbf{j}\frac{\partial \phi}{\partial y} + \mathbf{k}\frac{\partial \phi}{\partial z} \tag{1}$$

를 스칼라장 ϕ의 구배(gradient)라 하고, 이것을 벡터의 미분연산기호 ∇ (∇는 del이라고 읽는다)를 사용하면

$$\nabla = \mathbf{i}\frac{\partial}{\partial x} + \mathbf{j}\frac{\partial}{\partial y} + \mathbf{k}\frac{\partial}{\partial z}$$

를 써서

$$\boxed{\nabla\phi = \left(\mathbf{i}\frac{\partial}{\partial x} + \mathbf{j}\frac{\partial}{\partial y} + \mathbf{k}\frac{\partial}{\partial z}\right)\phi = \mathbf{i}\frac{\partial\phi}{\partial x} + \mathbf{j}\frac{\partial\phi}{\partial y} + \mathbf{k}\frac{\partial\phi}{\partial z}} \quad (2)$$

로 나타내지므로, (2)식을 다음과 같이 나타낸다.

$$\text{grad}\,\phi = \nabla\phi$$

【예제 3.1】 $\phi = 3x^2y - y^3z^2$일 때 $\nabla\phi$를 구하라.

풀이 $\nabla\phi = \mathbf{i}\frac{\partial}{\partial x}(3x^2y - y^3z^2) + \mathbf{j}\frac{\partial}{\partial y}(3x^2y - y^3z^2) + \mathbf{k}\frac{\partial}{\partial z}(3x^2y - y^3z^2)$

$$= 6xy\mathbf{i} + (3x^2 - 3y^2z^2)\mathbf{j} - 2y^3z\mathbf{k}$$

벡터 $\mathbf{a}$ 방향으로 $\nabla\phi$의 성분은 $\nabla\phi\cdot\mathbf{a}$로 주어지고, 이것을 $\mathbf{a}$ 방향으로의 ϕ의 방향도함수(directional derivative)라 한다. 따라서 $\nabla\phi$와 단위벡터 $\mathbf{u}$가 만드는 각을 θ이라면, 벡터의 내적의 정의에 의해서 $\mathbf{u}$방향의 ϕ의 방향도함수 $D_{\mathbf{u}}\phi(x, y, z)$은

$$D_{\mathbf{u}}\phi(x, y, z) = \nabla\phi\cdot\mathbf{u} = |\nabla\phi||\mathbf{u}|\cos\theta = |\nabla\phi|\cos\theta \quad (|\mathbf{u}| = 1)$$

스칼라장 ϕ의 점 P에서 단위벡터 $\mathbf{u} = u_1\mathbf{i} + u_2\mathbf{j} + u_3\mathbf{k}$ 방향 미분계수는

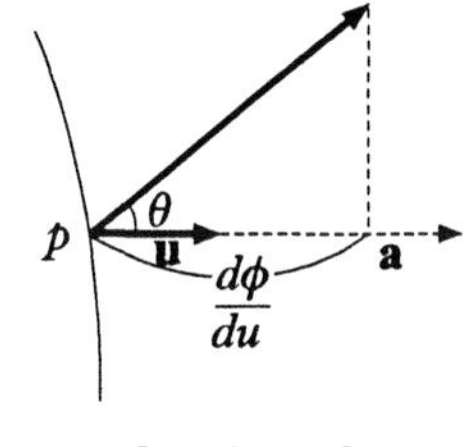

[그림 3.1]

$$\begin{aligned} D_{\mathbf{u}}\phi(x, y, z) &= \left(\frac{\partial\phi}{\partial x}\mathbf{i} + \frac{\partial\phi}{\partial y}\mathbf{j} + \frac{\partial\phi}{\partial z}\mathbf{k}\right)\cdot(u_1\mathbf{i} + u_2\mathbf{j} + u_3\mathbf{k}) \\ &= u_1\frac{\partial\phi}{\partial x} + u_2\frac{\partial\phi}{\partial y} + u_3\frac{\partial\phi}{\partial z} = \mathbf{u}\cdot\nabla\phi \end{aligned}$$

따라서 다음 관계가 있다.

$$D_{\mathbf{u}}\phi(x, y, z) = \mathbf{u}\cdot\nabla\phi = |\mathbf{u}||\nabla\phi|\cos\theta = |\nabla\phi|\cos\theta$$

단, θ는 $\mathbf{u}$와 $\nabla\phi$가 이루는 각이다. $\nabla\phi\cdot\mathbf{u} = |\nabla\phi|\cos\theta$이고, $\cos\theta$의 최대값은

$\theta=0$일 때 1이다. 따라서 $\nabla\phi\cdot\mathbf{u}$의 최대값은 $|\nabla\phi|$이고, $\mathbf{u}$와 $\nabla\phi$가 같은 방향인 경우이다. ■

【예제 3.2】 $f(x, y, z)=x\sin(yz)$이다.
(1) grad f를 구하라.
(2) 점 (1, 0, 3)에서 $\mathbf{v}=\mathbf{i}+2\mathbf{j}+2\mathbf{k}$ 방향의 방향 도함수를 구하라.

풀이 (1) $\text{grad}\, f=\nabla f(x, y, z)=f_x\mathbf{i}+f_y\mathbf{j}+f_z\mathbf{k}$

$$=\sin(yz)\mathbf{i}+xz\cos(yz)\mathbf{j}+xy\cos(yz)\mathbf{k}$$

(2) 점 (1, 0, 3)에서 $\nabla f(1, 0, 3)=0\mathbf{i}+3\mathbf{j}+0\mathbf{k}=3\mathbf{j}$

$\mathbf{v}$ 방향의 단위벡터 $\mathbf{u}$는

$$\mathbf{u}=\frac{1}{3}\mathbf{i}+\frac{2}{3}\mathbf{j}+\frac{2}{3}\mathbf{k}$$

이므로, 구하는 방향 도함수는

$$\nabla f\cdot\mathbf{u}=3\mathbf{j}\cdot\left(\frac{1}{3}\mathbf{i}+\frac{2}{3}\mathbf{j}+\frac{2}{3}\mathbf{k}\right)=\frac{6}{3}=2$$ ■

【예제 3.3】 $f(x, y)=xe^y$이다. 점 $P(2, 0)$에서 점 $Q(5, 4)$ 방향으로의 f의 변화율을 구하라.

풀이 $\nabla f(x, y)=(f_x, f_y)=(e^y, xe^y)$이고, $\nabla f(2, 0)=(1, 2)$
$\overrightarrow{PQ}=(5-2)\mathbf{i}+4\mathbf{j}=3\mathbf{i}+4\mathbf{j}$ 이므로, $\overrightarrow{PQ}$ 방향의 단위벡터 $\mathbf{u}$는 $\mathbf{u}=\frac{3}{5}\mathbf{i}+\frac{4}{5}\mathbf{j}$ 이고, $\mathbf{u}$ 방향으로의 f의 변화율은

$$\nabla f(2, 0)\cdot\mathbf{u}=(\mathbf{i}+2\mathbf{j})\cdot\left(\frac{3}{5}\mathbf{i}+\frac{4}{5}\mathbf{j}\right)=1\left(\frac{3}{5}\right)+2\left(\frac{4}{5}\right)=\frac{11}{5}$$ ■

등위면 $\phi(x, y, z)=C_1$ 상의 점 P를 지나서, 이 곡면상에 있는 임의의 곡선 C의 방정식을 $x=x(t)$, $y=y(t)$, $z=z(t)$이라면, $\phi(x(t), y(t), z(t))=C_1$이므로 다음 관계가 성립한다.

$$\frac{d\mathbf{r}}{dt}\cdot\nabla\phi=\frac{\partial\phi}{\partial x}\frac{dx}{dt}+\frac{\partial\phi}{\partial y}\frac{dy}{dt}+\frac{\partial\phi}{\partial z}\frac{dz}{dt}=0$$

여기서 $\frac{d\mathbf{r}}{dt}$는 곡선 C의 점 P에서의 접선벡터이다. 곡선 C는 점 P를 지나는 임의의 곡선이므로, 위 식에서 $\frac{d\mathbf{r}}{dt}$ 대신 점 P에서 등위면의 임의 접선벡터 $\mathbf{t}$를 대입하여도 관계 $\mathbf{t}\cdot\nabla\phi=0$이 성립한다. 이것은 $\nabla\phi$가 점 P에서 등위면에 수직임을 나타내고 있다. 이 사실을 다음과 같이 정리로 나타낼 수 있다.

> **[정리 3.1]** $\nabla\phi$는 곡면 $\phi(x, y, z)=C$에 수직인 벡터이다. 단, C는 임의의 상수이다.

증명 곡면상의 임의 점 $P(x, y, z)$의 위치벡터를 $\mathbf{r}=x\mathbf{i}+y\mathbf{j}+z\mathbf{k}$라면, $d\mathbf{r}=dx\mathbf{i}+dy\mathbf{j}+dz\mathbf{k}$는 점 P에서 이 곡면에 수직인 평면에 놓인다. [$d(\mathbf{r}^2)=2\mathbf{r}\cdot d\mathbf{r}=0$이므로, $\mathbf{r}$과 $d\mathbf{r}$은 수직] 그런데

$$\begin{aligned} d\phi &= \frac{\partial\phi}{\partial x}dx+\frac{\partial\phi}{\partial y}dy+\frac{\partial\phi}{\partial z}dz \\ &= \left(\frac{d\phi}{\partial x}\mathbf{i}+\frac{d\phi}{\partial y}\mathbf{j}+\frac{\partial\phi}{\partial z}\mathbf{k}\right)\cdot(dx\mathbf{i}+dy\mathbf{j}+dz\mathbf{k}) \\ &= \nabla\phi\cdot d\mathbf{r}=0 \end{aligned}$$

이므로 $\nabla\phi$는 $d\mathbf{r}$에 수직이다. 따라서 $\nabla\phi$는 곡면 $\phi=C$에 수직이다. ■

f가 R^3 내의 점 $P(x, y, z)$에서 미분 가능하고, $\mathbf{u}$가 단위벡터이면, $\mathbf{u}$ 방향으로 f의 방향 도함수 $D_{\mathbf{u}}f=\nabla f\cdot\mathbf{u}$는

$$D_{\mathbf{u}}f=\frac{\partial f}{\partial x}u_1+\frac{\partial f}{\partial y}u_2+\frac{\partial f}{\partial z}u_3 \qquad (3)$$

특히, $\mathbf{u}=\mathbf{i}$이면 $\nabla f\cdot\mathbf{u}=\frac{\partial f}{\partial x}$이고, 이것은 x축 방향의 경사도이다. 마찬가지로 $\mathbf{u}=\mathbf{j}$이면 $\nabla f\cdot\mathbf{u}$는 $\frac{\partial f}{\partial y}$가 된다. 이것은 y축 방향의 경사도이다. $\mathbf{u}=\mathbf{k}$이면 $\nabla f\cdot\mathbf{u}=\frac{\partial f}{\partial z}$이고, 이것은 z축 방향의 경사도이다.

【예제 3.4】 $f(x, y)=xy^2$이다. 점 (4, −1)에서 벡터 $\mathbf{v}=4\mathbf{i}+3\mathbf{j}$의 방향으로 f의 방향 도함수를 구하라.

풀이 $\mathbf{v}$ 방향의 단위벡터는 $\mathbf{u}=\left(\frac{4}{5}\right)\mathbf{i}+\left(\frac{3}{5}\right)\mathbf{j}$ 이고 $\nabla f=y^2\mathbf{i}+2xy\mathbf{j}$ 이므로

$$D_{\mathbf{u}}f(x, y)=\nabla f(\mathbf{x})\cdot\mathbf{u}=\frac{4y^2}{5}+\frac{6xy}{5}=\frac{4y^2+6xy}{5}$$

따라서 $D_{\mathbf{u}}f(4, -1)=-4$ ■

2 접평면

S를 $\phi(x, y, z)=k$인 곡면, 즉, 3변수의 함수 F의 등위면(level surface)이라 하자. $\frac{\partial\phi}{\partial x}$, $\frac{\partial\phi}{\partial y}$, $\frac{\partial\phi}{\partial z}$가 점 (x_0, y_0, z_0)에서 모두 존재하고 연속이면 곡면 $\phi(x, y, z)=k$는 점 (x_0, y_0, z_0)에서 미분 가능이다. R^3 내에서 미분 가능한 곡선은 각 점에서 유일한 접선을 가진다. R^3 내에서 ϕ의 편도함수 $\frac{\partial\phi}{\partial x}$, $\frac{\partial\phi}{\partial y}$, $\frac{\partial\phi}{\partial z}$가 모두 0은 아닌 점에서 유일한 접평면을 가진다.

$\phi(x, y, z)=k$로 주어진 곡면 S가 미분 가능하다고 하자. C는 S 상에 놓인 임의의 곡선이다. C는 위치 벡터 $\mathbf{r}(t)=x(t)\mathbf{i}+y(t)\mathbf{j}+z(t)\mathbf{k}$로 표현할 수 있고, 모든 도함수가 존재한다고 가정한다.

$P(x_0, y_0, z_0)$는 곡면 S 위의 점이라 하고, t_0에서의 점 P의 위치벡터를 $\mathbf{r}(t_0)=[x_0, y_0, z_0]$라 하자. 곡선 C가 S 위에 있으므로,

$$\phi(x(t), y(t), z(t))=k$$

x, y, z이 t에 관하여 미분가능함수이면, 연쇄법칙에 의하여

$$\frac{\partial\phi}{\partial x}\frac{dx}{dt}+\frac{\partial\phi}{\partial y}\frac{dy}{dt}+\frac{\partial\phi}{\partial z}\frac{dz}{dt}=0$$

P에서 S의 접평면은 ∇f를 법선으로 하는 P를 지나는 평면이다.

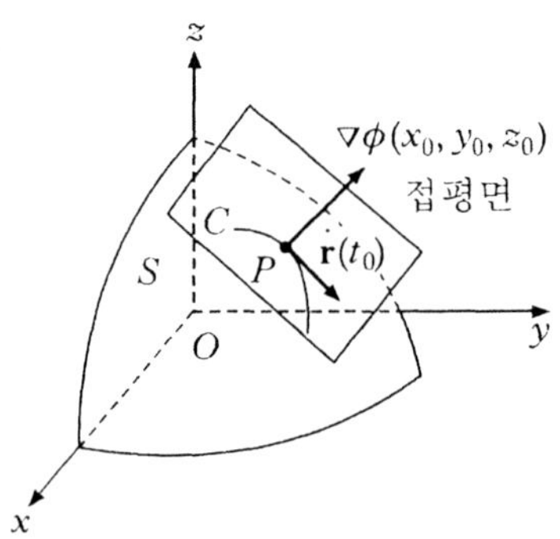

[그림 3.2]

【예제 3.5】 곡면 $2xz^2-3xy-4x=7$ 상의 점 (1, −1, 2)에서 이 곡면에 대한 접평면의 방정식을 구하라.

풀이 $\nabla(2xz^2-3xy-4x)=(2z^2-3y-4)\mathbf{i}-3x\mathbf{j}+4xz\mathbf{k}$

점 (1, −1, 2)에서 이 곡면에 대한 법선벡터는 $\mathbf{n}=7\mathbf{i}-3\mathbf{j}+8\mathbf{k}$이다.
위치벡터가 $\mathbf{r}_0$인 점을 지나고 법선벡터 $\mathbf{n}$에 수직인 평면의 방정식은 $(\mathbf{r}-\mathbf{r}_0)\cdot\mathbf{n}=0$이므로, 구하는 접평면의 방정식은

$$[(x\mathbf{i}+y\mathbf{j}+z\mathbf{k})-(\mathbf{i}-\mathbf{j}+2\mathbf{k})]\cdot(7\mathbf{i}-3\mathbf{j}+8\mathbf{k})=0$$

또는 $7(x-1)-3(y+1)+8(z-2)=0$ ■

【예제 3.6】 곡면 $x^2y+2xz=4$ 위의 점 (2, −2, 3)에서의 단위법선벡터를 구하라.

풀이 점 P에서 $\nabla(x^2y+2xz)=(2xy+2z)\mathbf{i}+x^2\mathbf{j}+2x\mathbf{k}=-2\mathbf{i}+4\mathbf{j}+4\mathbf{k}$이므로,
구하는 곡면상의 점 (2, −2, 3)에서의 단위법선벡터는

$$\mathbf{N}=\frac{-2\mathbf{i}+4\mathbf{j}+4\mathbf{k}}{\sqrt{(-2)^2+4^2+4^2}}=-\frac{1}{3}\mathbf{i}+\frac{2}{3}\mathbf{j}+\frac{2}{3}\mathbf{k}$$

방향이 반대인 단위법선벡터는 $\frac{1}{3}\mathbf{i}-\frac{2}{3}\mathbf{j}-\frac{2}{3}\mathbf{k}$이다. ■

$\nabla\phi=(\phi_x, \phi_y, \phi_z)$이고, $\dot{\mathbf{r}}(t)=(x'(t), y'(t), z'(t))$이다. (3)식에서 $\nabla\phi\cdot\dot{\mathbf{r}}(t)=0$

특히 $t=t_0$일 때, $\mathbf{r}(t_0)=(x_0,\ y_0,\ z_0)$이므로

$$\nabla\phi(x_0,\ y_0,\ z_0)\cdot\dot{\mathbf{r}}(t_0)=0 \tag{4}$$

방정식 (4)는 점 P에서 구배벡터(gradient vector)가 점 P를 지나는 곡면 S 상의 임의곡선 C에 대한 접선벡터 $\dot{\mathbf{r}}(t_0)$에 수직임을 의미한다.

$\nabla\phi(x_0,\ y_0,\ z_0)\neq 0$이면 점 $P_0(x_0,\ y_0,\ z_0)$를 지나는 접평면의 방정식은

$$(\mathbf{r}-\mathbf{r}_0)\cdot\nabla\phi(x_0,\ y_0,\ z_0)=0$$

$$\phi_x(x_0,\ y_0,\ z_0)(x-x_0)+\phi_y(x_0,\ y_0,\ z_0)(y-y_0)+\phi_z(x_0,\ y_0,\ z_0)(z-z_0)=0 \tag{5}$$

으로 쓸 수 있다. 점 P에서 곡면 S에 대한 법선은 점 P를 지나고, 접평면에 수직인 직선이고, 구배벡터는 $\nabla\phi(x_0,\ y_0,\ z_0)$이므로, 법선의 대칭방정식은

$$\frac{x-x_0}{\phi_x(x_0,\ y_0,\ z_0)}=\frac{y-y_0}{\phi_y(x_0,\ y_0,\ z_0)}=\frac{z-z_0}{\phi_z(x_0,\ y_0,\ z_0)} \tag{6}$$

이다. 특별히 곡면의 방정식이 $z=f(x,\ y)$로 주어지면 $\phi(x,\ y,\ z)=f(x,\ y)-z=0$이므로

$$\phi_x(x_0,\ y_0,\ z_0)=f_x(x_0,\ y_0),\ \phi_y(x_0,\ y_0,\ z_0)=f_y(x_0,\ y_0)$$
$$\phi_z(x_0,\ y_0,\ z_0)=-1$$

이므로 접평면의 방정식은 다음과 같다.

$$f_x(x_0,\ y_0)(x-x_0)+f_y(x_0,\ y_0)(y-y_0)-(z-z_0)=0 \tag{7}$$

【예제 3.7】 타원면 $x^2+\frac{y^2}{4}+\frac{z^2}{9}=3$상의 점 (1, 2, 3)을 지나는 접평면 방정식과 법선의 방정식을 구하라.

풀이 $\phi(x,\ y,\ z)=x^2+\frac{y^2}{4}+\frac{z^2}{9}-3=0$이므로 다음을 얻는다.

$$\nabla\phi=\frac{\partial\phi}{\partial x}\mathbf{i}+\frac{\partial\phi}{\partial y}\mathbf{j}+\frac{\partial\phi}{\partial z}\mathbf{k}=2x\mathbf{i}+\frac{y}{2}\mathbf{j}+\frac{2z}{9}\mathbf{k}$$

이고, $\nabla\phi(1,\ 2,\ 3)=2\mathbf{i}+\mathbf{j}+\frac{2}{3}\mathbf{k}$이므로 구하는 접평면의 방정식은 다음과 같다.

$$2(x-1)+(y-2)+\frac{2}{3}(z-3)=0 \text{ 또는 } 2x+y+\frac{2}{3}z=6$$

법선의 방정식은 공식(6)에 의하여

$$\frac{x-1}{2}=y-2=\frac{3}{2}(z-3)$$ ■

곡면의 방정식이 $\phi(x,\ y,\ z)=f(x,\ y)-z=0$으로 표현되면

$$\phi_x=f_x,\ \phi_y=f_y,\ \phi_z=-1$$

이고 접평면에 대한 법선벡터는 다음과 같다.

$$\mathbf{n}=f_x(x_0,\ y_0)\mathbf{i}+f_y(x_0,\ y_0)\mathbf{j}-\mathbf{k}$$

【예제 3.8】 곡면 $z=x^3y^5$상의 점 (2, 1, 8)을 지나는 접평면과 법선을 구하라.

풀이 $\phi=x^3y^5-z=0$ 상의 점 (2, 1, 8)에서 법선벡터는

$$\frac{\partial\phi}{\partial x}=\frac{\partial f}{\partial x},\ \frac{\partial\phi}{\partial y}=\frac{\partial f}{\partial y},\ \frac{\partial\phi}{\partial z}=-1$$

이므로 $\mathbf{n}=\frac{\partial f}{\partial x}\mathbf{i}+\frac{\partial f}{\partial y}\mathbf{j}-\mathbf{k}=3x^2y^5\mathbf{i}+5x^3y^4\mathbf{j}-\mathbf{k}=12\mathbf{i}+40\mathbf{j}-\mathbf{k}$

접평면은 (7)식에 의하여

$$12(x-2)+40(y-1)-(z-8)=0 \text{ 또는 } 12x+40y-z=56$$

이며, 법선의 방정식은 다음과 같다.

$$\frac{x-2}{12}=\frac{y-1}{40}=\frac{z-8}{-1}$$ ■

평면 상의 한 점 P에서의 법선벡터를 $\mathbf{n}$, 점 Q가 평면 상의 임의의 다른 점이라 할 때, 평면의 방정식은 다음과 같이 쓸 수 있다.

$$\overrightarrow{PQ}\cdot\mathbf{n}=0$$

$z=f(x, y)$이 곡면의 방정식이라면, 점 Q에서의 법선벡터는 $\mathbf{n}=f_x\mathbf{i}+f_y\mathbf{j}-\mathbf{k}$이고, 점 $P_0(x_0, y_0, f(x_0, y_0))$에서 접평면의 방정식은 다음과 같이 된다.

$$\begin{aligned}0&=\{(x, y, z)-(x_0, y_0, z_0)\}\cdot(f_x, f_y, -1)\\&=(x-x_0, y-y_0, z-z_0)\cdot(f_x, f_y, -1)\\&=(x-x_0)f_{x_0}+(y-y_0)f_{y_0}-(z-z_0)\end{aligned}$$

또는 다음과 같이 나타내진다.

$$z=f(x_0, y_0)+(x-x_0)f_{x_0}+(y-y_0)f_{y_0} \tag{8}$$

(x_0, y_0)을 $\mathbf{x}_0$, (x, y)를 $\mathbf{x}$로 표기하면 다음과 같이 쓸 수 있다.

$$z=f(\mathbf{x}_0)+(\mathbf{x}-\mathbf{x}_0)\cdot\nabla f(\mathbf{x}_0) \tag{9}$$

함수 $y=f(x)$가 x_0에서 미분 가능하면, 점 $(x_0, f(x_0))$에서 접선의 방정식은

$$\frac{y-f(x_0)}{x-x_0}=f'(x_0) \text{ 또는 } y=f(x_0)+(x-x_0)f'(x_0) \tag{10}$$

로 주어진다. (9) 식과 (10) 식 사이의 유사점을 볼 수 있다. (10) 식의 x, x_0, $f'(x_0)$를 (9) 식에서 $\mathbf{x}$, $\mathbf{x}_0$, $\nabla f(\mathbf{x}_0)$로 바꾸었고, y는 z로 바꾼 것으로 되어 있다. 일변수 함수의 도함수를 일반화한 것이 다변수 함수의 경사도 벡터이다. 경사도 벡터는 임의의 상수 c에 대해서 평면 곡선 $f(x, y)=c$에서 법선의 방향계수이고, 공간곡면에서 f의 법선방향의 도함수를 f의 법선 도함수(normal derivative)이라 하고 $D_{\mathbf{n}}f$로 표기한다.

$$\text{법선 도함수}=D_{\mathbf{n}}f=|\nabla f|$$

참고 함수 $f(x, y)$의 점 (x_0, y_0)에서의 단위벡터 $\mathbf{u}=[a, b]$방향의 방향도함수 $D_{\mathbf{u}}f(x, y)$는 다음과 같이 정의된다.

$$\begin{aligned}D_{\mathbf{u}}f(x_0, y_0)&=\lim_{h\to 0}\frac{f(x_0+ha, y_0+hb)-f(x_0, y_0)}{h}\\&=f_x(x_0, y_0)a+f_y(x_0, y_0)b\end{aligned}$$

3 ∇ ϕ의 물리적 의미

(a) 스칼라장 ϕ에서 $\dfrac{\Delta\phi}{\Delta s}$에 관한 물리적인 의미를 살펴보자.

$\phi(x,\ y,\ z)$와 $\phi(x+\Delta x,\ y+\Delta y,\ z+\Delta z)$을 이웃한 두 점 $P(x,\ y,\ z)$와 $Q(x+\Delta x,\ y+\Delta y,\ z+\Delta z)$에서의 온도라 하자.

$$\frac{\Delta\phi}{\Delta s}=\frac{\phi(x+\Delta x,\ y+\Delta y,\ z+\Delta z)-\phi(x,\ y,\ z)}{\Delta s}$$

의 물리적 의미를 살펴보자. 단, Δs는 두 점 P, Q 사이의 거리이고, $\Delta\phi$는 두 점 P와 Q 사이의 온도의 변화이므로, $\dfrac{\Delta\phi}{\Delta s}$는 P에서 Q 방향으로 단위거리에 대한 온도의 평균변화율을 나타낸다.

(b) $\displaystyle\lim_{\Delta s\to 0}\frac{\Delta\phi}{\Delta s}=\frac{d\phi}{ds}$의 물리적 의미를 살펴보자.

$$\Delta\phi=\frac{\partial\phi}{\partial x}\Delta x+\frac{\partial\phi}{\partial y}\Delta y+\frac{\partial\phi}{\partial z}\Delta z+\varepsilon \ (\varepsilon\text{은 } \Delta x,\ \Delta y,\ \Delta z\text{보다 고위의 무한소})$$

이므로

$$\lim_{\Delta s\to 0}\frac{\Delta\phi}{\Delta s}=\lim_{\Delta s\to 0}\left(\frac{\partial\phi}{\partial x}\frac{\Delta x}{\Delta s}+\frac{\partial\phi}{\partial y}\frac{\Delta y}{\Delta s}+\frac{\partial\phi}{\partial z}\frac{\Delta z}{\Delta s}\right)$$

에서 $$\frac{d\phi}{ds}=\frac{\partial\phi}{\partial x}\frac{dx}{ds}+\frac{\partial\phi}{\partial y}\frac{dy}{ds}+\frac{\partial\phi}{\partial z}\frac{dz}{ds}$$

따라서 $\dfrac{d\phi}{ds}$는 점 P에서 점 Q 방향으로의 거리에 대한 온도의 변화율을 나타낸다.

$$\begin{aligned}\frac{d\phi}{ds}&=\frac{\partial\phi}{\partial x}\frac{dx}{ds}+\frac{\partial\phi}{\partial y}\frac{dy}{ds}+\frac{\partial\phi}{\partial z}\frac{dz}{ds}\\&=\left(\frac{\partial\phi}{\partial x}\mathbf{i}+\frac{\partial\phi}{\partial y}\mathbf{j}+\frac{\partial\phi}{\partial z}\mathbf{k}\right)\cdot\left(\frac{dx}{ds}\mathbf{i}+\frac{dy}{ds}\mathbf{j}+\frac{dz}{ds}\mathbf{k}\right)=\nabla\phi\cdot\frac{d\mathbf{r}}{ds}\end{aligned}\qquad(11)$$

여기서 $\dfrac{d\mathbf{r}}{ds}$는 단위벡터이므로, $\nabla\phi\cdot\dfrac{d\mathbf{r}}{ds}$는 $\nabla\phi$의 이 단위벡터 $\dfrac{d\mathbf{r}}{ds}$ 방향으로의 $\nabla\phi$의 성분을 나타낸다.

【예제 3.9】 공간상의 점 (x, y, z)에서 온도는 $T(x, y, z)=\dfrac{100}{2+2x+4y-2z}$으로 주어져 있다. 단, 온도의 단위는 ℃이고, x, y, z의 단위는 m이다. 점 (1, 1, −1)에서 어느 방향으로 온도가 가장 빨리 상승하며, 최대증가율은 얼마인가?

풀이 $$\nabla T = \frac{\partial T}{\partial x}\mathbf{i} + \frac{\partial T}{\partial y}\mathbf{j} + \frac{\partial T}{\partial z}\mathbf{k}$$

$$= -\frac{200}{(2+2x+4y-2z)^2}\mathbf{i} - \frac{400}{(2+2x+4y-2z)^2}\mathbf{j} + \frac{200}{(2+2x+4y-2z)^2}\mathbf{k}$$

$$= -\frac{200\mathbf{i}+400\mathbf{j}-200\mathbf{k}}{(2+2x+4y-2z)^2}$$

점 (1, 1, −1)에서 구배벡터의 값은

$$\nabla T(1,\ 1,\ -1) = -\frac{200\mathbf{i}+400\mathbf{j}-200\mathbf{k}}{(2+2+4+2)^2} = -2\mathbf{i}-4\mathbf{j}+2\mathbf{k}$$

구배벡터 $-2\mathbf{i}-4\mathbf{j}+2\mathbf{k}$ 방향으로 가장 빠르게 온도가 상승한다.
온도의 최대증가율은 구배벡터의 크기이므로

$$|\nabla T(1,\ 1,\ -1)| = |-2\mathbf{i}-4\mathbf{j}+2\mathbf{k}| = \sqrt{4+16+4}$$
$$= \sqrt{24} \approx 4.9(℃)$$ ■

4 ∇ 에 관한 연산

공간의 미소변화 $d\mathbf{r}=dx\mathbf{i}+dy\mathbf{j}+dz\mathbf{k}$에 대한 함수 $\phi(x, y, z)$의 전미분

$$d\phi = \frac{\partial \phi}{\partial x}dx + \frac{\partial \phi}{\partial y}dy + \frac{\partial \phi}{\partial z}dz$$

는 다음과 같다.

$$d\phi = \left(\frac{\partial \phi}{\partial x}\mathbf{i} + \frac{\partial \phi}{\partial y}\mathbf{j} + \frac{\partial \phi}{\partial z}\mathbf{k}\right)\cdot(dx\mathbf{i}+dy\mathbf{j}+dz\mathbf{k}) = \nabla\phi\cdot d\mathbf{r} \tag{12}$$

【예제 3.10】 스칼라장 ϕ가 일정하기 위한 필요충분조건은 항등적으로 $\nabla\phi=\mathbf{0}$임을 밝혀라.

풀이 $\nabla\phi=\dfrac{\partial\phi}{\partial x}\mathbf{i}+\dfrac{\partial\phi}{\partial y}\mathbf{j}+\dfrac{\partial\phi}{\partial z}\mathbf{k}$이므로, 항등적으로 $\nabla\phi=\mathbf{0}$되기 위한 필요충분조건은

$$\frac{\partial\phi}{\partial x}=0,\quad \frac{\partial\phi}{\partial y}=0,\quad \frac{\partial\phi}{\partial z}=0$$

따라서 $\phi=C$에서 ϕ는 일정하다. ■

【예제 3.11】 ∇에 관하여 다음 성질이 있음을 밝혀라.

(1) $\nabla(\phi+\psi)=\nabla\phi+\nabla\psi$

(2) $\nabla(\phi\psi)=\psi\nabla\phi+\phi\nabla\psi$

(3) $\nabla\left(\dfrac{\phi}{\psi}\right)=\dfrac{\psi\nabla\phi-\phi\nabla\psi}{\psi^2}$

(4) $\nabla f(\phi)=\dfrac{\partial f}{\partial\phi}\nabla\phi$

증명 (1)

$$\begin{aligned}\nabla(\phi+\psi)&=\frac{\partial(\phi+\psi)}{\partial x}\mathbf{i}+\frac{\partial(\phi+\psi)}{\partial y}\mathbf{j}+\frac{\partial(\phi+\psi)}{\partial z}\mathbf{k}\\&=\left(\frac{\partial\phi}{\partial x}+\frac{\partial\psi}{\partial x}\right)\mathbf{i}+\left(\frac{\partial\phi}{\partial y}+\frac{\partial\psi}{\partial y}\right)\mathbf{j}+\left(\frac{\partial\phi}{\partial z}+\frac{\partial\psi}{\partial z}\right)\mathbf{k}\\&=\left(\frac{\partial\phi}{\partial x}\mathbf{i}+\frac{\partial\phi}{\partial y}\mathbf{j}+\frac{\partial\phi}{\partial z}\mathbf{k}\right)+\left(\frac{\partial\psi}{\partial x}\mathbf{i}+\frac{\partial\psi}{\partial y}\mathbf{j}+\frac{\partial\psi}{\partial z}\mathbf{k}\right)\\&=\nabla\phi+\nabla\psi\end{aligned}$$

(2)

$$\begin{aligned}\nabla(\phi\psi)&=\frac{\partial(\phi\psi)}{\partial x}\mathbf{i}+\frac{\partial(\phi\psi)}{\partial y}\mathbf{j}+\frac{\partial(\phi\psi)}{\partial z}\mathbf{k}\\&=\psi\left(\frac{\partial\phi}{\partial x}\mathbf{i}+\frac{\partial\phi}{\partial y}\mathbf{j}+\frac{\partial\phi}{\partial z}\mathbf{k}\right)+\phi\left(\frac{\partial\psi}{\partial x}\mathbf{i}+\frac{\partial\psi}{\partial y}\mathbf{j}+\frac{\partial\psi}{\partial z}\mathbf{k}\right)\\&=\psi\nabla\phi+\phi\nabla\psi\end{aligned}$$

(3)

$$\nabla\left(\frac{\phi}{\psi}\right)=\frac{\partial}{\partial x}\left(\frac{\phi}{\psi}\right)\mathbf{i}+\frac{\partial}{\partial y}\left(\frac{\phi}{\psi}\right)\mathbf{j}+\frac{\partial}{\partial z}\left(\frac{\phi}{\psi}\right)\mathbf{k}$$

$\dfrac{\partial}{\partial x}\left(\dfrac{\phi}{\psi}\right)=\dfrac{\psi(\partial\phi/\partial x)-\phi(\partial\psi/\partial x)}{\psi^2}$이 성립하므로

$$\nabla\left(\frac{\phi}{\psi}\right)=\frac{1}{\psi^2}(\psi\nabla\phi-\phi\nabla\psi)$$

(4) $\nabla f(\phi) = \frac{\partial f(\phi)}{\partial x}\mathbf{i} + \frac{\partial f(\phi)}{\partial y}\mathbf{j} + \frac{\partial f(\phi)}{\partial z}\mathbf{k}$

$$= \left(\frac{df}{d\phi}\frac{\partial \phi}{\partial x}\right)\mathbf{i} + \left(\frac{df}{d\phi}\frac{\partial \phi}{\partial y}\right)\mathbf{j} + \left(\frac{df}{d\phi}\frac{\partial \phi}{\partial z}\right)\mathbf{k}$$

$$= \frac{df}{d\phi}\left(\frac{\partial \phi}{\partial x}\mathbf{i} + \frac{\partial \phi}{\partial y}\mathbf{j} + \frac{\partial \phi}{\partial z}\mathbf{k}\right) = \frac{df}{d\phi}\nabla \phi$$ ■

온도의 분포, 기압분포, 전위의 분포 등은 스칼라장을 나타낸다. 스칼라장 ϕ에 대하여, 방정식

$$\phi(x,\ y,\ z) = C \ (C\text{는 상수})$$

는 일반적으로 곡면을 나타낸다. 이 곡면을 등위면(level surface)이라 한다.

연산자 ∇를 2회 반복하여 작용하는 Hamilton의 연산자를 정의한다.

$$\nabla^2 = \nabla \cdot \nabla = \frac{\partial^2}{\partial x^2} + \frac{\partial^2}{\partial y^2} + \frac{\partial^2}{\partial z^2} \tag{13}$$

∇^2을 Laplace의 연산자라 한다. 편미분방정식

$$\nabla^2 f = \frac{\partial^2 f}{\partial x^2} + \frac{\partial^2 f}{\partial y^2} + \frac{\partial^2 f}{\partial z^2} = 0$$

을 Laplace의 미분방정식이라 한다. 이 방정식을 만족하는 함수 f를 조화함수라 한다.

【예제 3.12】 스칼라장 $\phi = 2xy^2 - x^3z^2$에 대하여 다음을 구하라.

(1) $\text{grad}\,\phi$　　　　(2) $\nabla^2\phi$

풀이 (1) $\text{grad}\,\phi = \nabla\phi$

$$= \mathbf{i}\frac{\partial}{\partial x}(2xy^2 - x^3z^2) + \mathbf{j}\frac{\partial}{\partial y}(2xy^2 - x^3z^2) + \mathbf{k}\frac{\partial}{\partial z}(2xy^2 - x^3z^2)$$

$$= (2y^2 - 3x^2z^2)\mathbf{i} + 4xy\mathbf{j} - 2x^3z\mathbf{k}$$

(2) $\nabla^2\phi = \nabla \cdot (\nabla\phi) = \frac{\partial}{\partial x}(2y^2 - 3x^2z^2) + \frac{\partial}{\partial y}(4xy) - \frac{\partial}{\partial z}(2x^3z)$

$$= -6xz^2 + 4x - 2x^3$$ ■

연습문제(3.1)

1. $\phi(x,\ y,\ z)=3x^2y-y^3z^2$일 때, 점 (1, −2, 1)에서 $\nabla\phi$를 구하라.

2. 다음 경우에 $\nabla\phi$를 구하라.

(1) $\phi=\ln|\mathbf{r}|$ (2) $\phi=\dfrac{1}{r}$

3. $\nabla\phi$는 곡면 $\phi(x,\ y,\ z)=C$ (C는 상수)에 수직인 벡터임을 밝혀라.

4. 점 (1, −2, −1)에서 $\phi=x^2yz+4xz^2$의 벡터 $2\mathbf{i}-\mathbf{j}-2\mathbf{k}$ 방향의 도함수를 구하라.

5. 곡면 $x^2+y^2+z^2=9$와 $z=x^2+y^2-3$의 교점 (2, −1, 2)에서의 교각을 구하라.

6. 곡면 $z=x^2+y^2$ 위의 점 (1, −1, 2)에서의 접평면을 구하라.

7. 타원면 $\dfrac{x^2}{4}+y^2+\dfrac{z^2}{9}=3$ 위의 점 (−2, 1, −3)에서의 접평면과 법선을 구하라.

8. $f(x,\ y)=xy^2$의 점 (3, −2)에서 법선 도함수를 구하라.

9. $r=\sqrt{x^2+y^2+z^2}$라 할 때, $\nabla^2 f(r)=\dfrac{d^2f}{dr^2}+\dfrac{2}{r}\dfrac{df}{dr}$임을 밝혀라.

10. $\nabla\cdot\nabla\phi=\nabla^2\phi=\dfrac{\partial^2\phi}{\partial x^2}+\dfrac{\partial^2\phi}{\partial y^2}+\dfrac{\partial^2\phi}{\partial z^2}$임을 밝혀라.

11. $\mathbf{r}=x\mathbf{i}+y\mathbf{j}+z\mathbf{k}$, $r=|\mathbf{r}|$라 할 때, 다음을 구하라.

(1) ∇r^n (n : 정수) (2) $\nabla(\log r)$ (3) $\nabla\cdot\mathbf{r}$

(4) $\nabla \times \mathbf{r}$ (5) $\nabla^2\left(\frac{1}{r}\right)$

12. $r=\sqrt{x^2+y^2}$ 일 때, 다음 식을 만족하는 함수 $f(r)$을 구하라.

$$\nabla^2 f(r)=\left(\frac{\partial^2}{\partial x^2}+\frac{\partial^2}{\partial y^2}\right)f(r)=0$$

13. 다음 식이 성립함을 밝혀라.

$$\nabla \cdot (\phi\mathbf{A})=(\nabla\phi)\cdot\mathbf{A}+\phi\nabla\cdot\mathbf{A}$$

14. $\varphi=2x^3y^2z^4$일 때, $\nabla\cdot\nabla\phi(=\text{div grad }\phi)$를 구하라.

3.2 발산

1 벡터장

벡터함수의 정의역은 실수의 집합이고, 그의 치역은 벡터이다. 벡터장(vector field)은 그의 정의역이 R^2(또는 R^3)에서의 점집합이고, 그의 치역은 V_2나 V_3에서 벡터의 집합이다. 즉 D를 R^2(평면 영역)에서의 집합이라 하자. R^2에서의 벡터장은 정의역 D의 각 점 (x, y)에서 2차원의 벡터 $\mathbf{F}(x, y)$가 부여되는 벡터함수이다.

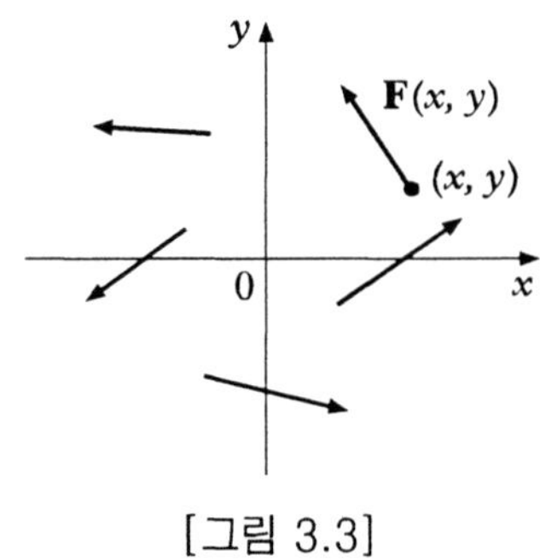

[그림 3.3]

벡터함수 $\mathbf{F}(x, y)$를 그림으로 나타내는데 점 (x, y)를 시작점으로 하는 화살표 표시로 나타낸다. 모든 점 (x, y)에서 이렇게 나타낸다는 것은 불가능하나, 몇 개의 대표적인 영역 D 내의 점에 대하여 이렇게 하면 실감할 수 있다.

$\mathbf{F}(x, y)$가 2차원 벡터라면, 성분함수 P와 Q의 식으로

$$\mathbf{F}(x, y) = P(x, y)\mathbf{i} + Q(x, y)\mathbf{j} = [P(x, y),\ Q(x, y)]$$

와 같이 나타낼 수 있다. 간단히 쓰면 $\mathbf{F} = P\mathbf{i} + Q\mathbf{j}$이다. P와 Q는 2변수의 스칼라 함수이다. 이것을 벡터장과 구별하기 위하여 스칼라장(scalar field)이라 한다.

R^3에서 벡터함수 $\mathbf{F}$는 그림과 같이 성분함수 P, Q, R을 써서

$$\mathbf{F}(x, y, z) = P(x, y, z)\mathbf{i} + Q(x, y, z)\mathbf{j} + R(x, y, z)\mathbf{k}$$

로 나타낼 수 있다. 벡터함수 $\mathbf{F}$는 성분함수 P, Q, R이 연속인 경우에 한하여 연속이다. 함수 표시에서 $\mathbf{x} = (x, y, z)$로 생각하여 $\mathbf{F}(x, y, z)$을 $\mathbf{F}(\mathbf{x})$로 나타낸다.

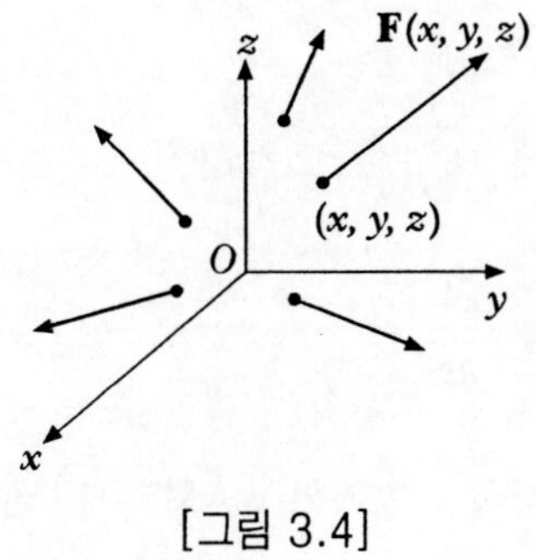

[그림 3.4]

【예제 3.13】 R^2에서의 벡터장이 다음과 같이 정의되어 있다.

$$\mathbf{F}(x,\ y) = -y\mathbf{i} + x\mathbf{j}$$

몇 개의 벡터를 도시하여, 그것이 어떤 관계를 갖는 벡터들인지를 살펴라.

풀이 몇 개의 벡터를 그리면 다음과 같다.

위치벡터 $\mathbf{x} = x\mathbf{i} + y\mathbf{j}$ 와의 내적을 취하면

$$\begin{aligned}\mathbf{x} \cdot \mathbf{F}(\mathbf{x}) &= (x\mathbf{i} + y\mathbf{j}) \cdot (-y\mathbf{i} + x\mathbf{j}) \\ &= -xy + yx = 0\end{aligned}$$

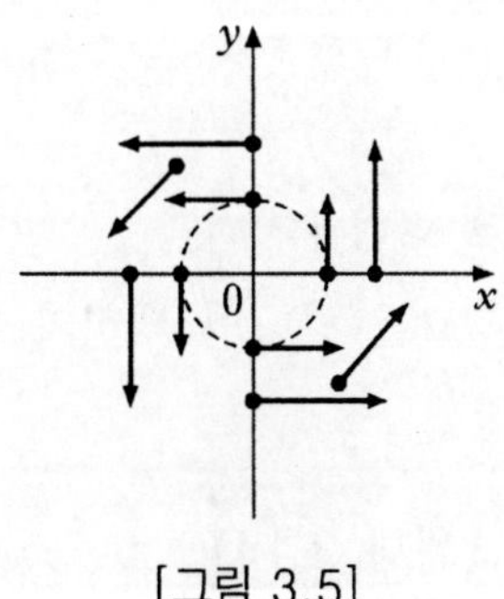

[그림 3.5]

이므로, $\mathbf{x}$와 $\mathbf{F}(\mathbf{x})$는 직교하고 있다. 즉, 모든 위치벡터에 직교하는 벡터는 원점을 중심으로 하는 원에 벡터 $\mathbf{F}(\mathbf{x})$가 접하고 있다.

$$|\mathbf{F}(x,\ y)| = \sqrt{(-y)^2 + x^2} = \sqrt{x^2 + y^2} = |\mathbf{x}|$$

이므로, $\mathbf{F}(x,\ y)$의 크기는 원의 반지름과 같다. 즉 $\mathbf{F}(\mathbf{x})$는 원점을 중심으로 하고, $|\mathbf{x}|$을 반지름으로 하는 원에 접하고, 크기는 $|\mathbf{x}|$인 벡터장을 이룬다. ■

벡터장 $\mathbf{F}$ 안에서 한 곡선 C의 각 점 $P(x,\ y,\ z)$에서 벡터 $\mathbf{F}(x,\ y,\ z)$가 이들 점 P에서 곡선 C에 접하고 있을 때, 이 곡선 C를 벡터장 $\mathbf{F}$의 유선(flux)이라 한다.

[2] 발산

벡터장 $\mathbf{A} = A_1\mathbf{i} + A_2\mathbf{j} + A_3\mathbf{k}$에 대하여 스칼라장

$$\operatorname{div} \mathbf{A} = \frac{\partial A_1}{\partial x} + \frac{\partial A_2}{\partial y} + \frac{\partial A_3}{\partial z} \tag{1}$$

을 $\mathbf{A}$의 발산(divergence)이라 하고, 기호 $\operatorname{div} \mathbf{A}$로 나타낸다. Hamilton의 연산자 ∇를 써서 발산 $\operatorname{div} A$를 기호적으로

$$\operatorname{div} \mathbf{A} = \nabla \cdot \mathbf{A}$$

로 나타낸다. $\nabla \cdot \mathbf{A}$를 벡터의 내적과 같이 생각하면

$$\begin{aligned}\nabla \cdot \mathbf{A} &= \left(\frac{\partial}{\partial x}\mathbf{i} + \frac{\partial}{\partial y}\mathbf{j} + \frac{\partial}{\partial z}\mathbf{k}\right) \cdot (A_1\mathbf{i} + A_2\mathbf{j} + A_3\mathbf{k}) \\ &= \frac{\partial}{\partial x}A_1 + \frac{\partial}{\partial y}A_2 + \frac{\partial}{\partial z}A_3 \end{aligned} \tag{2}$$

로 나타내진다.

∇를 하나의 벡터와 같이 취급하면, 벡터의 연산이 쉽게 계산된다.

【예제 3.14】 $\mathbf{A} = x^2y\mathbf{i} - 2xy\mathbf{j} + 2yz\mathbf{k}$일 때, $\operatorname{div} \mathbf{A}$를 구하라.

풀이 $\operatorname{div} \mathbf{A} = \nabla \cdot \mathbf{A} = \left(\frac{\partial}{\partial x}\mathbf{i} + \frac{\partial}{\partial y}\mathbf{j} + \frac{\partial}{\partial z}\mathbf{k}\right) \cdot (x^2y\mathbf{i} - 2xy\mathbf{j} + 2yz\mathbf{k})$

$$= \frac{\partial}{\partial x}(x^2y) + \frac{\partial}{\partial y}(-2xy) + \frac{\partial}{\partial z}(2yz) = 2xy - 2x + 2y$$ ■

발산의 물리적 의미를 살펴보자.

[그림 3.6]과 같이 점 $P(x, y, z)$을 중심점으로 하고, 좌표축에 평행인 변을 갖는 미소평행6면체의 각 변의 길이를 각각 Δx, Δy, Δz이라 하자.

미소평행6면체의 6개의 표면 $ABCD$, $GHEF$, $BCEH$, $ADFG$, $DCEF$, $ABHG$의 중심을 각각 P_1, P_2, $\cdots$, P_6이라 하고, 각 넓이벡터를 ΔS_1, ΔS_2, $\cdots$, ΔS_6이라면

$$P_1\left(x+\frac{1}{2}\Delta x,\ y,\ z\right),\ P_2\left(x-\frac{1}{2}\Delta x,\ y,\ z\right)$$

$$P_3\left(x,\ y+\frac{1}{2}\Delta y,\ z\right),\ P_4\left(x,\ y-\frac{1}{2}\Delta y,\ z\right)$$

$$P_5\left(x,\ y,\ z+\frac{1}{2}\Delta z\right),\ P_6\left(x,\ y,\ z-\frac{1}{2}\Delta z\right)$$

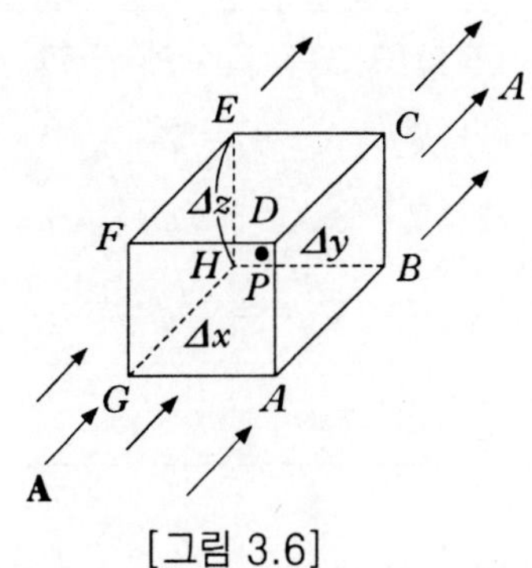

[그림 3.6]

이 6개의 평행사변형의 면적벡터는

$$\Delta\mathbf{S}_1=\mathbf{i}\Delta y\Delta z,\ \Delta\mathbf{S}_2=-\mathbf{i}\Delta y\Delta z,$$

$$\Delta\mathbf{S}_3=\mathbf{j}\Delta z\Delta x,\ \Delta\mathbf{S}_4=-\mathbf{j}\Delta z\Delta x,$$

$$\Delta\mathbf{S}_5=\mathbf{k}\Delta x\Delta y,\ \Delta\mathbf{S}_6=-\mathbf{k}\Delta x\Delta y$$

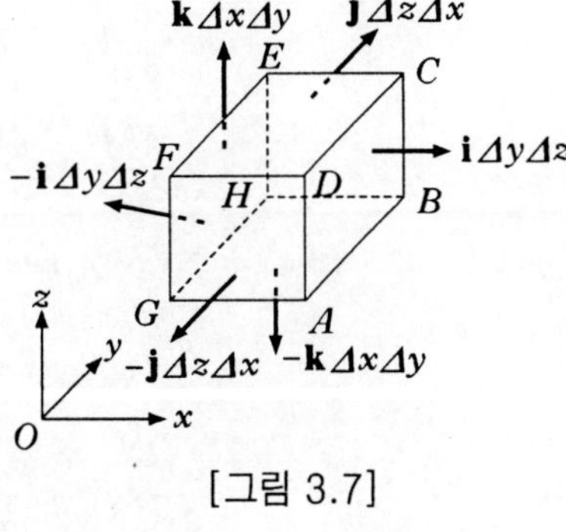

[그림 3.7]

따라서

$$\mathbf{A}(P_1)\doteqdot\mathbf{A}+\frac{1}{2}\frac{\partial\mathbf{A}}{\partial x}\Delta x,\ \mathbf{A}(P_2)\doteqdot\mathbf{A}-\frac{1}{2}\frac{\partial\mathbf{A}}{\partial x}\Delta x$$

$$\mathbf{A}(P_3)\doteqdot\mathbf{A}+\frac{1}{2}\frac{\partial\mathbf{A}}{\partial y}\Delta y,\ \mathbf{A}(P_4)\doteqdot\mathbf{A}-\frac{1}{2}\frac{\partial\mathbf{A}}{\partial y}\Delta y$$

$$\mathbf{A}(P_5)\doteqdot\mathbf{A}+\frac{1}{2}\frac{\partial\mathbf{A}}{\partial z}\Delta z,\ \mathbf{A}(P_6)\doteqdot\mathbf{A}-\frac{1}{2}\frac{\partial\mathbf{A}}{\partial z}\Delta z$$

단, **A**와 그의 미분계수는 점 P에서의 값을 나타낸다. 따라서 6개의 면에서의 발산의 합은

$$\begin{aligned}&\mathbf{A}(P_1)\Delta\mathbf{S}_1+\mathbf{A}(P_2)\Delta\mathbf{S}_2+\cdots+\mathbf{A}(P_6)\Delta\mathbf{S}_6\\&\doteqdot\left(\frac{\partial\mathbf{A}}{\partial x}\cdot\mathbf{i}+\frac{\partial\mathbf{A}}{\partial y}\cdot\mathbf{j}+\frac{\partial\mathbf{A}}{\partial z}\cdot\mathbf{k}\right)\Delta x\Delta y\Delta z=\left(\frac{\partial A_1}{\partial x}+\frac{\partial A_2}{\partial y}+\frac{\partial A_3}{\partial z}\right)\Delta x\Delta y\Delta z\\&=(\operatorname{div}\mathbf{A})\Delta x\Delta y\Delta z\end{aligned}$$

$$\therefore\ \operatorname{div}\mathbf{A}=\lim_{\Delta x,\Delta y,\Delta z\to 0}\frac{\mathbf{A}(P_1)\Delta S_1+\mathbf{A}(P_2)\Delta S_2+\cdots+\mathbf{A}(P_6)\Delta S_6}{\Delta x\Delta y\Delta z}$$

[정리 3.2] 발산에 관한 연산에 관하여 다음 성질이 성립한다.

(1) $\nabla\cdot(\mathbf{A}+\mathbf{B})=\nabla\cdot\mathbf{A}+\nabla\cdot\mathbf{B}$ 즉 $\operatorname{div}(\mathbf{A}+\mathbf{B})=\operatorname{div}\mathbf{A}+\operatorname{div}\mathbf{B}$

(2) $\nabla\cdot(\phi\mathbf{A})=(\nabla\phi)\cdot\mathbf{A}+\phi(\nabla\cdot\mathbf{A})$

(3) $\nabla\cdot(\nabla\phi)=\nabla^2\phi=\dfrac{\partial^2\phi}{\partial x^2}+\dfrac{\partial^2\phi}{\partial y^2}+\dfrac{\partial^2\phi}{\partial z^2}\quad\left(\nabla^2=\dfrac{\partial^2}{\partial x^2}+\dfrac{\partial^2}{\partial y^2}+\dfrac{\partial^2}{\partial z^2}\right)$

(4) $\nabla r^n=nr^{n-2}\mathbf{r}$

증명 (1) $\nabla\cdot(\mathbf{A}+\mathbf{B})=\left(\dfrac{\partial}{\partial x}\mathbf{i}+\dfrac{\partial}{\partial y}\mathbf{j}+\dfrac{\partial}{\partial z}\mathbf{k}\right)[(A_1+B_1)\mathbf{i}+(A_2+B_2)\mathbf{j}+(A_3+B_3)\mathbf{k}]$

$$=\frac{\partial}{\partial x}(A_1+B_1)+\frac{\partial}{\partial y}(A_2+B_2)+\frac{\partial}{\partial z}(A_3+B_3)$$

$$=\frac{\partial A_1}{\partial x}+\frac{\partial A_2}{\partial y}+\frac{\partial A_3}{\partial z}+\frac{\partial B_1}{\partial x}+\frac{\partial B_2}{\partial y}+\frac{\partial B_3}{\partial z}=\nabla\cdot\mathbf{A}+\nabla\cdot\mathbf{B}$$

(2) $\nabla\cdot(\phi\mathbf{A})=\nabla\cdot(\phi A_1\mathbf{i}+\phi A_2\mathbf{j}+\phi A_3\mathbf{k})$

$$=\frac{\partial}{\partial x}(\phi A_1)+\frac{\partial}{\partial y}(\phi A_2)+\frac{\partial}{\partial z}(\phi A_3)$$

$$=\frac{\partial\phi}{\partial x}A_1+\phi\frac{\partial A_1}{\partial x}+\frac{\partial\phi}{\partial y}A_2+\phi\frac{\partial A_2}{\partial y}+\frac{\partial\phi}{\partial z}A_3+\phi\frac{\partial A_3}{\partial z}$$

$$=\frac{\partial\phi}{\partial x}A_1+\frac{\partial\phi}{\partial y}A_2+\frac{\partial\phi}{\partial z}A_3+\phi\left(\frac{\partial A_1}{\partial x}+\frac{\partial A_2}{\partial y}+\frac{\partial A_3}{\partial z}\right)$$

$$=\left(\frac{\partial\phi}{\partial x}\mathbf{i}+\frac{\partial\phi}{\partial y}\mathbf{j}+\frac{\partial\phi}{\partial z}\mathbf{k}\right)\cdot(A_1\mathbf{i}+A_2\mathbf{j}+A_3\mathbf{k})+\phi(\nabla\cdot\mathbf{A})$$

$$=(\nabla\phi)\cdot\mathbf{A}+\phi(\nabla\cdot\mathbf{A})$$

(3) $\nabla\cdot(\nabla\phi)=\left(\dfrac{\partial}{\partial x}\mathbf{i}+\dfrac{\partial}{\partial y}\mathbf{j}+\dfrac{\partial}{\partial z}\mathbf{k}\right)\cdot\left(\dfrac{\partial\phi}{\partial x}\mathbf{i}+\dfrac{\partial\phi}{\partial y}\mathbf{j}+\dfrac{\partial\phi}{\partial z}\mathbf{k}\right)$

$$=\frac{\partial}{\partial x}\left(\frac{\partial\phi}{\partial x}\right)+\frac{\partial}{\partial y}\left(\frac{\partial\phi}{\partial y}\right)+\frac{\partial}{\partial z}\left(\frac{\partial\phi}{\partial z}\right)$$

$$=\frac{\partial^2\phi}{\partial x^2}+\frac{\partial^2\phi}{\partial y^2}+\frac{\partial^2\phi}{\partial z^2}=\nabla^2\phi\,[=\div(\nabla\phi)]$$

(4) $\nabla r^n=\nabla(\sqrt{x^2+y^2+z^2})^n=\nabla(x^2+y^2+z^2)^{n/2}$

$$=\mathbf{i}\frac{\partial}{\partial x}\{(x^2+y^2+z^2)^{n/2}\}+\mathbf{j}\frac{\partial}{\partial y}\{(x^2+y^2+z^2)^{n/2}\}+\mathbf{k}\frac{\partial}{\partial z}\{(x^2+y^2+z^2)^{n/2}\}$$

$$=\left\{\frac{n}{2}(x^2+y^2+z^2)^{n/2-1}\right\}(2x\mathbf{i}+2y\mathbf{j}+2z\mathbf{k})=n(r^2)^{n/2-1}(x\mathbf{i}+y\mathbf{j}+z\mathbf{k})$$

$$=nr^{n-2}\mathbf{r}$$

■

Laplace 연산자 ∇^2을 벡터장 $\mathbf{F}=P\mathbf{i}+Q\mathbf{j}+R\mathbf{k}$에 작용하면

$$\nabla^2\mathbf{F}=\nabla^2 P\mathbf{i}+\nabla^2 Q\mathbf{j}+\nabla^2 R\mathbf{k} \tag{3}$$

가 된다.

【예제 3.15】 $\nabla\cdot\left(\dfrac{\mathbf{r}}{r^3}\right)=0$임을 밝혀라. 단, $\mathbf{r}=x\mathbf{i}+y\mathbf{j}+z\mathbf{k}$이다.

풀이 $\nabla\cdot(r^{-3}\mathbf{r})=(\nabla r^{-3})\cdot\mathbf{r}+(r^{-3})\nabla\cdot\mathbf{r}$

$$\nabla\cdot(r^{-3}\mathbf{r})=\nabla(\sqrt{x^2+y^2+z^2})^{-3}=\nabla(x^2+y^2+z^2)^{-\frac{3}{2}}$$

$$=-\frac{3}{2}[(r^2)^{-\frac{5}{2}}(2x\mathbf{i})+(r^2)^{-\frac{5}{2}}(2y\mathbf{j})+(r^2)^{-\frac{5}{2}}(2z\mathbf{k})]=-3r^{-5}\mathbf{r}$$

$$\nabla\cdot\mathbf{r}=\left(\frac{\partial}{\partial x}\mathbf{i}+\frac{\partial}{\partial y}\mathbf{j}+\frac{\partial}{\partial z}\mathbf{k}\right)\cdot(x\mathbf{i}+y\mathbf{j}+z\mathbf{k})=\frac{\partial x}{\partial x}+\frac{\partial y}{\partial y}+\frac{\partial z}{\partial z}=3$$

$$\nabla\cdot(r^{-3}\mathbf{r})=-3r^{-5}\mathbf{r}\cdot\mathbf{r}+3r^{-3}=0(\mathbf{r}\cdot\mathbf{r}=r^2)$$ ■

$\mathbf{A}\cdot\nabla$는 다음과 같이 정의한다.

$$\mathbf{A}\cdot\nabla=(A_1\mathbf{i}+A_2\mathbf{j}+A_3\mathbf{k})\cdot\left(\frac{\partial}{\partial x}\mathbf{i}+\frac{\partial}{\partial y}\mathbf{j}+\frac{\partial}{\partial z}\mathbf{k}\right)$$

$$=A_1\frac{\partial}{\partial x}+A_2\frac{\partial}{\partial y}+A_3\frac{\partial}{\partial z}$$

$\mathbf{A}\cdot\nabla$는 벡터의 내적의 정의에서 확인된다.

$$\mathbf{A}\cdot\nabla\phi=(A_1\mathbf{i}+A_2\mathbf{j}+A_3\mathbf{k})\cdot\left(\frac{\partial\phi}{\partial x}\mathbf{i}+\frac{\partial\phi}{\partial y}\mathbf{j}+\frac{\partial\phi}{\partial z}\mathbf{k}\right)$$

$$=A_1\frac{\partial\phi}{\partial x}+A_2\frac{\partial\phi}{\partial y}+A_3\frac{\partial\phi}{\partial z}=\left(A_1\frac{\partial}{\partial x}+A_2\frac{\partial}{\partial y}+A_3\frac{\partial}{\partial z}\right)\phi$$

$$=(\mathbf{A}\cdot\nabla)\phi$$

3 벡터의 회전

R^3에서 $\mathbf{A}=A_1\mathbf{i}+A_2\mathbf{j}+A_3\mathbf{k}$가 벡터장이고, A_1, A_2, A_3의 편도함수가 존재하면, A의 회전(rotation 또는 curl)은 R^3에서 벡터장이며, 다음과 같이 정의한다.

$$\text{curl } \mathbf{A}=\left(\frac{\partial A_3}{\partial y}-\frac{\partial A_2}{\partial z}\right)\mathbf{i}+\left(\frac{\partial A_1}{\partial z}-\frac{\partial A_3}{\partial x}\right)\mathbf{j}+\left(\frac{\partial A_2}{\partial x}-\frac{\partial A_1}{\partial y}\right)\mathbf{k} \tag{4}$$

벡터미분연산자 ∇은 기호적으로

$$\nabla=\mathbf{i}\frac{\partial}{\partial x}+\mathbf{j}\frac{\partial}{\partial y}+\mathbf{k}\frac{\partial}{\partial z}$$

으로 나타내고, ∇을 성분 $\frac{\partial}{\partial x}$, $\frac{\partial}{\partial y}$, $\frac{\partial}{\partial z}$을 갖는 벡터로 생각하면 $\mathbf{A}=A_1\mathbf{i}+A_2\mathbf{j}+A_3\mathbf{k}$일 때

$$\begin{aligned}\nabla\times\mathbf{A}&=\begin{vmatrix}\mathbf{i} & \mathbf{j} & \mathbf{k}\\ \frac{\partial}{\partial x} & \frac{\partial}{\partial y} & \frac{\partial}{\partial z}\\ A_1 & A_2 & A_3\end{vmatrix}\\ &=\left(\frac{\partial A_3}{\partial y}-\frac{\partial A_2}{\partial z}\right)\mathbf{i}+\left(\frac{\partial A_1}{\partial z}-\frac{\partial A_3}{\partial x}\right)\mathbf{j}+\left(\frac{\partial A_2}{\partial x}-\frac{\partial A_1}{\partial y}\right)\mathbf{k}=\text{curl } \mathbf{A}\end{aligned} \tag{5}$$

회전 curl $\mathbf{A}$를 $\nabla\times\mathbf{A}$로 기억하면 편리하다. curl $\mathbf{A}=\nabla\times\mathbf{A}$의 행렬식 표시를 제1행에 따라 전개하면

$$\begin{aligned}\text{curl } \mathbf{A}=\nabla\times\mathbf{A}&=\left(\frac{\partial}{\partial x}\mathbf{i}+\frac{\partial}{\partial y}\mathbf{j}+\frac{\partial}{\partial z}\mathbf{k}\right)\times(A_1\mathbf{i}+A_2\mathbf{j}+A_3\mathbf{k})\\ &=\begin{vmatrix}\mathbf{i} & \mathbf{j} & \mathbf{k}\\ \frac{\partial}{\partial x} & \frac{\partial}{\partial y} & \frac{\partial}{\partial z}\\ A_1 & A_2 & A_3\end{vmatrix}=\begin{vmatrix}\frac{\partial}{\partial y} & \frac{\partial}{\partial z}\\ A_2 & A_3\end{vmatrix}\mathbf{i}-\begin{vmatrix}\frac{\partial}{\partial x} & \frac{\partial}{\partial z}\\ A_1 & A_3\end{vmatrix}\mathbf{j}+\begin{vmatrix}\frac{\partial}{\partial x} & \frac{\partial}{\partial y}\\ A_1 & A_2\end{vmatrix}\mathbf{k}\\ &=\left(\frac{\partial A_3}{\partial y}-\frac{\partial A_2}{\partial z}\right)\mathbf{i}+\left(\frac{\partial A_1}{\partial z}-\frac{\partial A_3}{\partial x}\right)\mathbf{j}+\left(\frac{\partial A_2}{\partial x}-\frac{\partial A_1}{\partial y}\right)\mathbf{k}\end{aligned}$$

와 같이 되어 (5)식의 결과와 같다.

【예제 3.16】 벡터장 $\mathbf{A}=x^3y\mathbf{i}-2xy^2z\mathbf{j}+3yz^4\mathbf{k}$에서, curl $\mathbf{A}$를 구하라.

풀이

$$\text{curl}\,\mathbf{A}=\nabla\times\mathbf{A}=\begin{vmatrix}\mathbf{i} & \mathbf{j} & \mathbf{k}\\ \frac{\partial}{\partial x} & \frac{\partial}{\partial y} & \frac{\partial}{\partial z}\\ x^3y & -2xy^2z & 3yz^4\end{vmatrix}$$

$$=\mathbf{i}\left\{\frac{\partial}{\partial y}(3yz^4)-\frac{\partial}{\partial z}(-2xy^2z)\right\}+\mathbf{j}\left\{\frac{\partial}{\partial z}(x^3y)-\frac{\partial}{\partial x}(3yz^4)\right\}$$

$$+\mathbf{k}\left\{\frac{\partial}{\partial x}(-2xy^2z)-\frac{\partial}{\partial y}(x^3y)\right\}$$

$$=(3z^4+2xy^2)\mathbf{i}+0\mathbf{j}-(2y^2z+x^3)\mathbf{k}$$

$$=(3z^4+2xy^2)\mathbf{i}-(2y^2z+x^3)\mathbf{k}$$

■

【예제 3.17】 f가 3변수의 함수이고, 2계 편도함수가 연속이면

$$\text{curl}\,(\nabla f)=0$$

임을 밝혀라.

풀이

$$\text{curl}(\nabla f)=\nabla\times(\nabla f)=\begin{vmatrix}\mathbf{i} & \mathbf{j} & \mathbf{k}\\ \frac{\partial}{\partial x} & \frac{\partial}{\partial y} & \frac{\partial}{\partial z}\\ \frac{\partial f}{\partial x} & \frac{\partial f}{\partial y} & \frac{\partial f}{\partial z}\end{vmatrix}$$

$$=\left(\frac{\partial^2 f}{\partial y\partial z}-\frac{\partial^2 f}{\partial z\partial y}\right)\mathbf{i}+\left(\frac{\partial^2 f}{\partial z\partial x}-\frac{\partial^2 f}{\partial x\partial z}\right)\mathbf{j}+\left(\frac{\partial^2 f}{\partial x\partial y}-\frac{\partial^2 f}{\partial y\partial x}\right)\mathbf{k}$$

$$=0\mathbf{i}+0\mathbf{j}+0\mathbf{k}=\mathbf{0}$$

■

[정리 3.3] 임의의 벡터장 **A**, **B**에 대하여 다음 연산이 성립한다.

(1) $\nabla\times(\mathbf{A}+\mathbf{B})=\nabla\times\mathbf{A}+\nabla\times\mathbf{B}$

(2) $\nabla\times(\phi\mathbf{A})=(\nabla\phi)\times\mathbf{A}+\phi(\nabla\times\mathbf{A})$

(3) $\nabla\times(\mathbf{A}\times\mathbf{B})=\mathbf{B}\cdot(\nabla\times\mathbf{A})-\mathbf{A}\cdot(\nabla\times\mathbf{B})$

증명 (1) $\nabla \times (\mathbf{A}+\mathbf{B}) = \left(\frac{\partial}{\partial x}\mathbf{i} + \frac{\partial}{\partial y}\mathbf{j} + \frac{\partial}{\partial z}\mathbf{k}\right) \times [(A_1+B_1)\mathbf{i} + (A_2+B_2)\mathbf{j} + (A_3+B_3)\mathbf{k}]$

$$= \begin{vmatrix} \mathbf{i} & \mathbf{j} & \mathbf{k} \\ \frac{\partial}{\partial x} & \frac{\partial}{\partial y} & \frac{\partial}{\partial z} \\ A_1+B_1 & A_2+B_2 & A_3+B_3 \end{vmatrix}$$

$$= \left[\frac{\partial}{\partial y}(A_3+B_3) - \frac{\partial}{\partial z}(A_2+B_2)\right]\mathbf{i} + \left[\frac{\partial}{\partial z}(A_1+B_1) - \frac{\partial}{\partial x}(A_3+B_3)\right]\mathbf{j}$$

$$+ \left[\frac{\partial}{\partial x}(A_2+B_2) - \frac{\partial}{\partial y}(A_1+B_1)\right]\mathbf{k}$$

$$= \left(\frac{\partial A_3}{\partial y} - \frac{\partial A_2}{\partial z}\right)\mathbf{i} + \left(\frac{\partial A_1}{\partial z} - \frac{\partial A_3}{\partial x}\right)\mathbf{j} + \left(\frac{\partial A_2}{\partial x} - \frac{\partial A_1}{\partial y}\right)\mathbf{k}$$

$$+ \left(\frac{\partial B_3}{\partial y} - \frac{\partial B_2}{\partial z}\right)\mathbf{i} + \left(\frac{\partial B_1}{\partial z} - \frac{\partial B_3}{\partial x}\right)\mathbf{j} + \left(\frac{\partial B_2}{\partial x} - \frac{\partial B_1}{\partial y}\right)\mathbf{k}$$

$$= \nabla \times \mathbf{A} + \nabla \times \mathbf{B}$$

(2) $\nabla \times (\phi\mathbf{A}) = \nabla \times (\phi A_1\mathbf{i} + \phi A_2\mathbf{j} + \phi A_3\mathbf{k})$

$$= \begin{vmatrix} \mathbf{i} & \mathbf{j} & \mathbf{k} \\ \frac{\partial}{\partial x} & \frac{\partial}{\partial y} & \frac{\partial}{\partial z} \\ \phi A_1 & \phi A_2 & \phi A_3 \end{vmatrix} = \left[\frac{\partial}{\partial y}(\phi A_3) - \frac{\partial}{\partial z}(\phi A_2)\right]\mathbf{i} + \left[\frac{\partial}{\partial z}(\phi A_1) - \frac{\partial}{\partial x}(\phi A_3)\right]\mathbf{j}$$

$$+ \left[\frac{\partial}{\partial x}(\phi A_2) - \frac{\partial}{\partial y}(\phi A_1)\right]\mathbf{k}$$

$$= \left(\phi\frac{\partial A_3}{\partial y} + \frac{\partial \phi}{\partial y}A_3 - \phi\frac{\partial A_2}{\partial z} - \frac{\partial \phi}{\partial z}A_2\right)\mathbf{i} + \left(\phi\frac{\partial A_1}{\partial z} + \frac{\partial \phi}{\partial z}A_1 - \phi\frac{\partial A_3}{\partial x} - \frac{\partial \phi}{\partial x}A_3\right)\mathbf{j}$$

$$+ \left(\phi\frac{\partial A_2}{\partial x} + \frac{\partial \phi}{\partial x}A_2 - \phi\frac{\partial A_1}{\partial y} - \frac{\partial \phi}{\partial y}A_1\right)\mathbf{k}$$

$$= \phi\left[\left(\frac{\partial A_3}{\partial y} - \frac{\partial A_2}{\partial z}\right)\mathbf{i} + \left(\frac{\partial A_1}{\partial z} - \frac{\partial A_3}{\partial x}\right)\mathbf{j} + \left(\frac{\partial A_2}{\partial x} - \frac{\partial A_1}{\partial y}\right)\mathbf{k}\right]$$

$$+ \left[\left(\frac{\partial \phi}{\partial y}A_3 - \frac{\partial \phi}{\partial z}A_2\right)\mathbf{i} + \left(\frac{\partial \phi}{\partial z}A_1 - \frac{\partial \phi}{\partial x}A_3\right)\mathbf{j} + \left(\frac{\partial \phi}{\partial x}A_2 - \frac{\partial \phi}{\partial y}A_1\right)\mathbf{k}\right]$$

$$= \phi(\nabla \times \mathbf{A}) + \begin{vmatrix} \mathbf{i} & \mathbf{j} & \mathbf{k} \\ \frac{\partial \phi}{\partial x} & \frac{\partial \phi}{\partial y} & \frac{\partial \phi}{\partial z} \\ A_1 & A_2 & A_3 \end{vmatrix} = \phi(\nabla \times \mathbf{A}) + (\nabla \phi) \times \mathbf{A}$$

(3) $\mathbf{A}\times\mathbf{B} = (A_2B_3 - A_3B_2)\mathbf{i} + (A_3B_1 - A_1B_3)\mathbf{j} + (A_1B_2 - A_2B_1)\mathbf{k}$이므로

$$\nabla\times(\mathbf{A}\times\mathbf{B}) = \begin{vmatrix} \mathbf{i} & \mathbf{j} & \mathbf{k} \\ \dfrac{\partial}{\partial x} & \dfrac{\partial}{\partial y} & \dfrac{\partial}{\partial z} \\ A_2B_3 - A_3B_2 & A_3B_1 - A_1B_3 & A_1B_2 - A_2B_1 \end{vmatrix}$$

$$\begin{aligned}
x\text{성분} &= \left[\frac{\partial}{\partial y}(A_1B_2 - A_2B_1) - \frac{\partial}{\partial z}(A_3B_1 - A_1B_3)\right] \\
&= B_2\frac{\partial A_1}{\partial y} + A_1\frac{\partial B_2}{\partial y} - A_2\frac{\partial B_1}{\partial y} - B_1\frac{\partial A_2}{\partial y} - A_3\frac{\partial B_1}{\partial z} \\
&\quad - B_1\frac{\partial A_3}{\partial z} + A_1\frac{\partial B_3}{\partial z} + B_3\frac{\partial A_1}{\partial z} \\
&= \left(B_1\frac{\partial A_1}{\partial x} + B_2\frac{\partial A_1}{\partial y} + B_3\frac{\partial A_1}{\partial z}\right) - \left(A_1\frac{\partial B_1}{\partial x} + A_2\frac{\partial B_1}{\partial y} + A_3\frac{\partial B_1}{\partial z}\right) \\
&\quad + A_1\left(\frac{\partial B_1}{\partial x} + \frac{\partial B_2}{\partial y} + \frac{\partial B_3}{\partial z}\right) - B_1\left(\frac{\partial A_1}{\partial x} + \frac{\partial A_2}{\partial y} + \frac{\partial A_3}{\partial z}\right) \\
&= \mathbf{B}\cdot\nabla A_1 - \mathbf{A}\cdot\nabla B_1 + (\nabla\cdot\mathbf{B})A_1 - (\nabla\cdot\mathbf{A})B_1
\end{aligned}$$

마찬가지로, 다른 성분도 구해져서

$$\begin{aligned}
\nabla\times(\mathbf{A}\times\mathbf{B}) &= [\mathbf{B}\cdot\nabla A_1 - \mathbf{A}\cdot\nabla B_1 + (\nabla\cdot\mathbf{B})A_1 - (\nabla\cdot\mathbf{A})B_1]\mathbf{i} \\
&\quad + [\mathbf{B}\cdot\nabla A_2 - \mathbf{A}\cdot\nabla B_2 + (\nabla\cdot\mathbf{B})A_2 - (\nabla\cdot\mathbf{A})B_2]\mathbf{j} \\
&\quad + [\mathbf{B}\cdot\nabla A_3 - \mathbf{A}\cdot\nabla B_3 + (\nabla\cdot\mathbf{B})A_3 - (\nabla\cdot\mathbf{A})B_3]\mathbf{k} \\
&= \mathbf{B}\cdot\nabla\mathbf{A} - \mathbf{A}\cdot\nabla\mathbf{B} + (\nabla\cdot\mathbf{B})\mathbf{A} - (\nabla\cdot\mathbf{A})\mathbf{B} \\
&= \mathbf{B}\cdot(\nabla\times\mathbf{A}) - \mathbf{A}\cdot(\nabla\times\mathbf{B})
\end{aligned}$$

■

연산기호 $\mathbf{A}\cdot\nabla$는 다음과 같은 연산자이다.

$$\mathbf{A}\cdot\nabla = (A_1\mathbf{i} + A_2\mathbf{j} + A_3\mathbf{k})\cdot\left(\frac{\partial}{\partial x}\mathbf{i} + \frac{\partial}{\partial y}\mathbf{j} + \frac{\partial}{\partial z}\mathbf{k}\right) = A_1\frac{\partial}{\partial x} + A_2\frac{\partial}{\partial y} + A_3\frac{\partial}{\partial z}$$

따라서

$$(\mathbf{A}\cdot\nabla)\phi = \left(A_1\frac{\partial}{\partial x} + A_2\frac{\partial}{\partial y} + A_3\frac{\partial}{\partial z}\right)\phi = A_1\frac{\partial\phi}{\partial x} + A_2\frac{\partial\phi}{\partial y} + A_3\frac{\partial\phi}{\partial z}$$

$$(\mathbf{A}\cdot\nabla)\mathbf{B}=\left(A_1\frac{\partial}{\partial x}+A_2\frac{\partial}{\partial y}+A_3\frac{\partial}{\partial z}\right)\mathbf{B}=A_1\frac{\partial\mathbf{B}}{\partial x}+A_2\frac{\partial\mathbf{B}}{\partial y}+A_3\frac{\partial\mathbf{B}}{\partial z}$$

$$=\left(A_1\frac{\partial B_1}{\partial x}+A_2\frac{\partial B_1}{\partial y}+A_3\frac{\partial B_1}{\partial z}\right)\mathbf{i}+\left(A_1\frac{\partial B_2}{\partial x}+A_2\frac{\partial B_2}{\partial y}+A_3\frac{\partial B_2}{\partial z}\right)\mathbf{j}$$

$$+\left(A_1\frac{\partial B_3}{\partial x}+A_2\frac{\partial B_3}{\partial y}+A_3\frac{\partial B_3}{\partial z}\right)\mathbf{k}$$

$$(\nabla\cdot\mathbf{A})\mathbf{B}=\left(\frac{\partial A_1}{\partial x}+\frac{\partial A_2}{\partial y}+\frac{\partial A_3}{\partial z}\right)(B_1\mathbf{i}+B_2\mathbf{j}+B_3\mathbf{k})$$

$$=(\nabla\cdot\mathbf{A})B_1\mathbf{i}+(\nabla\cdot\mathbf{A})B_2\mathbf{j}+(\nabla\cdot\mathbf{A})B_3\mathbf{k}$$

【예제 3.18】 $\mathbf{A}(x,\ y,\ z)=x^2y\mathbf{i}-2xyz\mathbf{j}+y^2z\mathbf{k}$일 때, $\nabla\times(\nabla\times\mathbf{A})$를 구하라.

풀이 $$\nabla\times\mathbf{A}=\begin{vmatrix}\mathbf{i}&\mathbf{j}&\mathbf{k}\\ \frac{\partial}{\partial x}&\frac{\partial}{\partial y}&\frac{\partial}{\partial z}\\ x^2y&-2xyz&y^2z\end{vmatrix}$$

$$=(2yz+2xy)\mathbf{i}+(0-0)\mathbf{j}+(-2yz-x^2)\mathbf{k}$$

$$=(2yz+2xy)\mathbf{i}-(2yz+x^2)\mathbf{k}$$

$$\therefore\ \nabla\times(\nabla\times\mathbf{A})=\nabla\times[(2yz+2xy)\mathbf{i}-(2yz+x^2)\mathbf{k}]$$

$$=\begin{vmatrix}\mathbf{i}&\mathbf{j}&\mathbf{k}\\ \frac{\partial}{\partial x}&\frac{\partial}{\partial y}&\frac{\partial}{\partial z}\\ 2yz+2xy&0&-(2yz+x^2)\end{vmatrix}$$

$$=-2z\mathbf{i}+(2y+2x)\mathbf{j}-(2z+2x)\mathbf{k}$$

공식 $\nabla\times(\nabla\times\mathbf{A})=\nabla(\nabla\cdot\mathbf{A})-\nabla^2\mathbf{A}$에 대입해본다.

$$\nabla\cdot\mathbf{A}=\frac{\partial}{\partial x}(x^2y)+\frac{\partial}{\partial y}(-2xyz)+\frac{\partial}{\partial z}(y^2z)=2xy-2xz+y^2$$

$$\nabla(\nabla\cdot\mathbf{A})=\frac{\partial}{\partial x}(2xy-2xz+y^2)\mathbf{i}+\frac{\partial}{\partial y}(2xy-2xz+y^2)\mathbf{j}$$

$$+\frac{\partial}{\partial z}(2xy-2xz+y^2)\mathbf{k}$$

$$=(2y-2z)\mathbf{i}+(2x+2y)\mathbf{j}-2x\mathbf{k}$$

$$\nabla^2\mathbf{A}=\left(\frac{\partial^2}{\partial x^2}+\frac{\partial^2}{\partial y^2}+\frac{\partial^2}{\partial z^2}\right)(x^2y\mathbf{i}-2xyz\mathbf{j}+y^2z\mathbf{k})=2y\mathbf{i}+2z\mathbf{k}$$

$$\therefore\ \nabla\times(\nabla\times\mathbf{A})=(2y-2z)\mathbf{i}+(2x+2y)\mathbf{j}-2x\mathbf{k}-(2y\mathbf{i}+2z\mathbf{k})$$
$$=-2z\mathbf{i}+(2x+2y)\mathbf{j}-(2x+2z)\mathbf{k}$$ ■

[정리 3.4] ϕ가 두 번 미분가능한 스칼라함수이면 $\nabla\times(\nabla\phi)=0$이다.

증명 $\nabla\phi=\dfrac{\partial\phi}{\partial x}\mathbf{i}+\dfrac{\partial\phi}{\partial y}\mathbf{j}+\dfrac{\partial\phi}{\partial z}\mathbf{k}$라 하면

$$\nabla\times(\nabla\phi)=\begin{vmatrix}\mathbf{i}&\mathbf{j}&\mathbf{k}\\ \dfrac{\partial}{\partial x}&\dfrac{\partial}{\partial y}&\dfrac{\partial}{\partial z}\\ \dfrac{\partial\phi}{\partial x}&\dfrac{\partial\phi}{\partial y}&\dfrac{\partial\phi}{\partial z}\end{vmatrix}$$
$$=\left(\frac{\partial^2\phi}{\partial y\partial z}-\frac{\partial^2\phi}{\partial z\partial y}\right)\mathbf{i}+\left(\frac{\partial^2\phi}{\partial z\partial x}-\frac{\partial^2\phi}{\partial x\partial z}\right)\mathbf{j}+\left(\frac{\partial^2\phi}{\partial x\partial y}-\frac{\partial^2\phi}{\partial y\partial x}\right)\mathbf{k}=0$$ ■

[정리 3.5] $\mathbf{F}$가 두 번 미분가능한 벡터함수이면

$$\nabla\cdot(\nabla\times\mathbf{F})=0 \tag{6}$$

증명 $\mathbf{F}=F_1\mathbf{i}+F_2\mathbf{j}+F_3\mathbf{k}$라 놓으면 $\nabla\times\mathbf{F}$의 정의로부터

$$\nabla\cdot(\nabla\times\mathbf{F})=\frac{\partial}{\partial x}\left(\frac{\partial F_3}{\partial y}-\frac{\partial F_2}{\partial z}\right)+\frac{\partial}{\partial y}\left(\frac{\partial F_1}{\partial z}-\frac{\partial F_3}{\partial x}\right)+\frac{\partial}{\partial z}\left(\frac{\partial F_2}{\partial x}-\frac{\partial F_1}{\partial y}\right)$$
$$=\frac{\partial^2F_3}{\partial x\partial y}-\frac{\partial^2F_3}{\partial y\partial x}+\frac{\partial^2F_1}{\partial z\partial y}-\frac{\partial^2F_1}{\partial y\partial z}+\frac{\partial^2F_2}{\partial x\partial z}-\frac{\partial^2F_2}{\partial z\partial x}=0$$ ■

다음에 연산자 ∇를 포함하는 여러 가지 공식을 열거한다.

(1) $\nabla(\phi+\psi)=\nabla\phi+\nabla\psi$

(2) $\nabla(\phi\psi)=\psi(\nabla\phi)+\phi(\nabla\psi)$

(3) $\nabla\left(\dfrac{\phi}{\psi}\right)=\dfrac{1}{\psi^2}(\psi\nabla\phi-\phi\nabla\psi)$

(4) $\nabla f(\phi) = \dfrac{df}{d\phi}\nabla\phi$

(5) $\nabla\cdot(\mathbf{A}+\mathbf{B}) = \nabla\cdot\mathbf{A}+\nabla\cdot\mathbf{B}$

(6) $\nabla\times(\mathbf{A}+\mathbf{B}) = \nabla\times\mathbf{A}+\nabla\times\mathbf{B}$

(7) $\nabla\cdot(\phi\mathbf{A}) = (\nabla\phi)\cdot\mathbf{A}+\phi\nabla\cdot\mathbf{A}$

(8) $\nabla\times(\phi\mathbf{A}) = (\nabla\phi)\times\mathbf{A}+\phi(\nabla\times\mathbf{A})$

(9) $\nabla\cdot(\mathbf{A}\times\mathbf{B}) = \mathbf{B}\cdot(\nabla\times\mathbf{A})-\mathbf{A}\cdot(\nabla\times\mathbf{B})$

(10) $\nabla\times(\mathbf{A}\times\mathbf{B}) = (\mathbf{B}\cdot\nabla)\mathbf{A}-(\mathbf{A}\cdot\nabla)\mathbf{B}+\mathbf{A}(\nabla\cdot\mathbf{B})-\mathbf{B}(\nabla\cdot\mathbf{A})$

(11) $\nabla(\mathbf{A}\cdot\mathbf{B}) = (\mathbf{B}\cdot\nabla)\mathbf{A}+(\mathbf{A}\cdot\nabla)\mathbf{B}+\mathbf{B}\times(\nabla\times\mathbf{A})+\mathbf{A}\times(\nabla\times\mathbf{B})$

(12) $\nabla\times(\nabla\times\mathbf{A}) = \nabla(\nabla\cdot\mathbf{A})-\nabla^2\mathbf{A}$

(13) $\nabla\cdot(\nabla\phi) = \nabla^2\phi$

(14) $\nabla\times(\nabla\phi) = 0$

(15) $\nabla\cdot(\nabla\times\mathbf{A}) = 0$

벡터장 $\mathbf{F}$는 그것이 어떤 스칼라함수의 구배이면, 즉 $\mathbf{F} = \nabla f$인 함수 f가 존재할 때, $\mathbf{F}$는 보존적 벡터장(conservative vector field)이라고 한다. 이 경우 $\mathbf{F}\cdot d\mathbf{r} = F_1dx + F_2dy + F_3dz = df$는 전미분이 된다.

【예제 3.19】 다음 벡터장 $\mathbf{F}$는 보존적 벡터장인지를 살펴라.

(1) $\mathbf{F}(x,\ y) = 2xy\mathbf{i}+xy^3\mathbf{j}$ (2) $\mathbf{F}(x,\ y) = xy^2\mathbf{i}+x^2y\mathbf{j}$

풀이 $\mathbf{F} = P\mathbf{i}+Q\mathbf{j}$가 단순연결 영역 D에서 벡터장이고, P와 Q는 1계도함수를 갖는 경우, D에서 $\dfrac{\partial P}{\partial y} = \dfrac{\partial Q}{\partial x}$이면, $\mathbf{F}$는 전미분가능하여 보존적 벡터장이다.

(1) $P = 2xy,\ Q = xy^3,\ \dfrac{\partial P}{\partial y} = 2x,\ \dfrac{\partial Q}{\partial x} = y^3$이므로 $\dfrac{\partial P}{\partial y} \neq \dfrac{\partial Q}{\partial x}$이다. 따라서 $\mathbf{F}$는 보존적 벡터장이 아니다.

(2) $P = xy^2,\ Q = x^2y$에서 $\dfrac{\partial P}{\partial y} = 2xy = \dfrac{\partial Q}{\partial x}$이므로 $\mathbf{F}$는 보존적 벡터장이다. ■

회전 curl $\mathbf{A}=\nabla\times\mathbf{A}$의 기하학적 의미를 살펴보자. $\nabla\times\mathbf{A}$의 성분을 $\mathrm{curl}_x\mathbf{A}$, $\mathrm{curl}_y\mathbf{A}$, $\mathrm{curl}_z\mathbf{A}$라 하자.

다음 그림과 같이 한 점 P를 지나 yz평면에 평행인 평면상에 점 P를 중심으로 하여 y축과 z축에 평행인 변을 갖는 직사각형 $ABCD$를 생각한다. 각 변의 중점을 각각 P_1, P_2, P_3, P_4라 하고, 점 P의 좌표를 $(x,\ y,\ z)$이라면

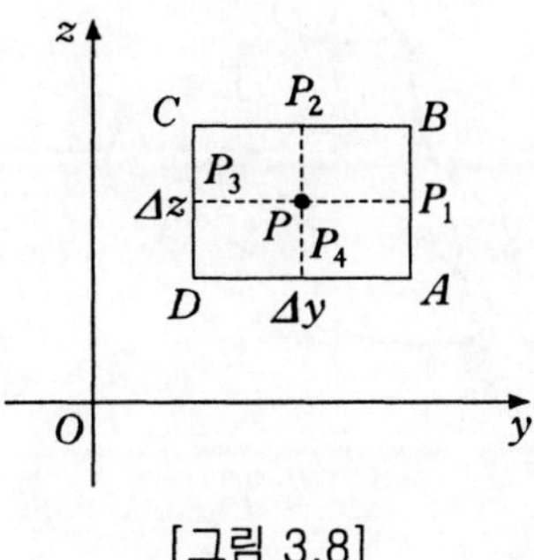

[그림 3.8]

$$P_1\left(x,\ y+\frac{1}{2}\Delta y,\ z\right),\ P_2\left(x,\ y,\ z+\frac{1}{2}\Delta z\right),$$

$$P_3\left(x,\ y-\frac{1}{2}\Delta y,\ z\right),\ P_4\left(x,\ y,\ z-\frac{1}{2}\Delta z\right)$$

$$\overrightarrow{AB}=\mathbf{k}\Delta z,\ \overrightarrow{BC}=-\mathbf{j}\Delta y,\ \overrightarrow{CD}=-\mathbf{k}\Delta z,\ \overrightarrow{DA}=\mathbf{j}\Delta y$$

이므로

$$\mathbf{A}(P_1)\doteqdot\mathbf{A}+\frac{1}{2}\frac{\partial\mathbf{A}}{\partial y}\Delta y,\quad \mathbf{A}(P_2)\doteqdot\mathbf{A}+\frac{1}{2}\frac{\partial\mathbf{A}}{\partial z}\Delta z,$$

$$\mathbf{A}(P_3)\doteqdot\mathbf{A}-\frac{1}{2}\frac{\partial\mathbf{A}}{\partial y}\Delta y,\quad \mathbf{A}(P_4)\doteqdot\mathbf{A}-\frac{1}{2}\frac{\partial\mathbf{A}}{\partial z}\Delta z$$

단, $\mathbf{A}$와 그의 미분계수는 점 P에서의 값이다. 따라서

$$\mathbf{A}(P_1)\cdot\overrightarrow{AB}+\mathbf{A}(P_2)\cdot\overrightarrow{BC}+\mathbf{A}(P_3)\cdot\overrightarrow{CD}+\mathbf{A}(P_4)\cdot\overrightarrow{DA}$$

$$\doteqdot\left(\frac{\partial A}{\partial y}\mathbf{k}-\frac{\partial A}{\partial z}\mathbf{j}\right)\Delta y\Delta z=\left(\frac{\partial A_3}{\partial y}-\frac{\partial A_2}{\partial z}\right)\Delta y\Delta z=(\mathrm{curl}\ \mathbf{A})_x\Delta y\Delta z$$

$(\mathrm{curl}\ \mathbf{A})_x$와 마찬가지로 $(\mathrm{curl}\ \mathbf{A})_y$, $(\mathrm{curl}\ \mathbf{A})_z$도 구해진다.

회전 curl $\mathbf{v}$의 물리적 의미를 살펴보자. 그림과 같이 회전축 z축 주위를 회전하는 회전체 B의 회전축 방향의 각속도를 $\boldsymbol{\omega}$라 하고, $|\boldsymbol{\omega}|=\omega$를 물체의 각속력(이것은 물체의 어느 점에서 회전축까지의 거리로 접선속력을 나눈 값)이라 하자.

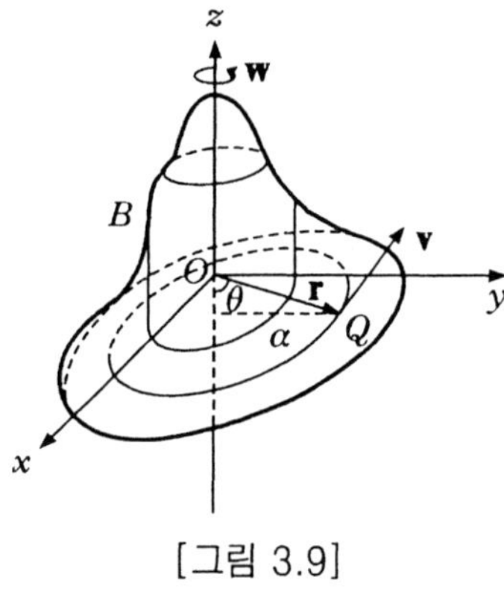

[그림 3.9]

점 Q를 회전체 B 상의 임의 점이라 하고, α를 점 Q에서 회전축까지의 거리, 원점 O에서 점 Q(물체표면의 점)를 끝점으로 하는 벡터 $\overrightarrow{OQ}=\mathbf{r}$이 회전축과 이루는 각을 θ이라면,

$$\alpha=|\mathbf{r}|\sin\theta$$

속도 $\mathbf{v}$는 반지름이 α이고, xy평면에 평행인 원의 반시계방향에의 접선속도이라면

$$|\mathbf{v}|=\omega\alpha=\omega|\mathbf{r}|\sin\theta=|\boldsymbol{\omega}|\,|\mathbf{r}|\sin\theta$$

$\mathbf{v}=\boldsymbol{\omega}\times\mathbf{r}$이며, $\boldsymbol{\omega}=\omega\mathbf{k}$, $\mathbf{r}=x\mathbf{i}+y\mathbf{j}+z\mathbf{k}$이므로

$$\mathbf{v}=\boldsymbol{\omega}\times\mathbf{r}=(\omega\mathbf{k})\times(x\mathbf{i}+y\mathbf{j}+z\mathbf{k})=-\omega y\mathbf{i}+\omega x\mathbf{j}$$
$$\text{curl }\mathbf{v}=2\omega\mathbf{k}=2\boldsymbol{\omega}$$

따라서 물체의 회전에서 속도벡터의 회전은 벡터장이며, 그 크기는 각속도의 2배 $2\boldsymbol{\omega}$이다.

연습문제(3.2)

1. $\mathbf{A}=x^3y\mathbf{i}-2xy^2z\mathbf{j}+3yz^4\mathbf{k}$일 때, 다음을 구하라.

(1) curl $\mathbf{A}$　　　　(2) grad curl $\mathbf{A}$

2. $\mathbf{A}=(axy-z^3)\mathbf{i}+(a-2)x^2\mathbf{j}+(1-a)xz^2\mathbf{k}$의 회전 curl $\mathbf{A}$가 항등적으로 0이 되게 상수 a의 값을 정하라.

3. 임의의 벡터장 $\mathbf{A}$에 대하여 div curl $\mathbf{A}=0$이 됨을 밝혀라.

4. $\mathbf{v}=(x+2y+4z)\mathbf{i}+(2x-3y-z)\mathbf{j}+(4x-y+2z)\mathbf{k}$이다. $\mathbf{v}=\nabla\phi$ 될 때, 스칼라 함수 $\phi(x, y, z)$를 구하라.

5. 곡면 $z=f(x, y)$ 상의 점 $(x_0, y_0, f(x_0, y_0))$에서의 접평면의 벡터방정식은

$$z=f(\mathbf{x}_0)+(\mathbf{x}-\mathbf{x}_0)\cdot\nabla f(\mathbf{x}_0)$$

임을 밝혀라. 단, $\mathbf{x}=(x, y)$, $\mathbf{x}_0(x_0, y_0)$이다.

6. 스칼라장 ϕ에 대하여 다음 식을 증명하라.

$$\text{div}(\text{grad}\,\phi)=\frac{\partial^2\phi}{\partial x^2}+\frac{\partial^2\phi}{\partial y^2}+\frac{\partial^2\phi}{\partial z^2}$$

7. curl$(\mathbf{r}f(r))$을 구하라. 단, $f(r)$은 미분가능하다.

제 4 장 벡터의 적분

4.1 벡터의 적분

1 벡터의 적분

벡터함수 $\mathbf{A}(u)$가 벡터함수 $\mathbf{D}(u)$의 도함수일 때, $\mathbf{D}(u)$를 $\mathbf{A}(u)$의 부정적분 또는 원시함수라 하고

$$\int \mathbf{A}(u)du = \int \frac{d}{du}(\mathbf{D}(u))du = \mathbf{D}(u) + C$$

로 나타낸다. 한 벡터함수 $\mathbf{A}(u)$의 부정적분은 무수히 많고, 그 임의의 두 부정적분의 차는 상수벡터이다.

$$\mathbf{A}(u) = A_1(u)\mathbf{i} + A_2(u)\mathbf{j} + A_3(u)\mathbf{k}$$

일 때,

$$\int \mathbf{A}(u)du = \mathbf{i}\int A_1(u)du + \mathbf{j}\int A_2(u)du + \mathbf{k}\int A_3(u)du$$

로 정의된다.

벡터의 부정적분에 다음 성질이 있다. 단, **A**, **B**는 벡터함수, **k**는 상수벡터, C는 실상수이다.

$$\begin{aligned}
&\int (\mathbf{A}+\mathbf{B})du = \int \mathbf{A}du + \int \mathbf{B}du \\
&\int C\mathbf{A}du = C\int \mathbf{A}du \\
&\int \mathbf{k}\cdot\mathbf{A}du = \mathbf{k}\cdot\int \mathbf{A}du \\
&\int \mathbf{k}\times\mathbf{A}du = \mathbf{k}\times\int \mathbf{A}du
\end{aligned} \tag{1}$$

【예제 4.1】 $\mathbf{A}(u) = (u-u^2)\mathbf{i} + 2u^3\mathbf{j} - 4\mathbf{k}$일 때, $\int \mathbf{A}(u)du$를 구하라.

풀이

$$\begin{aligned}
\int \mathbf{A}(u)du &= \int [(u-u^2)\mathbf{i} + 2u^3\mathbf{j} - 4\mathbf{k}]du \\
&= \mathbf{i}\int (u-u^2)du + \mathbf{j}\int 2u^3du - \mathbf{k}\int 4du \\
&= \mathbf{i}\left(\frac{u^2}{2} - \frac{u^3}{3} + C_1\right) + \mathbf{j}\left(\frac{2u^4}{4} + C_2\right) - \mathbf{k}(4u + C_3) \\
&= \left(\frac{u^2}{2} - \frac{u^3}{3}\right)\mathbf{i} + \frac{u^4}{2}\mathbf{j} - 4u\mathbf{k} + \mathbf{C}
\end{aligned}$$

단, $\mathbf{C} = C_1\mathbf{i} + C_2\mathbf{j} - C_3\mathbf{k}$ ■

【예제 4.2】 어느 시각 $t \geq 0$에서 한 입자의 가속도가 다음과 같다.

$$\mathbf{a} = \frac{d\mathbf{v}}{dt} = 12\cos 2t\mathbf{i} - 8\sin 2t\mathbf{j} + 18t\mathbf{k}$$

속도 **v**와 변위 **r**이 $t=0$에서 0이라 할 때, 임의시각에서 속도 **v**와 변위 **r**을 구하라.

풀이 $\mathbf{v} = \mathbf{i}\int 12\cos 2t dt - \mathbf{j}\int 8\sin 2t dt + \mathbf{k}\int 18t dt$

$= 6\sin 2t\mathbf{i} + 4\cos 2t\mathbf{j} + 9t^2\mathbf{k} + C_1$

$t=0$일 때, $\mathbf{v} = 4\mathbf{j} + C_1 = 0$에서 $\mathbf{C}_1 = -4\mathbf{j}$

$\mathbf{v}$를 적분하여

$$\mathbf{r} = \mathbf{i}\int 6\sin 2t dt + \mathbf{j}\int (4\cos 2t - 4)dt + \mathbf{k}\int 9t^2 dt$$
$$= -3\cos 2t\mathbf{i} + (2\sin 2t - 4t)\mathbf{j} + 3t^3\mathbf{k} + \mathbf{C}_2$$

$t=0$일 때, $\mathbf{r} = -3\mathbf{i} + \mathbf{C}_2 = 0$에서 $\mathbf{C}_2 = 3\mathbf{i}$

$$\therefore\ \mathbf{r} = (3 - 3\cos 2t)\mathbf{i} + (2\sin 2t - 4t)\mathbf{j} + 3t^2\mathbf{k}$$ ■

다음 부분적분공식이 성립한다. 여기서 **A**, **B**는 벡터함수, m은 스칼라함수이다.

$$\int m\frac{d\mathbf{A}}{du}du = m\mathbf{A} - \int \frac{dm}{du}\mathbf{A}du$$
$$\int \frac{dm}{du}\mathbf{A}du = m\mathbf{A} - \int m\frac{d\mathbf{A}}{du}du$$
$$\int \mathbf{A}\cdot\frac{d\mathbf{B}}{du}du = \mathbf{A}\cdot\mathbf{B} - \int \frac{d\mathbf{A}}{du}\cdot\mathbf{B}du$$
$$\int \mathbf{A}\times\frac{d\mathbf{B}}{du}du = \mathbf{A}\times\mathbf{B} - \int \frac{d\mathbf{A}}{du}\times\mathbf{B}du \qquad (2)$$

【예제 4.3】 다음 적분을 계산하라. 단, **p**, **q**는 상수벡터이다.

(1) $\int (\mathbf{i} + 2u\mathbf{j} + 8u^3\mathbf{k})du$ (2) $\int (\cos u\mathbf{p} + \sec^2 u\mathbf{q})du$

풀이 (1) $\mathbf{i}\int du + 2\mathbf{j}\int u du + 8\mathbf{k}\int u^3 du = u\mathbf{i} + u^2\mathbf{j} + 2u^4\mathbf{k} + \mathbf{C}$

(2) $\int \cos u\mathbf{p}du + \int \sec^2 u\mathbf{q}du = \frac{1}{\mathbf{p}}\int \cos u\mathbf{p}d(u\mathbf{p}) + \frac{1}{\mathbf{q}}\int \sec^2 u\mathbf{q}d(u\mathbf{q})$

$$= \frac{1}{\mathbf{p}}\sin u\mathbf{p} + \frac{1}{\mathbf{q}}\tan u\mathbf{q} + \mathbf{C}$$ ■

2 벡터의 정적분

벡터함수 $\mathbf{A}(u)$가 닫힌 구간 $[a, b]$에서 정의되어 있다 하자. 구간 $[a, b]$를 n개의 소구간 $I_1, I_2, \cdots, I_n$으로 분할하여, 각각의 길이를 $\Delta u_1, \Delta u_2, \cdots, \Delta u_n$이라 하자. 각 소구간 I_i 내에 임의의 점 u_i를 취하여 다음 합 $\mathbf{S}_n$을 만든다.

$$\mathbf{S}_n = \sum_{i=1}^{n} \mathbf{A}(u_i)\Delta u_i = \mathbf{A}(u_1)\Delta u_1 + \mathbf{A}(u_2)\Delta u_2 + \cdots + \mathbf{A}(u_n)\Delta u_n$$

이 분할을 임의의 방법으로 취할 때, $u_1, u_2, \cdots, u_n$을 취하는 방법에 관계없이 S_n이 일정한 벡터 $\mathbf{S}$에 수렴할 때, 이것을

$$\mathbf{S} = \int_a^b \mathbf{A}(u)du$$

로 나타내고, $\mathbf{A}(u)$의 a에서 b까지의 정적분이라 한다. 정적분에 관한 그밖의 정의는 스칼라함수의 경우와 마찬가지로 정한다. $\mathbf{A}(u)$가 닫힌 구간 $[a, b]$에서 연속이면, 이 정적분은 존재한다. $\mathbf{A} = A_1\mathbf{i} + A_2\mathbf{j} + A_3\mathbf{k}$일 때, 정적분

$$\int_a^b \mathbf{A}(u)du = \mathbf{i}\int_a^b A_1 du + \mathbf{j}\int_a^b A_2 du + \mathbf{k}\int_a^b A_3 du$$

이 적분은 다음과 같이 구한다. 단, $\mathbf{D}(u)$는 $\mathbf{A}(u)$의 부정적분이다.

$$\int_a^b \mathbf{A}(u)du = [\mathbf{D}(u)]_a^b = \mathbf{D}(b) - \mathbf{D}(a) \tag{3}$$

【예제 4.4】 다음 적분을 계산하라. 단, $\mathbf{p}$, $\mathbf{q}$는 상수벡터이다.

(1) $\int_0^{\frac{\pi}{2}} (3\sin u\mathbf{i} + 2\cos u\mathbf{j})du$ (2) $\int_0^1 \left(\frac{1}{1+u^2}\mathbf{p} + \frac{1}{\sqrt{1-u^2}}\mathbf{q}\right)du$

풀이 (1) $[-3\cos u\mathbf{i} + 2\sin u\mathbf{j}]_0^{\frac{\pi}{2}} = (0\mathbf{i} + 2\mathbf{j}) - (-3\mathbf{i} + 0\mathbf{j}) = 3\mathbf{i} + 2\mathbf{j}$

(2) $[\mathbf{p}\tan^{-1}u + \mathbf{q}\sin^{-1}u]_0^1 = \frac{\pi}{4}\mathbf{p} + \frac{\pi}{2}\mathbf{q}$ ■

연습문제(4.1)

1. 다음 부분적분 공식을 증명하라. 단, m은 스칼라함수이다.

(1) $\int m\mathbf{u}'dt = m\mathbf{u} - \int m'\mathbf{u}dt$ (2) $\int m'\mathbf{u}dt = m\mathbf{u} - \int m\mathbf{u}'dt$

(3) $\int \mathbf{u}\cdot\mathbf{v}'dt = \mathbf{uv} - \int \mathbf{u}'\mathbf{v}dt$ (4) $\int \mathbf{u}\times\mathbf{v}' = \mathbf{u}\times\mathbf{v} - \int \mathbf{u}'\times\mathbf{v}dt$

2. $\int_1^2 \mathbf{u}\cdot\mathbf{u}'dt$를 구하라. $\mathbf{u}$는 t의 함수이다.

3. $\mathbf{r}(t)$를 벡터함수라 하고, $r=|\mathbf{r}(t)|$라 할 때, 다음 관계를 밝혀라.

(1) $\int 2\dfrac{d\mathbf{r}}{dt}\dfrac{d^2\mathbf{r}}{dt^2}dt = \left(\dfrac{d\mathbf{r}}{dt}\right)^2 + C$ (2) $\int \left(\dfrac{1}{r}\dfrac{d\mathbf{r}}{dt} - \dfrac{dr}{dt}\dfrac{\mathbf{r}}{r^2}\right)dt = \dfrac{\mathbf{r}}{r} + \mathbf{C}$

4. $\mathbf{A}=u^2\mathbf{i}-u\mathbf{j}+(2u+1)\mathbf{k}$, $\mathbf{B}=(2u-3)\mathbf{i}+\mathbf{j}-u\mathbf{k}$일 때, 다음 적분을 구하라.

(1) $\int_0^1 \mathbf{A}du$ (2) $\int_0^1 \mathbf{A}\cdot\mathbf{B}du$ (3) $\int_0^1 \mathbf{A}\times\mathbf{B}du$

5. 벡터함수 $\mathbf{r}=\mathbf{r}(u)$를 미지함수로 하는 미분방정식

$$\frac{d\mathbf{r}}{du} + p(u)\mathbf{r} = \mathbf{Q}(u)$$

의 일반해는 다음과 같음을 밝혀라. 단, $\mathbf{k}$는 임의의 상수벡터이다.

$$\mathbf{r} = e^{-\int pdu[\int \mathbf{Q}e^{\int pdu}du+\mathbf{k}]}$$

또, 이 공식을 써서 다음미분방정식을 풀어라.

(1) $\mathbf{r}' + \mathbf{r}\tan u = \mathbf{i}\cos u$

(2) $u\mathbf{r}' + \mathbf{r} = 4u(1+u^2)\mathbf{a}$ ($\mathbf{a}$는 상수벡터)

4.2 선적분

1 선적분의 정의

함수 $P(x, y)$가 xy평면의 어떤 영역에서 정의되고, 연속인 함수이며, 이 영역 안의 점 $A(a_1, b_1)$에서 $B(a_2, b_2)$까지 연결한 곡선을 C라 하자.

C를 점 $M_1(x_1, y_1)$, $M_2(x_2, y_2)$, $\cdots$, $M_n(x_n, y_n)$에 의하여 n개로 구분하고, 점 (ξ_i, η_i)를 구분된 부분(M_{i-1}, M_i) 안의 한 점이라 하고, 다음 합을 만든다.

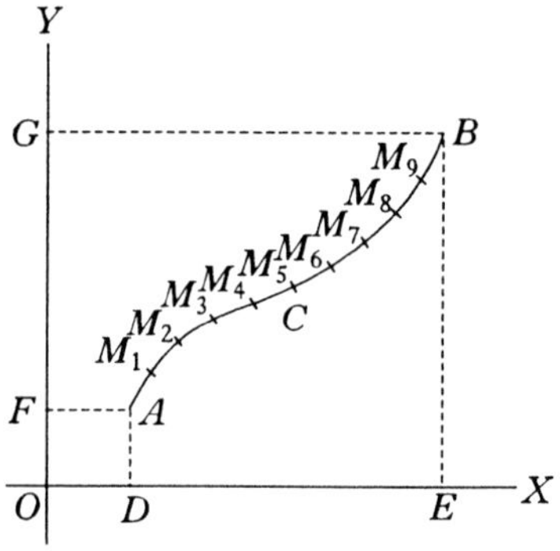

$$\sum_{k=1}^{k=n} P(\xi_k, \eta_k)(x_k - x_{k-1})$$

[그림 4.1]

이 합에서 n이 한없이 커지고, $x_k - x_{k-1}$이 한없이 0에 가까이 갈 때 이 합의 극한을 $P(x, y)$의 곡선 C에 따르는 선적분이라 하며, 기호

$$\int_{(a_1, b_1)}^{(a_2, b_2)} P(x, y)dx = \int_C P(x, y)dx \tag{1}$$

로 나타낸다. 이 적분값은 극한에만 의존하지 않고, 곡선 C에도 의존한다. (1) 식에서 곡선 C의 방정식이 t를 매개변수로 $x=x(t)$, $y=y(t)$이면, 적분 (1)은

$$\int_{t_0}^{t_1} P(x(t), y(t))x'(t)dt \tag{2}$$

꼴이 된다. 단, $t=t_0$일 때 곡선 C의 시작점 A를, $t=t_1$일 때 곡선 C의 끝점 B를 나타낸다. 마찬가지로 함수 $Q(x, y)$에 대하여

$$\sum_{k=1}^{n} Q(\xi_k, \eta_k)(y_k - y_{k-1}) \text{의 극한 } \int_C Q(x, y)dy \tag{3}$$

가 정의된다. 따라서 (1), (3)의 합으로 선적분

$$\int_C P(x,\ y)dx+Q(x,\ y)dy \tag{4}$$

가 정의된다.

벡터로 표시되는 선적분의 정의를 알아보자. 곡선 C에서 각 구분된 점의 위치벡터를 $\overrightarrow{OM_0}=\mathbf{r}_0$, $\overrightarrow{OM_1}=\mathbf{r}_1$, $\cdots$, $\overrightarrow{OB}=\overrightarrow{OM_n}=\mathbf{r}_n$이라면

$$\overrightarrow{M_0M_1}=\mathbf{r}_1-\mathbf{r}_0=\varDelta\mathbf{r}_1,$$

$$\overrightarrow{M_1M_2}=\mathbf{r}_2-\mathbf{r}_1=\varDelta\mathbf{r}_2,\ \cdots,\ \overrightarrow{M_{n-1}M_n}=\mathbf{r}_n-\mathbf{r}_{n-1}=\varDelta\mathbf{r}_n$$

$|\varDelta\mathbf{r}_k|(k=1,\ 2,\ \cdots,\ n)$ 중에서 최대인 것이 0에 수렴하게 곡선 C를 세분한다. 곡선 C가 벡터방정식 $\mathbf{r}=\mathbf{r}(t)$, $a\le t\le b$으로 표시되고,

$$a=t_0<t_1<\cdots<t_n=b$$

이며, $\mathbf{r}_k=\mathbf{r}(t_k)$이라면

$$\varDelta\mathbf{r}_k=\frac{d\mathbf{r}}{dt}\varDelta t_k,\ \ \varDelta t_k=t_k-t_{k-1}$$

이므로

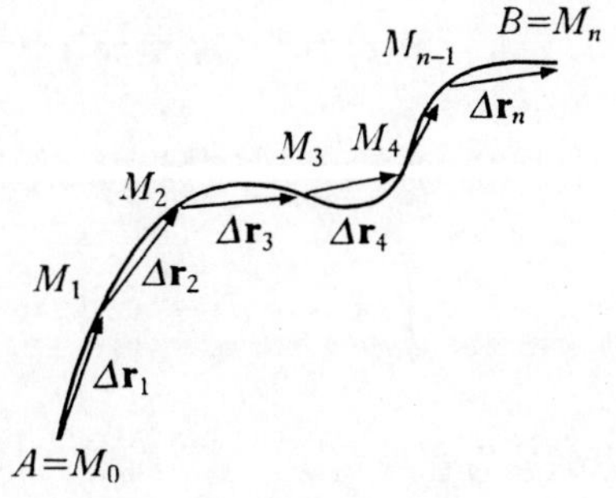

[그림 4.2]

$$\sum_{k=1}^{n}|\varDelta\mathbf{r}_k|=\sum_{k=1}^{n}\left|\frac{d\mathbf{r}}{dt}\varDelta t_k\right|$$

극한을 취하면

$$\int_C|d\mathbf{r}|=\lim_{|\varDelta\mathbf{r}_k|\to 0}\sum_{k=1}^{n}|\varDelta\mathbf{r}_k|=\lim_{\varDelta t_k\to 0}\sum_{k=1}^{n}\left|\frac{d\mathbf{r}}{dt}\varDelta t_k\right|=\int_a^b\left|\frac{d\mathbf{r}}{dt}\right|dt$$

벡터장 $\mathbf{F}(\mathbf{r})$에서

$$\lim_{|\varDelta\mathbf{r}_k|\to 0}\sum_{k=1}^{n}\mathbf{F}(\mathbf{r}_k)\cdot\varDelta\mathbf{r}_k=\int_C\mathbf{F}\cdot d\mathbf{r}$$

이 정의된다. 이 적분을 곡선 C에 따르는 벡터함수 $\mathbf{F}(r)$의 선적분이라 한다.

(4)식을 벡터를 써서 나타내보자.

$$\mathbf{F}(\mathbf{r}) = P(x,\ y)\mathbf{i} + Q(x,\ y)\mathbf{j},\ \ \mathbf{r} = x\mathbf{i} + y\mathbf{j},\ \ d\mathbf{r} = dx\mathbf{i} + dy\mathbf{j}$$

이므로

$$\begin{aligned}\mathbf{F}(\mathbf{r}) \cdot d\mathbf{r} &= \{P(x,\ y)\mathbf{i} + Q(x,\ y)\mathbf{j}\} \cdot (dx\mathbf{i} + dy\mathbf{j}) \\ &= P(x,\ y)dx + Q(x,\ y)dy\end{aligned}$$

따라서

$$\boxed{\int_C P(x,\ y)dx + Q(x,\ y)dy = \int_C \mathbf{F}(\mathbf{r}) \cdot d\mathbf{r}} \tag{5}$$

이 된다. (5) 식의 우변을 벡터함수 $\mathbf{F}$의 곡선 C에 따르는 선적분이다.

마찬가지로 3변수의 벡터함수 $\mathbf{F}(\mathbf{r})$에 대한 곡선 C에 따른 선적분이 정의된다.

$$\mathbf{F}(\mathbf{r}) = f_1(x,\ y,\ z)\mathbf{i} + f_2(x,\ y,\ z)\mathbf{j} + f_3(x,\ y,\ z)\mathbf{k}$$

이라 할 때 적분로 C에 따르는 $\mathbf{F}(\mathbf{r})$의 선적분을 다음과 같이 정의한다.

$$\int_C \mathbf{F}(\mathbf{r}) \cdot d\mathbf{r} = \int_C f_1(x,\ y,\ z)dx + f_2(x,\ y,\ z)dy + f_3(x,\ y,\ z)dz \tag{6}$$

(6)은 다음과 같이 생각하면 익히기가 쉽다.

$$\begin{aligned}\int_C \mathbf{F}(\mathbf{r}) \cdot d\mathbf{r} &= \int_C [f_1(x,\ y,\ z)\mathbf{i} + f_2(x,\ y,\ z)\mathbf{j} + f_3(x,\ y,\ z)\mathbf{k}] \cdot (dx\mathbf{i} + dy\mathbf{j} + dz\mathbf{k}) \\ &= \int_C f_1(x,\ y,\ z)dx + \int_C f_2(x,\ y,\ z)dy + \int_C f_3(x,\ y,\ z)dz\end{aligned}$$

【예제 4.5】 $\mathbf{F}(\mathbf{r}) = -y\mathbf{i} - xy\mathbf{j}$ 이고, 적분로 C가 다음 그림과 같다(반지름 1인 원의 제1사분면).

$$\int_C \mathbf{F}(\mathbf{r}) \cdot d\mathbf{r}$$

을 구하라.

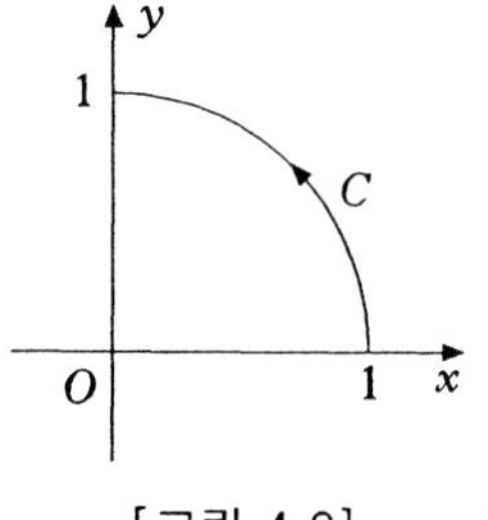

[그림 4.3]

풀이 $\mathbf{r}(t)=\cos t\mathbf{i}+\sin t\mathbf{j}$, $x(t)=\cos t$, $y(t)=\sin t$,
$d\mathbf{r}=(-\sin t\mathbf{i}+\cos t\mathbf{j})dt$, $\mathbf{F}(r)=-\sin t\mathbf{i}-\cos t\sin t\,\mathbf{j}$이므로

$$\int_C \mathbf{F}(\mathbf{r})\cdot d\mathbf{r}=\int_0^{\frac{\pi}{2}}(-\sin t\mathbf{i}-\cos t\sin t\mathbf{j})\cdot(-\sin t\mathbf{i}+\cos t\mathbf{j})dt$$

$$=\int_0^{\frac{\pi}{2}}(\sin^2 t-\cos^2 t\sin t)dt=\frac{\pi}{4}-\frac{1}{3}$$ ■

【예제 4.6】 다음 적분로에 따른 선적분 $\int_{(0,\,0)}^{(1,\,1)}[(y-x)dy+ydx]$을 구하라.

(1) C ; $y^2=x$

(2) C ; x축으로 점 (0, 0)에서 점 (1, 0)으로 가고, 이어서 직선 $x=1$에 따라 점 (1, 0)에서 점 (1, 1)로 간다.

풀이 (1) 곡선 C가 포물선 $y^2=x$이라면, $dx=2ydy$이므로

$$\int_0^1[(y-y^2)+2y^2]dy=\int_0^1(y+y^2)dy=\frac{5}{6}$$

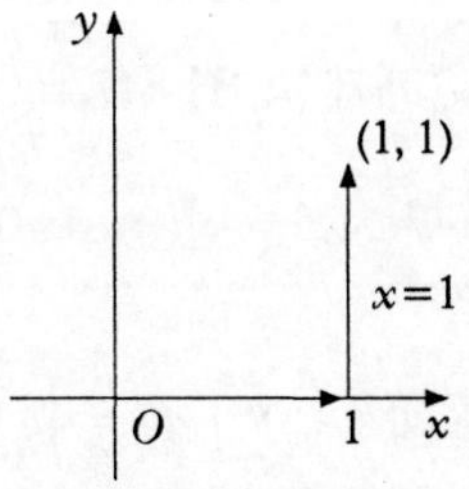

(2) 곡선 C가 x축에 따라 (0, 0)에서 (1, 0)으로 가고, 다음 (1, 0)에서 (1, 1)로 직선 $x=1$에 따르는 적분로이므로, x축에서 $y=0$, $dy=0$이고, $x=1$에서는 $dx=0$이므로, 이 적분은

[그림 4.4]

$$\int_0^1[(0-x)0+0dx]+\int_0^1[(y-1)dy+y\times 0]=\int_0^1(y-1)dy=-\frac{1}{2}$$ ■

2 선적분의 성질

$P(x,\ y)dx+Q(x,\ y)dy=df(x,\ y)$이고, 적분로가 C ; $y=y(x)$, $x_0\le x\le x_1$이면

$$\int_C P(x,\ y)dx+Q(x,\ y)dy=\int_C df(x,\ y)=\int_{x_0}^{x_1}df(x,\ y(x))$$
$$=f(x_1,\ y(x_1))-f(x_0,\ y(x_0))$$

이런 경우는 선적분이 적분로 C의 하한과 상한에만 의존하고, 적분로에는 무관하다.

【예제 4.7】 $\mathbf{F}(\mathbf{r})=y\mathbf{i}+x\mathbf{j}$이고 C가 다음과 같을 때, $\int_C \mathbf{F}(\mathbf{r})\cdot d\mathbf{r}$를 계산하라.

(1) 점 (0, 0)으로부터 (1, 1)까지의 선분

(2) 포물선 $y=x^2$ 상의 점 (0, 0)으로부터 (1, 1)까지 사이의 곡선

풀이 (1) C는 $\mathbf{r}(t)=t\mathbf{i}+t\mathbf{j}$이고, $\dot{\mathbf{r}}(t)=\mathbf{i}+\mathbf{j}$이므로 $\mathbf{F}(\mathbf{r})\cdot d\mathbf{r}=(t\mathbf{i}+t\mathbf{j})\cdot(\mathbf{i}+\mathbf{j})dt=2tdt$

$$\therefore \int_C \mathbf{F}(\mathbf{r})\cdot d\mathbf{r}=\int_0^1 2tdt=1$$

(2) C는 $\mathbf{r}(t)=t\mathbf{i}+t^2\mathbf{j}$, $\dot{\mathbf{r}}(t)=\mathbf{i}+2t\mathbf{j}$이므로, $\mathbf{F}\cdot\dot{\mathbf{r}}=(t^2\mathbf{i}+t^2\mathbf{j})\cdot(\mathbf{i}+2t\mathbf{j})=3t^2$. 따라서 다음을 얻는다.

$$\int_C \mathbf{F}(\mathbf{r})\cdot d\mathbf{r}=\int_0^1 3t^2dt=1$$

■

【예제 4.8】 $\mathbf{F}=(3x^2+6y)\mathbf{i}-14yz\mathbf{j}+20xz^2\mathbf{k}$일 때, $\int_C \mathbf{F}\cdot d\mathbf{r}$를 구하라.
단, C는 점(0, 0, 0)에서 점 (1, 1, 1)에 따르는 곡선 $x=t$, $y=t^2$, $z=t^3$이다.

풀이

$$\begin{aligned}\int_C \mathbf{F}\cdot d\mathbf{r}&=\int_C[(3x^2+6y)\mathbf{i}-14yz\mathbf{j}+20xz^2\mathbf{k}]\cdot(dx\mathbf{i}+dy\mathbf{j}+dz\mathbf{k})\\&=\int_C(3x^2+6y)dx-14yzdy+20xz^2dz\\&=\int_0^1(3t^2+6t^2)dt-14(t^2)(t^3)d(t^2)+20t(t^3)^2d(t^3)\\&=\int_0^1 9t^2dt-28t^6dt+60t^9dt=[3t^3-4t^7+6t^{10}]_0^1=5\end{aligned}$$

■

벡터장 $\mathbf{F}$내에서 호의 길이 s를 매개변수로 하는 곡선 C : $\mathbf{r}=x(s)\mathbf{i}+y(s)\mathbf{j}+z(s)\mathbf{k}$ $(a\le s\le b)$를 생각한다. 그의 접선단위벡터를 $\mathbf{t}=\mathbf{r}'$이라 하고,

$$\mathbf{F}(x,\ y,\ z)=F_1(x,\ y,\ z)\mathbf{i}+F_2(x,\ y,\ z)\mathbf{j}+F_3(x,\ y,\ z)\mathbf{k}$$

이라 할 때,

$$\int_a^b \mathbf{F}(x(s),\ y(s),\ z(s)) \cdot \mathbf{r}'(s)ds = \int_a^b \left(F_1\frac{dx}{ds} + F_2\frac{dy}{ds} + F_3\frac{dz}{ds}\right)ds$$

를 벡터장 $\mathbf{F}$의 곡선 C에 따르는 선적분이라 하고, 간단히

$$\int_C \mathbf{F} \cdot d\mathbf{r}$$

로 나타낸다.

이 선적분은 $\mathbf{F}$의 성분을 써서 다음과 같이 나타낼 수 있다.

$$\int_C \mathbf{F} \cdot d\mathbf{r} = \int_C F_1 dx + \int_C F_2 dy + \int_C F_3 dz \tag{7}$$

또한 (7) 식을 간단히 다음과 같이 나타낸다.

$$\int_C \mathbf{F} \cdot d\mathbf{r} = \int_C (F_1 dx + F_2 dy + F_3 dz)$$

곡선 C를 매개변수 t를 써서 $\mathbf{r} = \mathbf{r}(t)$로 나타내면 선적분 (6)은

$$\int_C \mathbf{F} \cdot d\mathbf{r} = \int_C \mathbf{F} \cdot \frac{d\mathbf{r}}{dt}dt \tag{8}$$

로 나타내진다.

[정리 4.1] $P(x,\ y)dx + Q(x,\ y)dy$가 어떤 함수 $f(x,\ y)$의 완전미분이 될 조건은 다음과 같다.

$$\frac{\partial P}{\partial y} = \frac{\partial Q}{\partial x}$$

증명 (ⅰ) 필요조건 : $df = Pdx + Qdy$이면 $\dfrac{\partial f}{\partial x} = P,\ \dfrac{\partial f}{\partial y} = Q$이므로

$$\frac{\partial P}{\partial y}=\frac{\partial^2 f}{\partial x \partial y}=\frac{\partial Q}{\partial x}$$

(ii) 충분조건 : $\frac{\partial P}{\partial y}=\frac{\partial Q}{\partial x}$이면, 임의의 두 함수 P와 Q가 있어서

$$\frac{\partial f}{\partial x}=P, \quad \frac{\partial f}{\partial y}=Q$$

되는 f가 존재하므로 $Pdx+Qdy=\frac{\partial f}{\partial x}dx+\frac{\partial f}{\partial y}dy = df$ ■

【예제 4.9】 다음 벡터장이 제1사분면에 있는 임의의 영역에서 $\mathbf{F}=\nabla f$ 되는 스칼라함수 f를 구하라.

$$\mathbf{F}(x, y)=\left(4x^3y^3+\frac{1}{x}\right)\mathbf{i}+\left(3x^4y^2-\frac{1}{y}\right)\mathbf{j}$$

풀이 $\mathbf{F}=\nabla f=\frac{\partial f}{\partial x}\mathbf{i}+\frac{\partial f}{\partial y}\mathbf{j}$가 되는 함수 f를 구한다.

$P(x, y)=4x^3y^3+\frac{1}{x}$, $Q(x, y)=3x^4y^2-\frac{1}{y}$이라 할 때

$$\frac{\partial P}{\partial y}=12x^3y^2=\frac{\partial Q}{\partial x}$$

이므로

$$\mathbf{F}(x, y)=P(x, y)\mathbf{i}+Q(x, y)\mathbf{j}=\frac{\partial f}{\partial x}\mathbf{i}+\frac{\partial f}{\partial y}\mathbf{j}$$

$$\frac{\partial f}{\partial x}=P=4x^3y^3+\frac{1}{x}, \quad \frac{\partial f}{\partial y}=Q=3x^4y^2-\frac{1}{y}$$

되는 $f(x, y)$를 구한다. 첫째식에서

$$f(x, y)=\int\left(4x^3y^3+\frac{1}{x}\right)dx=x^4y^3+\ln|x|+g(y)$$

이것을 y에 관하여 편미분하면

$$\frac{\partial f}{\partial y} = 3x^4y^2 + g'(y) = 3x^4y^2 - \frac{1}{y}$$

이므로,

$$g'(y) = -\frac{1}{y}, \quad g(y) = -\ln|y| + C$$

따라서 구하는 함수 $f(x, y)$는

$$f(x, y) = x^4y^3 + \ln|x| - \ln|y| + C = x^4y^3 + \ln\left|\frac{x}{y}\right| + C$$ ■

[정리 4.2] $P(x, y, z)$, $Q(x, y, z)$, $R(x, y, z)$와 이들의 도함수가 어떤 공간 영역에서 일가 연속함수일 때, $P(x, y, z)dx + Q(x, y, z)dy + R(x, y, z)dz$가 어떤 함수 $f(x, y, z)$의 완전미분이 될 조건은 다음과 같다.

$$\frac{\partial P}{\partial y} = \frac{\partial Q}{\partial x}, \quad \frac{\partial Q}{\partial z} = \frac{\partial R}{\partial y}, \quad \frac{\partial R}{\partial x} = \frac{\partial P}{\partial z}$$

증명 증명은 정리 4.1과 마찬가지로 한다. ■

[정리 4.3] P, Q, R의 도함수가 어떤 영역에서 일가 연속 함수일 때,

$$\int_{(a,\, b,\, c)}^{(x,\, y,\, z)} (Pdx + Qdy + Rdz)$$

가 (a, b, c)에서 (x, y, z)에 이르는 경로에 무관계 할 필요충분조건은 영역의 모든 점에서

$$\frac{\partial P}{\partial y} = \frac{\partial Q}{\partial x}, \quad \frac{\partial Q}{\partial z} = \frac{\partial R}{\partial y}, \quad \frac{\partial R}{\partial x} = \frac{\partial P}{\partial z}$$

이 성립하는 것이다.

증명 이 조건은 전미분방정식 $Pdx + Qdy + Rdz = 0$의 완전조건이며, 이 경우

$$Pdx + Qdy + Rdz = \frac{\partial F}{\partial x}dx + \frac{\partial F}{\partial y}dy + \frac{\partial F}{\partial z}dz$$

되는 함수 $F(x, y, z)$가 존재한다.

$Pdx + Qdy + Rdz$가 어떤 함수 $F(x, y, z)$의 전미분일 때,

$$\int_{(a, b, c)}^{(x, y, z)} (Pdx + Qdy + Rdz) = \int_{(a, b, c)}^{(x, y, z)} dF(x, y, z) = F(x, y, z) - F(a, b, c)$$

따라서 이 적분값은 하한과 상한에만 의존하고, 경로에는 무관하다. ■

[정리 4.4] $\int_{P_1}^{P_2} \mathbf{F} \cdot d\mathbf{r}$이 주어진 영역에서 두 점 P_1과 P_2를 맺는 경로에 무관하면, 그 영역의 모든 폐경로에 대하여 $\oint \mathbf{F} \cdot d\mathbf{r} = 0$이고, 역도 성립한다.

증명 $P_1AP_2BP_1$을 주어진 폐경로라 하자. 그러면

$$\begin{aligned}\oint \mathbf{F} \cdot d\mathbf{r} &= \int_{P_1AP_2BP_1} \mathbf{F} \cdot d\mathbf{r} \\ &= \int_{P_1AP_2} \mathbf{F} \cdot d\mathbf{r} + \int_{P_2BP_1} \mathbf{F} \cdot d\mathbf{r} \\ &= \int_{P_1AP_2} \mathbf{F} \cdot d\mathbf{r} - \int_{P_1BP_2} \mathbf{F} \cdot d\mathbf{r} = 0\end{aligned}$$

■

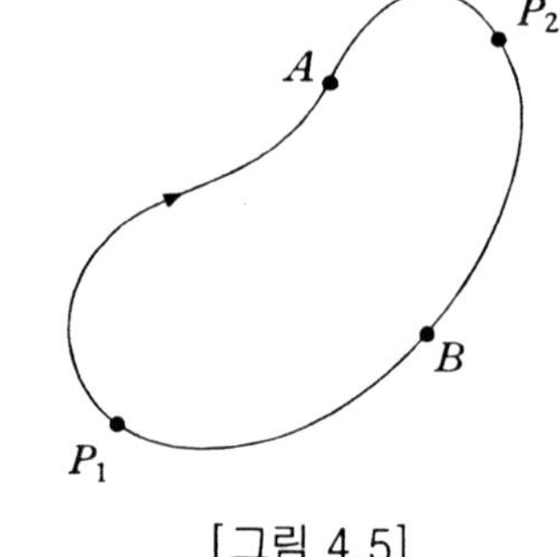

[그림 4.5]

P_1에서 A를 지나 P_2에 이루는 선적분은, P_1에서 B를 지나 P_2에 이르는 선적분과 같다.($\oint$ 는 적분로가 단일폐곡선을 일주하는 경우의 적분기호) 역으로 $\oint \mathbf{F} \cdot d\mathbf{r} = 0$이면

$$\begin{aligned}\int_{P_1AP_2BP_1} \mathbf{F} \cdot d\mathbf{r} &= \int_{P_1AP_2} \mathbf{F} \cdot d\mathbf{r} + \int_{P_2BP_1} \mathbf{F} \cdot d\mathbf{r} \\ &= \int_{P_1AP_2} \mathbf{F} \cdot d\mathbf{r} - \int_{P_1BP_2} \mathbf{F} \cdot d\mathbf{r} = 0\end{aligned}$$

이므로

$$\int_{P_1AP_2} \mathbf{F}\cdot d\mathbf{r} = \int_{P_1BP_2} \mathbf{F}\cdot d\mathbf{r}$$

따라서 $\int_{P_1}^{P_2} \mathbf{F}\cdot d\mathbf{r}$는 적분로에 무관하다.

[정리 4.5] $F_1dx+F_2dy+F_3dz$이 전미분이 될 필요충분조건은 $\nabla\times\mathbf{F}=\mathbf{0}$이다. 단, $\mathbf{F}=F_1\mathbf{i}+F_2\mathbf{j}+F_3\mathbf{k}$이다.

증명 충분조건 $F_1dx+F_2dy+F_3dz=d\phi=\frac{\partial\phi}{\partial x}dx+\frac{\partial\phi}{\partial y}dy+\frac{\partial\phi}{\partial z}dz$

이면, 좌변식은 전미분이고,

$$F_1=\frac{\partial\phi}{\partial x},\ F_2=\frac{\partial\phi}{\partial y},\ F_3=\frac{\partial\phi}{\partial z}$$

이므로

$$\frac{\partial F_1}{\partial y}=\frac{\partial^2\phi}{\partial x\partial y}=\frac{\partial F_2}{\partial x},\ \frac{\partial F_2}{\partial z}=\frac{\partial^2\phi}{\partial y\partial z}=\frac{\partial F_3}{\partial y},\quad \frac{\partial F_3}{\partial x}=\frac{\partial^2\phi}{\partial z\partial x}=\frac{\partial F_1}{\partial z}$$

에서

$$\frac{\partial F_2}{\partial x}-\frac{\partial F_1}{\partial y}=0,\ \frac{\partial F_3}{\partial y}-\frac{\partial F_2}{\partial z}=0,\ \frac{\partial F_3}{\partial x}-\frac{\partial F_1}{\partial z}=0 \ \cdots\cdots \text{③}$$

따라서

$$\nabla\times\mathbf{F}=\begin{vmatrix}\mathbf{i} & \mathbf{j} & \mathbf{k}\\ \frac{\partial}{\partial x} & \frac{\partial}{\partial y} & \frac{\partial}{\partial z}\\ F_1 & F_2 & F_3\end{vmatrix}$$

$$=\left(\frac{\partial F_3}{\partial y}-\frac{\partial F_2}{\partial z}\right)\mathbf{i}-\left(\frac{\partial F_3}{\partial x}-\frac{\partial F_1}{\partial z}\right)\mathbf{j}+\left(\frac{\partial F_2}{\partial x}-\frac{\partial F_1}{\partial y}\right)\mathbf{k}=\mathbf{0} \ \cdots\cdots \text{④}$$

(ii) 필요충분조건 : $\nabla\times\mathbf{F}=\mathbf{0}$이면 ④가 성립되므로, ③이 성립한다. ③이 성립되면 ④의 관계가 성립한다. 따라서 정리는 성립한다.

$$\mathbf{F} = F_1\mathbf{i} + F_2\mathbf{j} + F_3\mathbf{k} = \frac{\partial \phi}{\partial x}\mathbf{i} + \frac{\partial \phi}{\partial y}\mathbf{j} + \frac{\partial \phi}{\partial z}\mathbf{k} = \nabla \phi$$

따라서

$$\nabla \times \mathbf{F} = \nabla \times \nabla \phi = 0$$

역으로 $\nabla \times \mathbf{F} = \mathbf{0}$이면, $\mathbf{F} = \nabla \phi$이므로, $\mathbf{F} \cdot d\mathbf{r} = \nabla \phi \cdot d\mathbf{r} = d\phi$

따라서 $F_1 dx + F_2 dy + F_3 dz = d\phi$이다. ■

【예제 4.10】 $\mathbf{F} = (2xy + z^3)\mathbf{i} + x^2\mathbf{j} + 3xz^2\mathbf{k}$이다. $\mathbf{F} \cdot d\mathbf{r} = d\phi$ 되는 스칼라함수 ϕ를 구하라.

풀이1 $\mathbf{F} = \nabla \phi$ 즉 $\frac{\partial \phi}{\partial x}\mathbf{i} + \frac{\partial \phi}{\partial y}\mathbf{j} + \frac{\partial \phi}{\partial z}\mathbf{k} = (2xy + z^3)\mathbf{i} + x^2\mathbf{j} + 3xz^2\mathbf{k}$

$$\frac{\partial \phi}{\partial x} = 2xy + z^3 \cdots\cdots ① \quad \frac{\partial \phi}{\partial y} = x^2 \cdots\cdots ② \quad \frac{\partial \phi}{\partial z} = 3xz^2 \cdots\cdots ③$$

에서 차례로

$$\phi = x^2 y + xz^3 + \psi_1(y,\ z)$$

$$\phi = x^2 y + \psi_2(x,\ z)$$

$$\phi = xz^3 + \psi_3(x,\ y)$$

이들 식을 비교하여 $\psi_1(y,\ z) = 0$, $\psi_2(x,\ z) = xz^3$, $\psi_3(x,\ y) = x^2 y$이라면

$$\phi = x^2 y + xz^3 + c \quad (c\text{는 상수})$$

풀이2 $\mathbf{F} \cdot d\mathbf{r} = \nabla \phi \cdot d\mathbf{r} = \frac{\partial \phi}{\partial x}dx + \frac{\partial \phi}{\partial y}dy + \frac{\partial \phi}{\partial z}dz = d\phi$

$$\begin{aligned} d\phi &= \mathbf{F} \cdot d\mathbf{r} = (2xy + z^3)dx + x^2 dy + 3xz^2 dz \\ &= (2xy\,dx + x^2 dy) + (z^3 dx + 3xz^2 dz) \\ &= d(x^2 y) + d(xz^3) = d(x^2 y + xz^3) \end{aligned}$$

$\therefore\ \phi = x^2 y + xz^3 + c$ ■

[3] 선적분의 응용

어떤 입자가 곡선 C를 따라 움직일 때 한 일을 구해 보자.

곡선 C의 방정식이 벡터함수 $\mathbf{r}(t)=x(t)\mathbf{i}+y(t)\mathbf{j}$로 주어진다 하자.

$$W(t)=(\text{입자가 } \mathbf{r}(a)\text{로부터 } \mathbf{r}(t)\text{까지 움직일 때 한 일})$$

이라면, 입자가 $\mathbf{r}(t)$로부터 $\mathbf{r}(t+\Delta t)$까지 곡선상을 움직이면서 한 일은 다음과 같다.

$$W(t+\Delta t)-W(t)$$

작은 Δt에 대하여 $\mathbf{r}(t)$와 $\mathbf{r}(t+\Delta t)$ 사이의 곡선은 직선에 근사하므로 입자가 움직인 거리는 다음 벡터에 접근하게 된다.

$$\mathbf{r}(t+\Delta t)-\mathbf{r}(t)$$

만일 Δt가 아주 작고, 힘 $\mathbf{F}(\mathbf{r})$가 연속이면, $\mathbf{r}(t)$와 $\mathbf{r}(t+\Delta t)$ 사이에 곡선의 단위길이에 작용하는 힘은 $\mathbf{F}(\mathbf{r}(t))$와 거의 같게 된다. 따라서 Δt가 아주 작으면

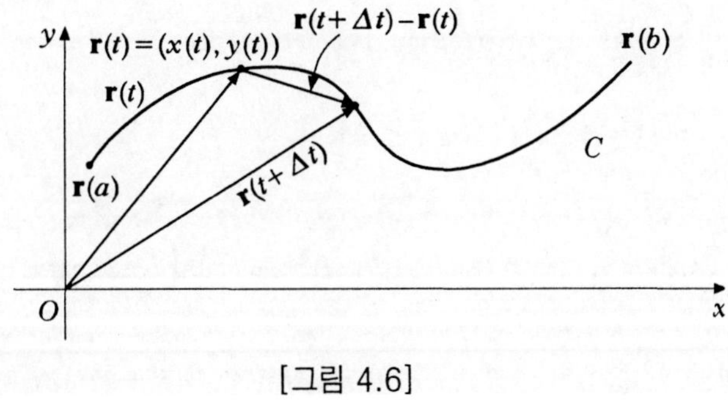

[그림 4.6]

$$W(t+\Delta t)-W(t) \fallingdotseq \mathbf{F}(\mathbf{r}(t))\cdot\{\mathbf{r}(t+\Delta t)-\mathbf{r}(t)\} \tag{8}$$

식 (8)의 양변을 Δt로 나누고, $\Delta t\to 0$일 때의 극한을 취하면

$$\lim_{\Delta t\to 0}\frac{W(t+\Delta t)-W(t)}{\Delta t}=\lim_{\Delta t\to 0}\left\{\mathbf{F}(\mathbf{r}(t))\cdot\frac{\mathbf{r}(t+\Delta t)-\mathbf{r}(t)}{\Delta t}\right\}$$

따라서

$$\dot{W}(t)=\mathbf{F}(\mathbf{r}(t))\cdot\dot{\mathbf{r}}(t) \tag{9}$$

식 (9)의 양변을 $t = a$에서 $t = b$까지 적분하면 다음과 같다.

$$W(b) - W(a) = \int_a^b \dot{W}(t)dt = \int_a^b \mathbf{F}(\mathbf{r}(t)) \cdot \dot{\mathbf{r}}(t)dt$$

그런데 $t=a$일 때는 입자가 움직이지 않으므로 $W(a)=0$이다. 한 일의 전부를 W로 표기하면 다음과 같이 나타내진다.

$$W = \int_a^b \mathbf{F}(\mathbf{r}(t)) \cdot \dot{\mathbf{r}}(t)dt \qquad (10)$$

식 (10)은 어떤 입자가 곡선 C 위를 점 $t = a$로부터 $t = b$까지 움직일 때 한 일의 양이다.

【예제 4.11】 한 입자가 포물선 $y=x^2$ 위를 힘 $F(\mathbf{r})=2xy\mathbf{i}+(x^2+y^2)\mathbf{j}$를 받으면서 움직이고 있다. 점 (1, 1)에서 점 (3, 9)까지 움직이면서 한 일을 구하라.

풀이 C를 매개 변수로 표시하면 다음과 같다.

$$C : \mathbf{r}(t) = t\mathbf{i} + t^2\mathbf{j} \ (1 \le t \le 3)$$

따라서 $x(t)=t$, $y(t)=t^2$, $P=2xy=2t^3$이고 $Q=x^2+y^2=t^2+t^4$이다. 또한 $x'(t)=1$, $y'(t)=2t$이므로 이 입자가 한 일의 양은 다음과 같다.

$$W = \int_1^3 \{(2t^3)1 + (t^2+t^4)(2t)\}dt = \int_1^3 (4t^3+2t^5)dt = 322\frac{2}{3}$$ ■

【예제 4.12】 입자가 xy평면에 있는 타원 $\frac{x^2}{4^2}+\frac{y^2}{3^2}=1$ 둘레를 한 바퀴 움직일 때 한 일을 구하라. 단, 힘의 벡터장 $\mathbf{F}$는

$$\mathbf{F} = (3x-4y+2z)\mathbf{i} + (4x+2y-3z^2)\mathbf{j}$$

로 주어져 있다.

풀이 $\mathbf{F} = (3x-4y)\mathbf{i} + (4x+2y)\mathbf{j}$ 이고, $d\mathbf{r} = dx\mathbf{i} + dy\mathbf{j}$ 이므로 입자가 한 일의 양은

$$\oint_C \mathbf{F}\cdot d\mathbf{r} = \int_C \{(3x-4y)\mathbf{i} + (4x+2y)\mathbf{j}\}\cdot(dx\mathbf{i}+dy\mathbf{j})$$
$$= \oint_C (3x-4y)dx + (4x+2y)dy$$

준 타원의 매개방정식은

$$x = 4\cos t,\ y = 3\sin t,\ 0 \le t \le 2\pi$$

이므로, 구하는 적분값은

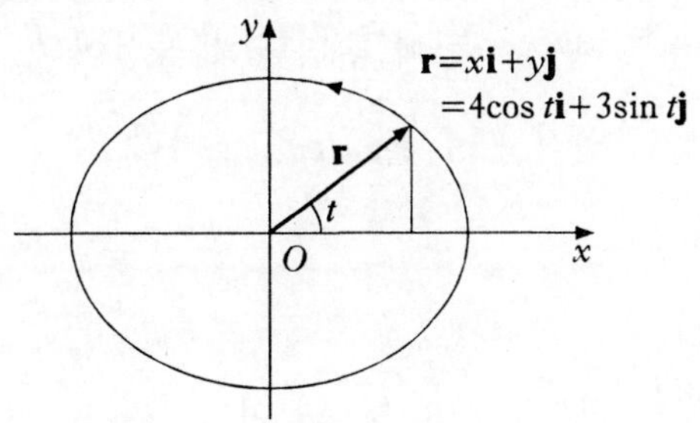

[그림 4.7]

$$\int_{t=0}^{2\pi} \{3(4\cos t) - 4(3\sin t)\}$$
$$\{-4\sin t\}dt + \{4(4\cos t) + 2(3\sin t)\}\{3\cos t\}dt$$
$$= \int_{t=0}^{2\pi} (48 - 30\sin t\cos t)dt = (48t - 15\sin^2 t)\Big|_0^{2\pi} = 96\pi$$

C를 시계방향으로 일주하면, 적분값은 -96π가 된다. ■

연습문제(4.2)

1. 곡선 $C : t\mathbf{i} + t^2\mathbf{j} + \frac{2}{3}t^3\mathbf{k}(0 \le t \le 1)$에 따른 $\mathbf{A}(x, y, z) = x^3\mathbf{i} + y^2\mathbf{j} - z\mathbf{k}$의 선적분을 구하라.

2. 벡터장 $\mathbf{A}$의 선적분에서, 다음이 성립함을 밝혀라.

$$\int_{-C} \mathbf{A}\cdot d\mathbf{x} = -\int_C \mathbf{A}\cdot d\mathbf{x}$$

3. $\mathbf{F} = (2x+y)\mathbf{i} + (3y-x)\mathbf{j}$라 하고, C를 점 $O(0, 0)$, $A(2, 0)$, $B(3, 2)$을 차례로 맺는 꺾음선으로 할 때, 선적분 $\int_C \mathbf{F}\cdot d\mathbf{x}$을 계산하라. $\mathbf{x} = x\mathbf{i} + y\mathbf{j}$ 이다.

4. $\mathbf{A}=(y-2x)\mathbf{i}+(3x+2y)\mathbf{j}$라 하고, C를 xy평면상에서, 원점을 중심으로 반지름이 2인 원둘레를 양의 방향으로 일주하는 경로이다. 선적분 $\int_C \mathbf{A}\cdot d\mathbf{x}$을 구하라.

5. $\mathbf{F}=(x-y)\mathbf{i}+(x+y)\mathbf{j}$이고, C가 다음 그림에 나타난 폐곡선이다. 선적분 $\int_C \mathbf{F}\cdot d\mathbf{r}$을 구하라.

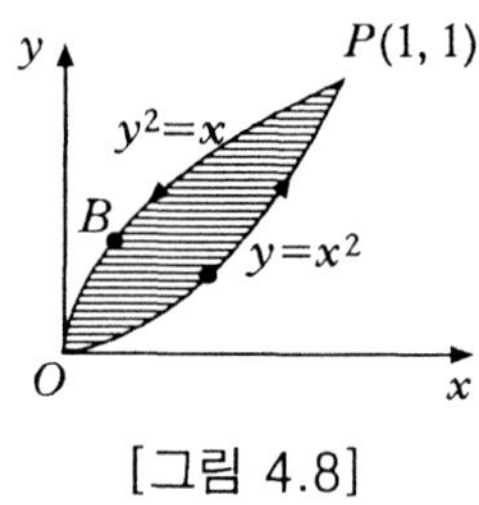

[그림 4.8]

6. 적분로 C의 방정식이 $\mathbf{x}=\mathbf{x}(t)=x(t)\mathbf{i}+y(t)\mathbf{j}+z(t)\mathbf{k}$일 때, 벡터장 $\mathbf{A}$의 선적분은

$$\int_C \mathbf{A}\cdot d\mathbf{x}=\int_\alpha^\beta \mathbf{A}(x(t),\ y(t),\ z(t))\cdot\frac{d\mathbf{x}}{dt}dt$$

임을 밝혀라. 단, C의 시작점과 끝점에서 $t=\alpha$, $t=\beta$라 하자.

7. 힘의 장 $\mathbf{F}=3xy\mathbf{i}-5z\mathbf{j}+10x\mathbf{k}$ 안의 입자가 곡선 $x=t^2+1$, $y=2t^2$, $z=t^3$에 따라서 $t=1$에서 $t=2$까지 운동하는 사이에 $\mathbf{F}$가 하는 일의 양을 구하라.

8. 힘의 장(force field) $\mathbf{F}(x,\ y)=-y^2\mathbf{i}+xy\mathbf{j}$에서 한 입자가 반원 $\mathbf{r}(t)=\cos t\mathbf{i}+\sin t\mathbf{j}$, $0\le t\le\pi$에 따라 움직일 때 한 일의 양을 구하라.

9. $\int_C \mathbf{F}\cdot d\mathbf{r}$을 구하라. 단, $\mathbf{F}(x,\ y,\ z)=xy\mathbf{i}+yz\mathbf{j}+zx\mathbf{k}$이고, C는 $x=t$, $y=t^2$, $z=t^3$ $(0\le t\le 1)$이다. $\mathbf{r}(t)=x\mathbf{i}+y\mathbf{i}+z\mathbf{k}$이다.

10. $\mathbf{F}=(3x^2+6y)\mathbf{i}-14yz\mathbf{j}+20xz^2\mathbf{k}$일 때, $\int_C \mathbf{F}\cdot d\mathbf{r}$을 구하라.

단, C는 (0, 0, 0)에서 (1, 0, 0)로, 이어서 (1, 1, 0)로, (1, 1, 1)로 가는 직선이고, $\mathbf{r}=x\mathbf{i}+y\mathbf{j}+z\mathbf{k}$은 이 직선의 벡터방정식이다.

4.3 Green의 정리

1 Green의 정리

[정리 4.6] (평면에서의 Green의 정리) xy-평면 안의 단순 연결 영역 R이 구분적으로 매끄러운 곡선(PWS) C에 의하여 싸여 있다고 하자. R에서 함수 P와 Q 및 이들의 일계 편도함수가 연속이면 다음 식이 성립한다.

$$\oint_C Pdx+Qdy=\iint_C\left(\frac{\partial Q}{\partial x}-\frac{\partial P}{\partial y}\right)dxdy \tag{11}$$

증명 그림과 같이 C와 x축 및 y축에 평행인 직선이 많아서 두 점에서 만나는 영역 R이 단순영역인 경우에 정리를 증명한다. 그림의 기호를 써서 곡선 AEB와 곡선 AFB의 방정식을 각각 $y=Y_1(x)$, $y=Y_2(x)$이라면

$$\iint_R \frac{\partial P}{\partial y}dxdy=\int_a^b\int_{Y_1(x)}^{Y_2(x)}\frac{\partial P}{\partial y}dydx$$

$$=\int_a^b\{P(x,\ Y_2(x))-P(x,\ Y_1(x))\}dx$$

$$=\int_a^b P(x,\ Y_2(x))dx-\int_a^b P(x,\ Y_1(x))dx$$

$$=-\int_{BFA}Pdx-\int_{AEB}Pdx=-\int_C Pdx$$

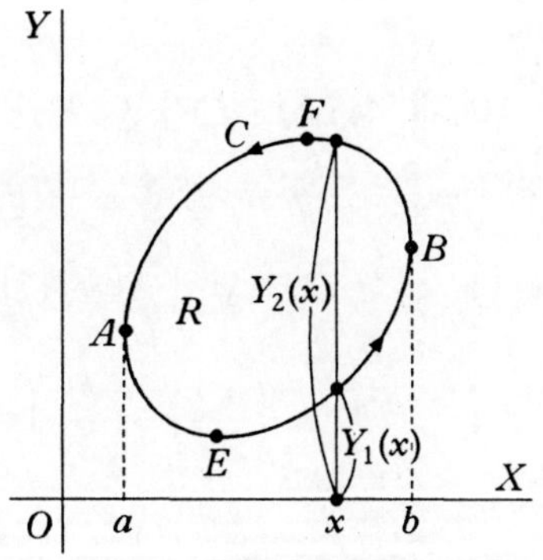

[그림 4.9]

마찬가지로

$$\iint_R \frac{\partial Q}{\partial x}dxdy=\int_C Qdy$$

따라서 이 두 식을 합하여, 구하는 관계식을 얻는다. Green의 정리는 주어진 영역(R)의 경계(C)를 따라서 적분한 값이 영역내에서의 2중적분한 값으로 나타내지는 관계를 나타낸 것이다. ■

【예제 4.13】 C가 직사각형 $\{(x, y) \mid 0 \le x \le 1,\ 1 \le y \le 3\}$을 양의 방향으로 일주하는 적분로일 때, $\oint_C xydx + (x-y)dy$를 계산하라.

풀이 $P(x, y) = xy$, $Q(x, y) = x - y$, $\dfrac{\partial Q}{\partial x} = 1$, $\dfrac{\partial P}{\partial y} = x$이므로 다음을 얻는다.

$$\begin{aligned}\oint_C xydx + (x-y)dy &= \int_0^1 \int_1^3 (1-x)dydx \\ &= \int_0^1 [(1-x)y]_1^3 dx \\ &= \int_0^1 2(1-x)dx = 1\end{aligned}$$

■

주의 폐곡선을 일주하는 적분로에서 단서가 없는 한 양의 방향으로 일주하는 것으로 한다.

【예제 4.14】 C가 단위원 일 때, $\oint_C (x^3+y^3)dx + (2y^3 - x^3)dy$를 계산하라.

풀이 곡선 C가 단위 원둘레이면,

$$\left(\frac{\partial Q}{\partial x}\right) - \left(\frac{\partial P}{\partial y}\right) = -3x^2 - 3y^2 = -3(x^2+y^2)$$

이므로 다음과 같이 계산된다.

$$\oint_C (x^3+y^3)dx + (2y^3 - x^3)dy = -3\iint_C (x^2+y^2)dxdy$$

$x = r\cos\theta$, $y = r\sin\theta$라면 $x^2 + y^2 = r^2$, $dxdy = rdrd\theta$이므로

$$\begin{aligned}\oint_C &= -3\int_0^{2\pi}\int_0^1 (r^2)rdrd\theta = -3\int_0^{2\pi}\left[\frac{r^4}{4}\right]_{r=0}^{r=1} d\theta \\ &= -\frac{3}{4}\int_0^{2\pi} d\theta = -\frac{3\pi}{2}\end{aligned}$$

■

다음과 같은 경로를 갖는 영역 D를 이루는 폐곡선을 C라면, C는 C_1, C_2, C_3, C_4의 합으로 주어진다. $\int_C P(x, y)dx$를 구해보자. 우선 C_1, C_2, C_3, C_4의 방정식을 구해보자.

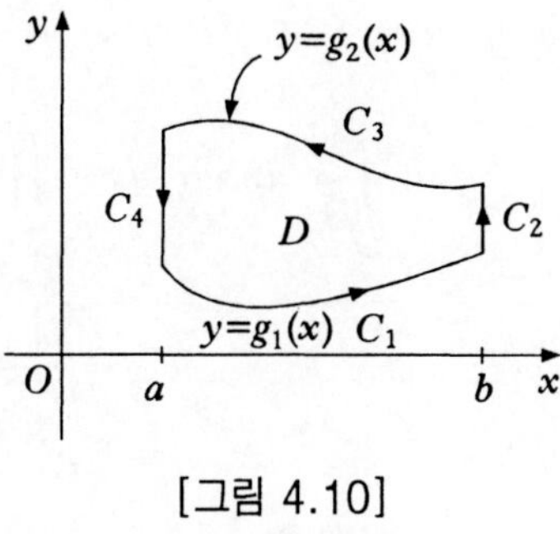

[그림 4.10]

C_1 : x를 매개변수로 하여

$$x=x,\ y=g_1(x),\ a \le x \le b$$

C_3는 오른쪽에서 왼쪽으로 주어져 있어서 $-C_3$는 왼쪽에서 오른쪽으로 된다. $-C_3$의 매개방정식은

$$-C_3 : x=x,\ y=g_2(x),\ a \le x \le b$$

C_2 : $x=b$, C_4 : $x=a$ (a, b는 상수)이고, C_2, C_4 상에서 $dx=0$이다. 이상에서 $\int_C P(x, y)dx$는 다음과 같다.

$$\begin{aligned}\int_C P(x, y)dx &= \int_{C_1} P(x, y)dx + \int_{C_2} P(x, y)dx \\ &\quad + \int_{C_3} P(x, y)dx + \int_{C_4} P(x, y)dx \\ &= \int_a^b P(x, g_1(x))dx - \int_a^b P(x, g_2(x))dx\end{aligned}$$

【예제 4.15】 $\int_C x^2dx + xy\,dy$를 구하라. 단, 적분로 C는 선분 (0, 0)에서 (1, 0), (1, 0)에서 (0, 1), (0, 1)에서 (0, 0)으로의 선분으로 되는 3각형 둘레로 되는 경로이다.

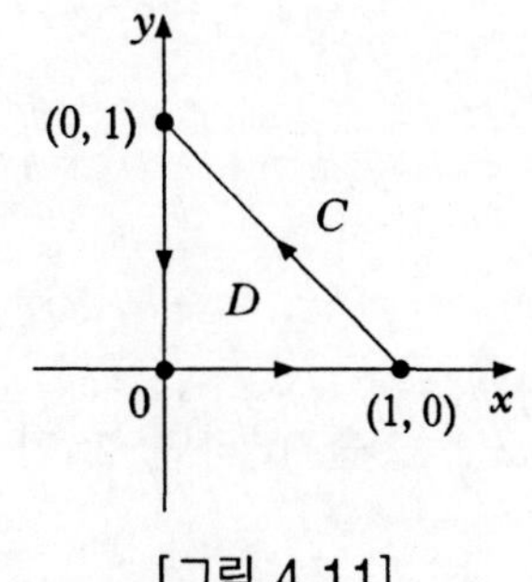

[그림 4.11]

풀이 $P(x,\ y)=y^2 \quad Q(x,\ y)=xy$이므로

$$\begin{aligned}\int_C y^2dx+xydy &= \iint_D\left(\frac{\partial Q}{\partial x}-\frac{\partial P}{\partial y}\right)dA \\ &= \int_1^0\int_0^{1-x}(y-2y)\,dydx=\int_0^1\left[-\frac{1}{2}y^2\right]_0^{1-x}dx \\ &= -\frac{1}{2}\int_0^1(1-x)^2dx=\frac{1}{2}\left[\frac{1}{3}(1-x)^3\right]_0^1=\frac{1}{6}[0-1]=-\frac{1}{6}\end{aligned}$$ ■

2 Green의 정리의 응용

Green의 정리는 넓이를 구하는데 유용하다. 영역 R의 넓이 A는 Green의 정리에 의하면 다음과 같이 나타내진다.

$$\begin{aligned}\iint_R dA &= \oint_{C_R} xdy=\oint_{C_R}(-y)dx \\ &= \frac{1}{2}\oint_{C_R}(-y)dx+xdy \qquad (12)\end{aligned}$$

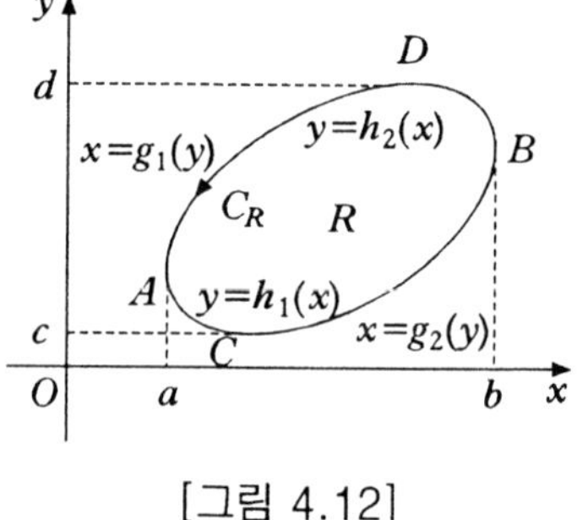

[그림 4.12]

(12)에 있는 선적분들은 모두 넓이를 계산하는 데 이용될 수 있다. 앞 그림을 이용하여 공식 (12)을 증명해보자.

$$A=\iint_R dA=\int_c^d x_2dy-\int_c^d x_1dy=\int_c^d x_2dy+\int_d^c x_1dy=\oint_{C_R} xdy \qquad \cdots①$$

단, $x_1=g_1(y),\ x_2=g_2(y),\ (c\le y\le d)$

$$A=\iint_R dA=\int_a^b y_2dx-\int_a^b y_1dx=-\int_a^b y_1dx-\int_b^a y_2dx=\oint_{C_R}(-y)dx \qquad \cdots②$$

단, $y_1=h_1(x),\ y_2=h_2(x),\ (a\le x\le b)$

①, ②를 더하면 $2A$가 되므로

$$A=\frac{1}{2}\oint_{C_R} xdy-ydx=\frac{1}{2}\oint_{C_R}(-ydx+xdy)$$

【예제 4.16】 $\int_C (xy+y^2)dx+x^2dy$, C는 $y=x$와 $y=x^2$으로 경계되는 폐곡선이다. 이 선적분에서 Green의 정리가 성립함을 밝혀라.

풀이 (i) $y=x^2$에 따른 선적분

$$\int_0^1 (x\cdot x^2+x^4)dx+x^2(2xdx)\} = \int_0^1 (3x^3+x^4)dx = \frac{19}{20}$$

점 (1, 1)에서 점 (0, 0)에 $y=x$에 따른 선적분은

$$\int_1^0 (x\cdot x+x^2)dx+x^2dx = \int_1^0 3x^2dx = -1$$

$$\therefore \oint_C (xy+y^2)dx+x^2dy = \frac{19}{20}-1 = -\frac{1}{20}$$

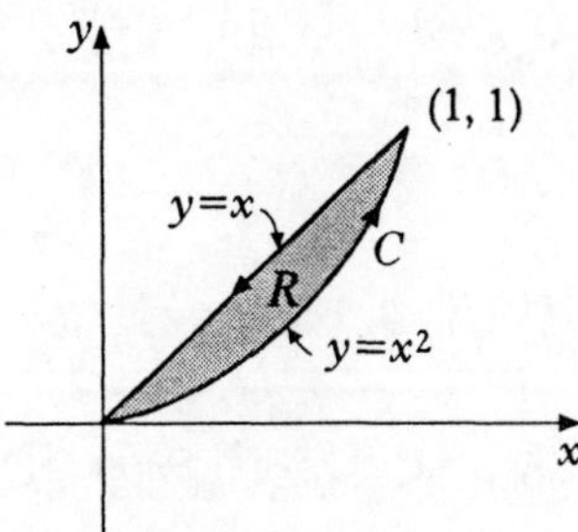

[그림 4.13]

(ii) Green의 정리에 따른 적분

$$\iint_R \left(\frac{\partial Q}{\partial x}-\frac{\partial P}{\partial y}\right)dxdy = \iint_R [2x-(x+2y)]dxdy$$

$$= \iint_R (x-2y)dxdy = \int_{x=0}^1 \int_{y=x^2}^x (x-2y)dydx$$

$$= \int_0^1 \left[\int_{x^2}^x (x-2y)dy\right]dx = \int_0^1 [xy-y^2]_{x^2}^x dx$$

$$= \int_0^1 \{(x^2-x^2)-(x^3-x^4)\}dx = \int_0^1 (x^4-x^3)dx = -\frac{1}{20}$$

(i)~(ii)에서 적분값이 같으므로 Green의 정리가 성립됨을 알 수 있다. ■

【예제 4.17】 green의 정리를 이용하여 타원 $\frac{x^2}{a^2}+\frac{y^2}{b^2}=1$로 둘러싸인 영역의 넓이를 구하라.

풀이 이 타원은 매개변수 표시로 다음과 같다.

$$\mathbf{x}(t) = a\cos t\mathbf{i} + b\sin t\mathbf{j} \quad (0 \le t \le 2\pi)$$

넓이공식 (10)의 첫째 선적분을 이용하여 넓이를 구하면

$$A = \oint_C xdy = \int_0^{2\pi} (a\cos t)d(b\sin t)$$

$$= \int_0^{2\pi} (a\cos t)b\cos t dt = ab\int_0^{2\pi} \cos^2 t dt$$

$$= \frac{ab}{2}\int_0^{2\pi} (1+\cos 2t)dt = \pi ab$$

이렇게 넓이를 계산하는 것이 $\iint_A dxdy$를 직접 계산하는 것보다 훨씬 쉽게 구할 수 있는 이점이 있다. ■

【예제 4.18】 곡선 $x^{\frac{2}{3}} + y^{\frac{2}{3}} = a^{\frac{2}{3}}$로 둘러싸인 영역의 넓이 A를 구하라.

풀이 이 곡선의 매개방정식 표시는

$$x = a\cos^3\theta,\ y = a\sin^3\theta,\ 0 \le \theta \le 2\pi$$

이므로, 구하는 넓이 A는

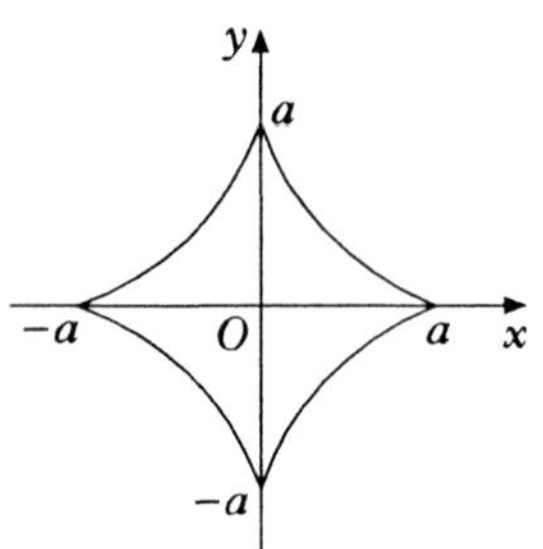

[그림 4.14]

$$A = \frac{1}{2}\oint (xdy - ydx)$$

$$= \frac{1}{2}\oint \{(a\cos^3\theta)(3a\sin^2\theta\cos\theta)$$

$$- a\sin^3\theta(3a\cos^2\theta)(-\sin\theta)\}d\theta$$

$$= \frac{1}{2}\oint \{3a^2\cos^2\theta\sin^2\theta(\cos^2\theta + \sin^2\theta)\}d\theta$$

$$= \frac{3}{2}a^2\oint \left(\frac{1}{2}\sin 2\theta\right)^2 d\theta = \frac{3}{8}a^2\int_0^{2\pi} \sin^2 2\theta d\theta$$

$$= \frac{3}{8}a^2\int_0^{2\pi} \frac{1-\cos 4\theta}{2}d\theta = \frac{3}{16}a^2\left[\theta - \frac{1}{4}\sin 4\theta\right]_0^{2\pi}$$

$$= \frac{3}{16}a^2(2\pi - 0) = \frac{3}{8}\pi a^2$$ ■

Green의 정리를 벡터기호로 나타내보자.

$$Pdx + Qdy = (P\mathbf{i} + Q\mathbf{j})(dx\mathbf{i} + dy\mathbf{j}) = \mathbf{A}\cdot d\mathbf{r}$$

$(\mathbf{A}=P\mathbf{i}+Q\mathbf{j},\ \mathbf{r}=x\mathbf{i}+y\mathbf{j})$

또한 $\nabla\times\mathbf{A}=\begin{vmatrix}\mathbf{i} & \mathbf{j} & \mathbf{k}\\ \frac{\partial}{\partial x} & \frac{\partial}{\partial y} & \frac{\partial}{\partial z}\\ P & Q & 0\end{vmatrix}=-\frac{\partial Q}{\partial z}\mathbf{i}+\frac{\partial P}{\partial z}\mathbf{j}+\left(\frac{\partial Q}{\partial x}-\frac{\partial P}{\partial y}\right)\mathbf{k}$이므로

$$\begin{aligned}(\nabla\times\mathbf{A})\cdot\mathbf{k}&=-\frac{\partial Q}{\partial z}(\mathbf{i}\cdot\mathbf{k})+\frac{\partial P}{\partial z}(\mathbf{j}\cdot\mathbf{k})+\left(\frac{\partial Q}{\partial x}-\frac{\partial P}{\partial y}\right)(\mathbf{k}\cdot\mathbf{k})\\&=\frac{\partial Q}{\partial x}-\frac{\partial P}{\partial y}\quad(\mathbf{i}\cdot\mathbf{k}=\mathbf{j}\cdot\mathbf{k}=0,\ \mathbf{k}\cdot\mathbf{k}=1)\end{aligned}$$

따라서 Green의 정리 및 그의 벡터표시는 다음과 같다.

$$\oint_C(Pdx+Qdy)=\iint_R\left(\frac{\partial Q}{\partial x}-\frac{\partial P}{\partial y}\right)dxdy \tag{3}$$

$$\oint_C\mathbf{A}\cdot d\mathbf{r}=\iint_R(\nabla\times\mathbf{A})\cdot\mathbf{k}\,dA \tag{4}$$

【예제 4.19】 $\mathbf{F}(x,\ y)=\dfrac{(-y\mathbf{i}+x\mathbf{j})}{x^2+y^2}$을 원점을 포함하는 모든 단일폐곡선으로 되는 적분로 C에 대하여 $\int_C\mathbf{F}\cdot d\mathbf{r}=2\pi$임을 밝혀라.

풀이 C가 원점을 포함하는 임의의 폐곡선이라면, 직접 C에 따른 선적분의 계산은 어렵다. 그러므로 원점을 중심으로 하고, 반지름 a인 반시계방향의 적분로로 원 C'를 생각한다. 이 원 C'은 폐곡선 C의 내부에 있다. D를 곡선 C와 C'으로 경계된 영역이라 하자. D의 양의 경계는 $C\cup(-C')$이고, 이 영역에서 Green의 정리가 성립하므로

$$\begin{aligned}&\int_C Pdx+Qdy+\int_{C'}Pdx+Qdy\\&=\iint_D\left(\frac{\partial Q}{\partial x}-\frac{\partial P}{\partial y}\right)dA\\&=\iint_D\left[\frac{y^2-x^2}{(x^2+y^2)^2}-\frac{y^2-x^2}{(x^2+y^2)^2}\right]dA=0\end{aligned}$$

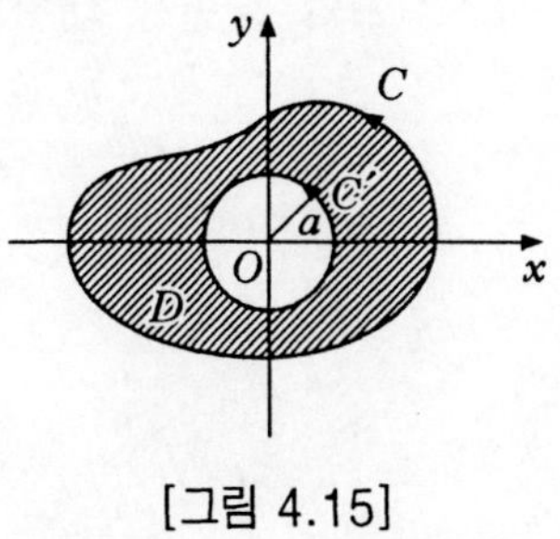

[그림 4.15]

따라서

$$\int_C Pdx + Qdy = \int_{C'} Pdx + Qdy$$

즉 $\int_C \mathbf{F} \cdot d\mathbf{r} = \int_{C'} \mathbf{F} \cdot d\mathbf{r}$

C'의 매개방정식을 $\mathbf{r}(t) = a\cos t\mathbf{i} + a\sin t\mathbf{j}$ $(0 \le t \le 2\pi)$이라면

$x = a\cos t,\ y = a\sin t$이므로

$$\begin{aligned}\int_C \mathbf{F} \cdot d\mathbf{r} &= \int_{C'} \mathbf{F} \cdot d\mathbf{r} = \int_0^{2\pi} \mathbf{F}(\mathbf{r}(t)) \cdot \mathbf{r}'(t)dt \\ &= \int_0^{2\pi} \frac{(-a\sin t)(-a\sin t) + (a\cos t)(a\cos t)}{a^2\cos^2 t + a^2\sin^2 t} dt \\ &= \int_0^{2\pi} \frac{a^2}{a^2} dt = 2\pi\end{aligned}$$

■

xy 평면상의 폐곡선 C가 좌표축에 평행인 직선과 두 점 이상에서 만나는 경우에 Green의 정리를 확장해보자. 폐곡선 C가 아래 그림과 같다 하자. 이 곡선은 좌표축에 평행인 직선과 두 점 이상에서 만난다. 직선 ST로 영역을 R_1과 R_2로 나눈다. R_1과 R_2는 각각 Green의 정리를 만족하게 구분되었다 하자. 이렇게 분리한 각 영역에 Green의 정리를 적용한다.

(1) $\displaystyle\int_{STUS} Pdx + Qdy = \iint_{R_1} \left(\frac{\partial Q}{\partial x} - \frac{\partial P}{\partial y}\right) dxdy$

(2) $\displaystyle\int_{SVTS} Pdx + Qdy = \iint_{R_2} \left(\frac{\partial Q}{\partial x} - \frac{\partial P}{\partial y}\right) dxdy$

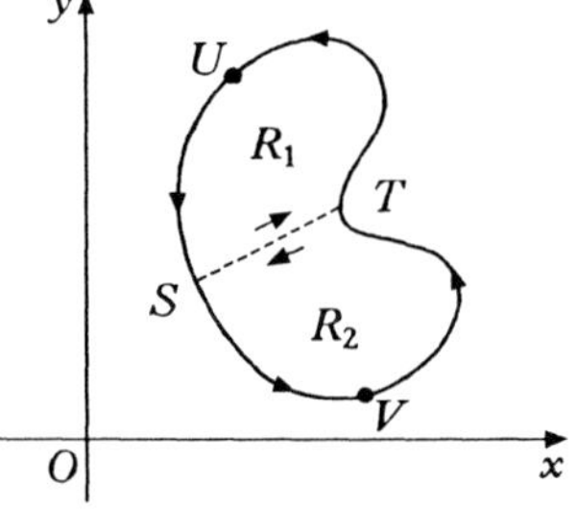

[그림 4.16]

(1), (2)의 좌변을 더하면

$$\begin{aligned}\int_{STUS} + \int_{SVTS} &= \int_{ST} + \int_{TUS} + \int_{SVT} + \int_{TS} \\ &= \int_{TUS} + \int_{SVT} = \int_{TUSVT}\end{aligned}$$

여기서 $\int_{ST} = -\int_{TS}$ 임을 이용하였다. (1), (2)의 우변을 더하면

$$\iint_{R_1} + \iint_{R_2} = \iint_{R}$$

단, R은 영역 R_1과 R_2로 구성된다. 따라서

$$\int_{TUSVT} Pdx + Qdy = \iint_{R} \left(\frac{\partial Q}{\partial x} - \frac{\partial P}{\partial y} \right) dxdy$$

일반적으로 Green의 정리는 영역 R이 유한개의 단순영역의 합의 꼴로 표시되는 모든 폐영역에서 성립한다. Green의 정리는 다중연결 영역에서도 성립한다.

다중연결 영역이 오른쪽 그림으로 주어졌다 하자. 정리가 성립되게 영역 R을 그림과 같이 AD로 자른다.

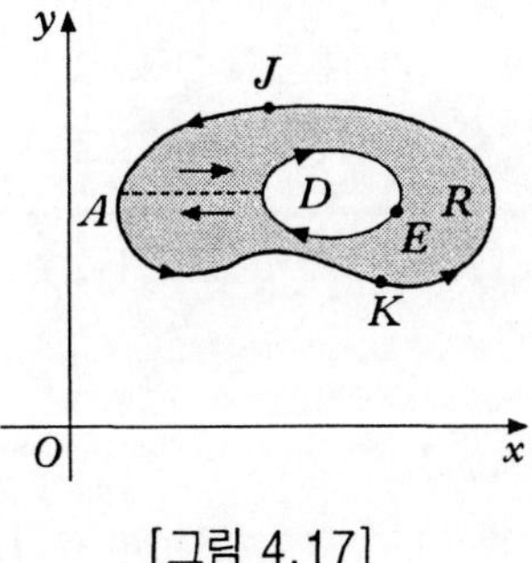

[그림 4.17]

$ADEDAKJA$는 단순연결이므로 Green의 정리가 유효하다. 그러므로

$$\int_{ADEDAKJA} Pdx + Qdy = \iint_{R} \left(\frac{\partial Q}{\partial x} - \frac{\partial P}{\partial y} \right) dxdy$$

좌변의 적분은

$$\int_{AD} + \int_{DED} + \int_{DA} + \int_{AKJA} = \int_{DED} + \int_{AKJA}$$

그런데 $\int_{AD} = -\int_{DA}$ 이고, C_1이 곡선 $AKJA$이고, C_2가 DED이고, C가 C_1과 C_2로 되는 R의 경계이면 $\int_{C_1} + \int_{C_2} = \int_{C}$ 이므로

$$\oint_{C} Pdx + Qdy = \iint_{R} \left(\frac{\partial Q}{\partial x} - \frac{\partial P}{\partial y} \right) dxdy$$

【예제 4.20】 $\oint_C y^2dx+4xydy$를 구하라. 단, C는 오른쪽 그림과 같이 원 $x^2+y^2=1$과 $x^2+y^2=4$로 둘러싸이는 반 평면 상부의 영역 R을 양의 방향으로 일주하는 폐곡선이다.

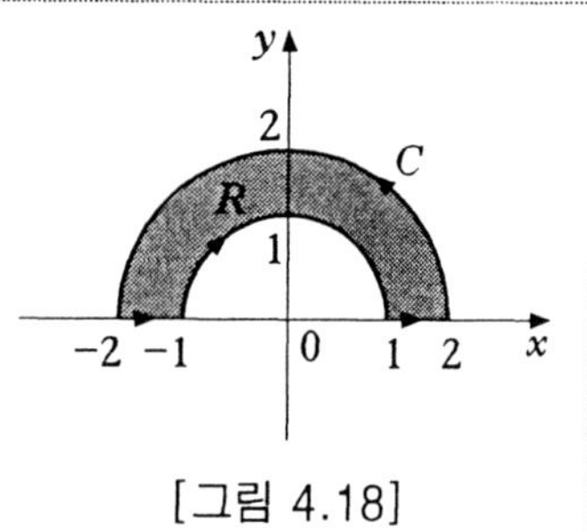

[그림 4.18]

풀이 영역 R은 단순영역이 아니다. x축에 평행인 모든 직선이 곡선 C와 두 점에서만 만나지 않기 때문이다. 그러나 이 영역 R은 y축으로 자르면 2개의 단순영역으로 분리되기 때문에 Green의 정리가 성립한다.
영역을 극형식으로 나타내면

$$D=\{(r,\ \theta)\mid 1\le r\le 2,\ 0\le\theta\le\pi\}$$

Green의 정리에 의하여

$$\begin{aligned}\int_C y^2dx+4xydy &= \iint_D\left[\frac{\partial}{\partial x}(4xy)-\frac{\partial}{\partial y}(y^2)\right]dA\\ &=\iint_D(4y-2y)dA=2\iint_D ydA\\ &=2\int_0^{\pi}\int_1^2(r\sin\theta)rdrd\theta=2\int_0^{\pi}\sin\theta d\theta\int_1^2 r^2dr\\ &=2[-\cos\theta]_0^{\pi}\left[\frac{1}{3}r^3\right]_1^2=-2(-1-1)\frac{1}{3}(8-1)=\frac{28}{3}\end{aligned}$$

■

그림과 같이 영역 R이 2개의 단일 폐곡선 C_1과 C_2로 둘러싸이는 경우에도 Green의 정리가 성립하는지를 앞에서와 다른 방법으로 살펴보자. 한 곡선에 따르는 양의 방향이란 고려하고 있는 영역을 왼쪽으로 보며 진행하는 방향을 의미한다. 오른쪽 그림에서 곡선 C_2의 양의 방향은 곡선을 시계방향으로 돌아야 영역 R을 왼쪽으로 보며 진행하는 양의 방향이 된다. 영역 R을 단순영역이 되게 다음 그림과 같이 절단하여 영역을 R_1과 R_2로 나눈다. 각 영역 R_1과 R_2에 Green의 정리를 적용하면

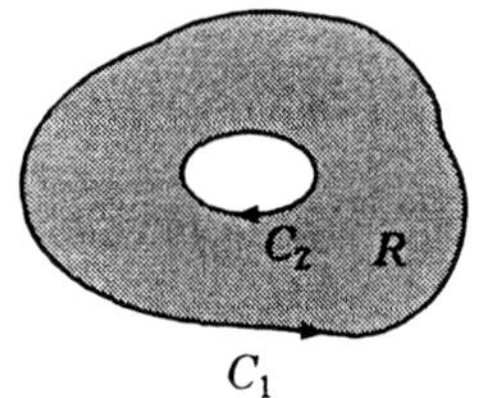

[그림 4.19]

$$\iint_R \left(\frac{\partial Q}{\partial x} - \frac{\partial P}{\partial y}\right) dA$$

$$= \iint_{R_1} \left(\frac{\partial Q}{\partial x} - \frac{\partial P}{\partial y}\right) dA + \iint_{R_2} \left(\frac{\partial Q}{\partial x} - \frac{\partial P}{\partial y}\right) dA$$

$$= \iint_{C_1} Pdx + Qdy + \iint_{C_2} Pdx + Qdy$$

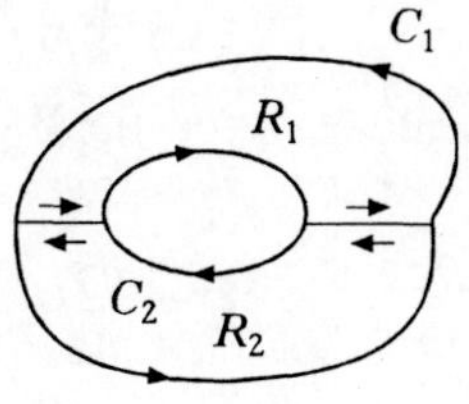

[그림 4.20]

C_1, C_2는 영역 R_1, R_2를 양의 방향으로 일주하는 경로이다.

R_1과 R_2를 연결하는 경계선에 따른 선적분은 서로 반대방향이므로, 그들에 대한 선적분은 상쇄된다. 따라서

$$\iint_R \left(\frac{\partial Q}{\partial x} - \frac{\partial P}{\partial y}\right) dA = \int_{C_1} Pdx + Qdy + \int_{C_2} Pdx + Qdy = \int_C Pdx + Qdy$$

따라서 영역 R에서 Green의 정리가 성립한다.

【예제 4.21】 단순연결 영역을 이루는 폐곡선 C의 모든 점에서 $\frac{\partial P}{\partial y} = \frac{\partial Q}{\partial x}$이면, 모든 폐곡선 C의 둘레에서 $\oint_C Pdx + Qdy = 0$임을 밝혀라.

풀이 R에서 $\frac{\partial P}{\partial y} = \frac{\partial Q}{\partial x}$이면, $\oint_C Pdx + Qdy = \iint_R \left(\frac{\partial P}{\partial y} - \frac{\partial Q}{\partial x}\right) dxdy = 0$. 역으로 모든 곡선 C에서 $\oint_C Pdx + Qdy = 0$이라 하자. 점 P에서 $\frac{\partial P}{\partial x} - \frac{\partial Q}{\partial y} > 0$이면, 도함수의 연속성에서 점 P를 둘러싼 어떤 영역 A에서 $\frac{\partial Q}{\partial x} - \frac{\partial P}{\partial y} > 0$이다. Γ가 A의 경계이면

$$\int_\Gamma Pdx + Qdy = \iint_A \left(\frac{\partial Q}{\partial x} - \frac{\partial P}{\partial y}\right) dxdy > 0$$

이것은 모든 폐곡선 둘레의 적분이 0이라는 가정에 모순된다. 마찬가지로 가정 $\frac{\partial Q}{\partial x} - \frac{\partial P}{\partial y} < 0$에서도 모순된다. 따라서 모든 점에서 $\frac{\partial Q}{\partial x} - \frac{\partial P}{\partial y} = 0$이다. ■

$\mathbf{F}=P\mathbf{i}+Q\mathbf{j}$에서 $\mathbf{F}=\nabla f$ 되는 함수 f가 존재하면, $\mathbf{F}$를 보존적인 벡터장(conservative vector field)이라 한다. 이 경우

$$\mathbf{F}=\frac{\partial f}{\partial x}\mathbf{i}+\frac{\partial f}{\partial y}\mathbf{j}=P\mathbf{i}+Q\mathbf{j}$$

이고, $P=\dfrac{\partial f}{\partial x}$, $Q=\dfrac{\partial f}{\partial y}$ 이므로

$$\frac{\partial P}{\partial y}=\frac{\partial^2 f}{\partial x\partial y}=\frac{\partial^2 f}{\partial y\partial x}=\frac{\partial Q}{\partial x}$$

따라서 $\mathbf{F}$가 보존적 벡터장이면, 폐경로 C : $\mathbf{r}=\mathbf{r}(t)$가 어떤 폐곡선이든

$$\begin{aligned}\int_C \mathbf{F}\cdot d\mathbf{r}&=\int_C (P\mathbf{i}+Q\mathbf{j})(dx\mathbf{i}+dy\mathbf{j})=\int_C Pdx+Qdy\\&=\iint_R\left(\frac{\partial Q}{\partial x}-\frac{\partial P}{\partial y}\right)dxdy=\iint_R\left(\frac{\partial^2 f}{\partial y\partial x}-\frac{\partial^2 f}{\partial x\partial y}\right)=0\end{aligned}$$

이 된다. 단, 영역 R은 폐곡선 C로 둘러싸이는 영역이다.

연습문제(4.3)

1. 단순 폐곡선 C로 경계되는 영역의 넓이는 $\frac{1}{2}\oint_C xdy - ydx$로 주어짐을 이용하여 단위원의 넓이를 구하라.

2. 타원 $x = a\cos\theta,\ y = b\sin\theta$의 넓이를 구하라.

3. 단일 폐곡선 $C_1(ABDEFGA)$, $C_2(HKLPH)$, $C_3(QSTUQ)$, $C_4(VWXYV)$에 의하여 경계된 다음 그림의 영역 R에서 Green의 정리가 성립됨을 밝혀라.

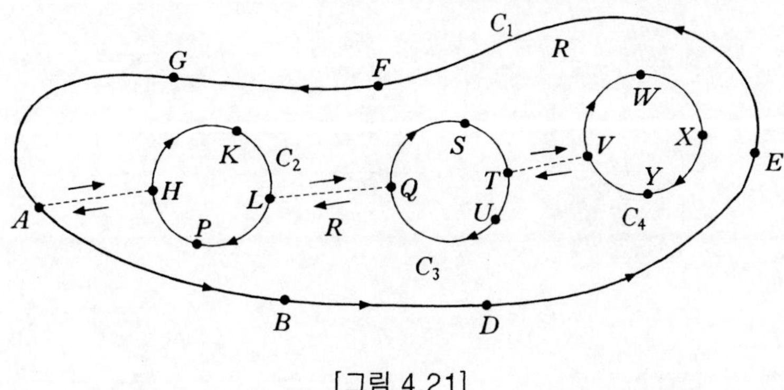

[그림 4.21]

4. $\oint_C (3y-x)dx + (7x+y)dy$를 구하라. 단, 적분로 C는 원 $x^2+y^2=9$를 양의 방향으로 일주하는 경로이다.

적분은 우선 Green의 정리를 적용한 다음에 극형식으로 변수를 변환하여 적분 계산을 한다.

면적분과 체적분

5.1 면적분과 체적분

1 곡면의 접평면과 법선

[1] 곡면

점 P의 위치 벡터가 2변수 u, v의 함수 $\mathbf{r}(u,\ v)$이면, u와 v의 변화에 따라 P는 일반적으로 하나의 곡면 S를 그린다. 곡면 S의 방정식을

$$\mathbf{r}(u,\ v)=x(u,\ v)\mathbf{i}+y(u,\ v)\mathbf{j}+z(u,\ v)\mathbf{k}$$

의 꼴로 나타내진다. $(u,\ v)$는 곡면상의 점의 좌표이다. 이 곡면의 방정식에서 $v=v_0=$ 일정하다 하고, u만을 변화시키면,

$$x=x(u,\ v_0),\ y=y(u,\ v_0),\ z=z(u,\ v_0)$$

는 이 곡면상의 한 곡선을 그린다. 이 곡선을 $\boldsymbol{u}$곡선이라 한다. 마찬가지로 $u=u_0=$

일정하다 하고, v만을 변화시키면,

$$x=x(u_0,\ v),\ y=y(u_0,\ v),\ z=z(u_0,\ v)$$

는 이 곡면상의 하나의 곡선을 그린다. 이 곡선을 **v곡선**이라 한다. 각 곡면은 u곡선과 v곡선의 망으로 덮여 있다. u곡선, v곡선의 접선은 곡면의 접선이 된다. 곡면상의 한 점에서 임의의 두 접선은 한 평면을 이룬다. 이 평면을 곡면상의 점 $(u,\ v)$
에서의 **접평면**이라 한다.

곡면상의 점 $P_0(x_0,\ y_0,\ z_0)$에서 $\dfrac{\partial \mathbf{r}}{\partial v}$는 v곡선의 접선벡터이고, $\dfrac{\partial \mathbf{r}}{\partial u}$는 u곡선의 접선벡터이다.

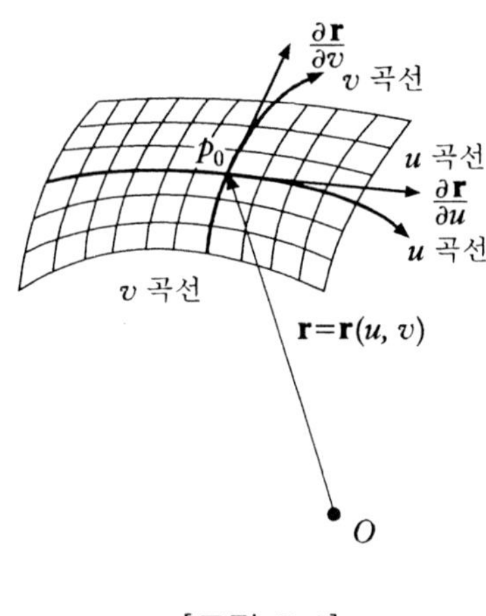

[그림 5.1]

[2] 접평면과 법선

(ⅰ) 우선 미분계수를 이용한 곡면의 접평면과 법선의 방정식을 구해보자.

점 $P(x_0,\ y_0,\ z_0)$를 지나서 y축에 수직인 평면과 곡면과의 교선을 C라면, 점 P에서 곡선의 방향계수는 $\dfrac{\partial f}{\partial x}$이므로, 점 P에서 곡선 C의 접선 PT의 방정식은

$$y=y_0,\ z-z_0=f_x(x_0,\ y_0)(x-x_0) \tag{1}$$

마찬가지로, 점 P를 지나서 x축에 수직인 평면과 곡면과의 교선을 C'이라 하고, C'의 이 평면 내의 $P(x_0,\ y_0,\ z_0)$에서의 접선 PT'의 방정식은

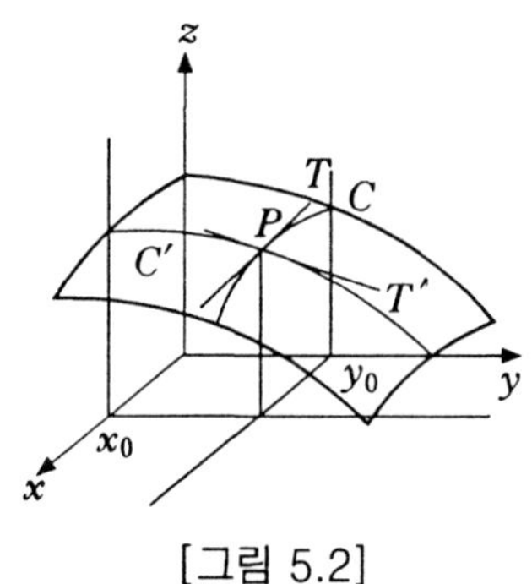

[그림 5.2]

$$x=x_0,\ z-z_0=f_y(x_0,\ y_0)(y-y_0) \tag{2}$$

접선 PT, PT'을 포함하는 평면은 점 $P(x_0,\ y_0,\ z_0)$에서의 접평면이고, 그 방정식을

$$z-z_0=A(x-x_0)+B(y-y_0) \tag{3}$$

이라면, $y=y_0$라 할 때는 이 식과 (1)이 일치되고, $x=x_0$이라 할 때는 이 식과 (2)식이 일치해야 하므로

$$A=f_x(x_0,\ y_0),\ B=f_y(x_0,\ y_0)$$

이다. 따라서 (3) 식은 다음과 같다.

$$\boxed{z-z_0=f_x(x_0,\ y_0)(x-x_0)+f_y(x_0,\ y_0)(y-y_0)} \tag{4}$$

이것이 구하는 점 P에서 접평면의 방정식이다.

곡면의 방정식이 $F(x,\ y,\ z)=0$으로 주어지는 경우

$$\frac{\partial F}{\partial x}+\frac{\partial F}{\partial z}\frac{\partial z}{\partial x}=0\text{에서 }\ \frac{\partial z}{\partial x}=-\frac{\dfrac{\partial F}{\partial x}}{\dfrac{\partial F}{\partial z}}=\frac{\partial f}{\partial x}$$

$$\frac{\partial F}{\partial y}+\frac{\partial F}{\partial z}\frac{\partial z}{\partial y}=0\text{에서 }\ \frac{\partial z}{\partial y}=-\frac{\dfrac{\partial F}{\partial y}}{\dfrac{\partial F}{\partial z}}=\frac{\partial f}{\partial y}$$

이들을 (4) 식에 대입하여 구하는 접평면의 방정식은

$$z-z_0=-\frac{\dfrac{\partial F}{\partial x}}{\dfrac{\partial F}{\partial z}}(x-x_0)-\frac{\dfrac{\partial F}{\partial y}}{\dfrac{\partial F}{\partial z}}(y-y_0)$$

간단히 나타내면 다음과 같다.

$$\frac{\partial F}{\partial x}(x-x_0)+\frac{\partial F}{\partial y}(y-y_0)+\frac{\partial F}{\partial z}(z-z_0)=0 \qquad (5)$$

점 $P(x_0, y_0, z_0)$에서의 법선의 방정식은

$$\frac{x-x_0}{-\frac{\partial F}{\partial x}\Big/\frac{\partial F}{\partial z}}=\frac{y-y_0}{-\frac{\partial F}{\partial y}\Big/\frac{\partial F}{\partial z}}=\frac{z-z_0}{-1} \text{ 또는 } \frac{x-x_0}{\frac{\partial F}{\partial x}}=\frac{y-y_0}{\frac{\partial F}{\partial y}}=\frac{z-z_0}{\frac{\partial F}{\partial z}} \qquad (6)$$

이다. 단, F의 편도함수들은 점 $P(x_0, y_0, z_0)$에서 편도함수이다.

【예제 5.1】 타원면 $\frac{x^2}{a^2}+\frac{y^2}{b^2}+\frac{z^2}{c^2}=1$ 위의 점 $P(x_0, y_0, z_0)$에서의 접평면과 법선의 방정식을 구하라.

풀이 점 (x_0, y_0, z_0)에서의 $\frac{\partial F}{\partial x}$, $\frac{\partial F}{\partial y}$, $\frac{\partial F}{\partial z}$을 구한다.

$F(x, y, z)=\frac{x^2}{a^2}+\frac{y^2}{b^2}+\frac{z^2}{c^2}-1=0$이므로

$$\frac{\partial F}{\partial x}=\frac{2x}{a^2},\ \frac{\partial F}{\partial y}=\frac{2y}{b^2},\ \frac{\partial F}{\partial z}=\frac{2z}{c^2}$$

이들 값을 (5) 식에 대입하면 구하는 접평면의 방정식은

$$\frac{2x_0}{a^2}(x-x_0)+\frac{2y_0}{b^2}(y-y_0)+\frac{2z_0}{c^2}(z-z_0)=0 \qquad \cdots\cdots ①$$

■

곡면 $F(x, y, z)=0$ 위의 점 $P(x_0, y_0, z_0)$에서의 접평면의 방정식의 벡터 형식은

$$(\mathbf{r}-\mathbf{r}_0)\cdot\nabla F=0 \qquad \cdots\cdots ②$$

이 접평면의 방정식은 (5)를 벡터방정식으로 나타낸 것이다.

②식에서 $\mathbf{r}$은 접평면상의 임의점의 위치벡터이고, $\mathbf{r}_0$는 점 $P(x_0,\ y_0,\ z_0)$의 위치벡터이며, $\nabla F=\dfrac{\partial F}{\partial x}\mathbf{i}+\dfrac{\partial F}{\partial y}\mathbf{j}+\dfrac{\partial F}{\partial z}\mathbf{k}$이고, $\mathbf{r}_0=\overrightarrow{OP}$, $\mathbf{r}=x\mathbf{i}+y\mathbf{j}+z\mathbf{k}$이다.

①에서 $\dfrac{2x_0x}{a^2}+\dfrac{2y_0y}{b^2}+\dfrac{2z_0z}{c^2}=2\left(\dfrac{x_0^2}{a^2}+\dfrac{y_0^2}{b^2}+\dfrac{z_0^2}{c^2}\right)=2(1)=2$이므로, 구하는 접평면의 방정식은

$$\frac{x_0x}{a^2}+\frac{y_0y}{b^2}+\frac{z_0z}{c^2}=1$$

구하는 법선의 방정식은 (6) 식에 의하여

$$\frac{x-x_0}{\dfrac{2x_0}{a^2}}=\frac{y-y_0}{\dfrac{2y_0}{b^2}}=\frac{z-z_0}{\dfrac{2z_0}{c^2}}$$

또는

$$\frac{a^2(x-x_0)}{x_0}=\frac{b^2(y-y_0)}{y_0}=\frac{c^2(z-z_0)}{z_0}$$

(ii) 다음은 곡면 위의 점 P에서의 법선벡터를 구해보자.

곡면 위의 점 $P(u,\ v)$에서 다음 조건을 가정한다.

$$\frac{\partial\mathbf{r}}{\partial u}\times\frac{\partial\mathbf{r}}{\partial v}\neq 0$$

$\dfrac{\partial\mathbf{r}}{\partial u}\times\dfrac{\partial\mathbf{r}}{\partial v}$는 외적의 정의에서 크기는 $\dfrac{\partial\mathbf{r}}{\partial u}$와 $\dfrac{\partial\mathbf{r}}{\partial v}$을 이웃한 두 변으로 하는 직4각형의 넓이이다. 변수 v를 어떤 값에 고정하고, u만을 변화시킬 때, 점 P는 곡면 S 위에 한 곡선을 그린다. 이 곡선이 u곡선이고, 마찬가지로 v곡선을 정의하면, 곡면상에는 u곡선과 v곡선이 만드는 망이 생긴다.

$\dfrac{\partial\mathbf{r}}{\partial u}$와 $\dfrac{\partial\mathbf{r}}{\partial v}$는 각각 u곡선과 v곡선의 접선벡터이고, 이들은 1차 독립이다.

곡선 상의 각 점을 지나 $\dfrac{\partial\mathbf{r}}{\partial u}$와 $\dfrac{\partial\mathbf{r}}{\partial v}$로 결정되는 평면이 곡면의 접평면이다.

곡면 $F(x, y, z)=0$ 위의 단위법선벡터는

$$\mathbf{N}=\frac{1}{\sqrt{F_x^2+F_y^2+F_z^2}}(F_x\mathbf{i}+F_y\mathbf{j}+F_z\mathbf{k})=\frac{\nabla F}{|\nabla F|}$$

로 나타내지는 것을 밝혀보자.

곡면 $F(x, y, z)=0$에서 $x=x(u, v)$, $y=y(u, v)$, $z=z(u, v)$이라면, 항등식

$$F(x(u, v), y(u, v), z(u, v))=0$$

이 성립한다. 양변을 u, v에 관하여 편미분하면

$$F_x\frac{\partial x}{\partial u}+F_y\frac{\partial y}{\partial u}+F_z\frac{\partial z}{\partial u}=0, \quad F_x\frac{\partial x}{\partial v}+F_y\frac{\partial y}{\partial v}+F_z\frac{\partial z}{\partial v}=0$$

$$\therefore\ F_x : F_y : F_z=\begin{vmatrix}\frac{\partial y}{\partial u} & \frac{\partial z}{\partial u}\\ \frac{\partial y}{\partial v} & \frac{\partial z}{\partial v}\end{vmatrix} : \begin{vmatrix}\frac{\partial z}{\partial u} & \frac{\partial x}{\partial u}\\ \frac{\partial z}{\partial v} & \frac{\partial x}{\partial v}\end{vmatrix} : \begin{vmatrix}\frac{\partial x}{\partial u} & \frac{\partial y}{\partial u}\\ \frac{\partial x}{\partial v} & \frac{\partial y}{\partial v}\end{vmatrix}$$

따라서 $\mathbf{r}=x(u, v)\mathbf{i}+y(u, v)\mathbf{j}+z(u, v)\mathbf{k}$이라면, 위 식에서

$$\frac{\partial \mathbf{r}}{\partial u}\times\frac{\partial \mathbf{r}}{\partial v}=\alpha\ (F_x\mathbf{i}+F_y\mathbf{j}+F_z\mathbf{k}) \quad (\alpha\text{는 상수})$$

이므로 단위법선벡터 $\mathbf{N}$은

$$\mathbf{N}=\frac{\partial \mathbf{r}}{\partial u}\times\frac{\partial \mathbf{r}}{\partial v}\Big/\left|\frac{\partial \mathbf{r}}{\partial u}\times\frac{\partial \mathbf{r}}{\partial v}\right|=\pm(F_x\mathbf{i}+F_y\mathbf{j}+F_z\mathbf{k})/\sqrt{F_x^2+F_y^2+F_z^2}$$

여기서 $\mathbf{N}$의 방향은 $F(x, y, z)$이 증가하는 방향으로 하면, 복부호는 제거된다.

【예제 5.2】 곡면 $(x-1)^2+y^2+(z+1)^2=1$상의 점 $P_0(2, 1, -2)$에서 단위법선벡터와 접평면의 방정식을 구하라.

풀이 $F(x, y, z)=(x-1)^2+y^2+(z+1)^2-1=0$의 구배 $\text{grad}\,F$는 곡면에 수직이다.

$$\nabla F=2(x-1)\mathbf{i}+2y\mathbf{j}+2(z+1)\mathbf{k}=2\mathbf{i}+2\mathbf{j}-2\mathbf{k}$$
$$|\nabla F|=|2(x-1)\mathbf{i}+2y\mathbf{j}+2(z+1)\mathbf{k}|=|2\mathbf{i}+2\mathbf{j}-2\mathbf{k}|=2\sqrt{3}$$

이므로, 곡면상의 점 $P_0(2,\ 1,\ -2)$에서의 단위법선벡터 $\mathbf{N}$은

$$\mathbf{N}=\frac{\nabla F}{|\nabla F|}=\frac{2(x-1)\mathbf{i}+2y\mathbf{j}+2(z+1)\mathbf{k}}{|2(x-1)\mathbf{i}+2y\mathbf{j}+2(z+1)\mathbf{k}|}=\frac{1}{\sqrt{3}}(\mathbf{i}+\mathbf{j}-\mathbf{k})$$

점 P에서의 접평면의 방정식은

$$(\mathbf{r}-\mathbf{r}_0)\times\mathbf{N}=[(x-2)\mathbf{i}+(y-1)\mathbf{j}+(z+2)\mathbf{k}]\cdot\frac{1}{\sqrt{3}}(\mathbf{i}+\mathbf{j}-\mathbf{k})$$
$$=(x-2)+(y-1)-(z+2)=0$$

또는 $x+y-z=5$ ■

【예제 5.3】 곡면 $z=x^2+y^2$ 위의 점 $P(1,\ 2,\ 5)$에서의 접평면의 방정식을 구하라.

풀이 $x=u,\ y=v,\ z=u^2+v^2$을 곡면의 매개방정식으로 보자.

주어진 곡면은 $\mathbf{r}=u\mathbf{i}+v\mathbf{j}+(u^2+v^2)\mathbf{k}$이고, 점 $P(1,\ 2,\ 5)$에서

$$\frac{\partial\mathbf{r}}{\partial u}=\mathbf{i}+2u\mathbf{k}=\mathbf{i}+2\mathbf{k},\quad \frac{\partial\mathbf{r}}{\partial v}=\mathbf{j}+2v\mathbf{k}=\mathbf{j}+4\mathbf{k}$$

곡면 위의 점 $P(1,\ 2,\ 5)$에서의 법선벡터는

$$\mathbf{n}=\frac{\partial\mathbf{r}}{\partial u}\times\frac{\partial\mathbf{r}}{\partial v}=(\mathbf{i}+2\mathbf{k})\times(\mathbf{j}+4\mathbf{k})=\begin{bmatrix}\mathbf{i}&\mathbf{j}&\mathbf{k}\\1&0&2\\0&1&4\end{bmatrix}=-2\mathbf{i}-4\mathbf{j}+\mathbf{k}$$

구하는 접평면의 방정식은 $(\mathbf{r}-\mathbf{r}_0)\cdot\mathbf{n}=0$이므로

$$[(x\mathbf{i}+y\mathbf{j}+z\mathbf{k})-(\mathbf{i}+2\mathbf{j}+5\mathbf{k})]\cdot(-2\mathbf{i}-4\mathbf{j}+\mathbf{k})=0$$

따라서 $-2(x-1)-4(y-2)+(z-5)=0$ 또는 $-2x-4y+z=-5$. ■

2 면적분

[1] 면적분(곡면의 넓이)

곡면의 방정식이 $\mathbf{r}(u,\ v)$로 주어지는 경우의 곡면적을 구해본다.

그림과 같은 곡면 S 위에 이웃한 u곡선과 v곡선상의 4점 $P(u,\ v)$, $P_1(u+du,\ v)$, $P_2(u,\ v+dv)$, $P_3(u+du,\ v+dv)$를 꼭지점으로 하고, 서로 가까운 두 곡선 $v=$일

정과 서로 가까운 두 곡선 u=일정으로 둘러싸이는 미소면분의 넓이를 dS라 하자. 그림에서 다음을 알 수 있다.

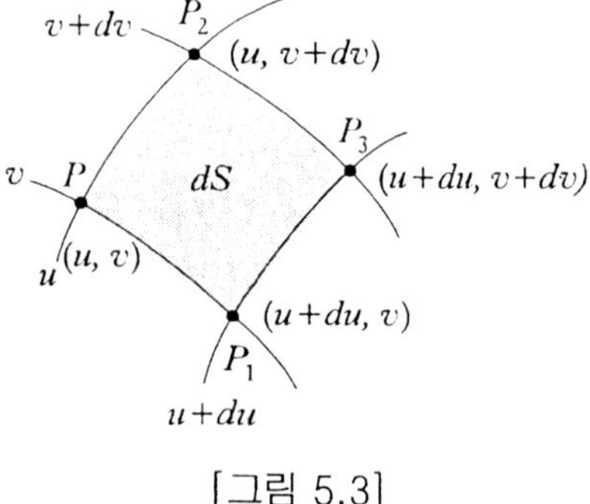

[그림 5.3]

$$\mathbf{r}(u+du,\ v)-\mathbf{r}(u,\ v)=\overrightarrow{PP_1}\fallingdotseq\frac{\partial\mathbf{r}}{\partial u}du,$$

$$\mathbf{r}(u,\ v+dv)-\mathbf{r}(u,\ v)=\overrightarrow{PP_2}\fallingdotseq\frac{\partial\mathbf{r}}{\partial v}dv$$

이므로, 곡면상의 미소면분의 넓이 dS는

$$dS\fallingdotseq\left|\overrightarrow{PP_1}\times\overrightarrow{PP_2}\right|\fallingdotseq\left|\frac{\partial\mathbf{r}}{\partial u}\times\frac{\partial\mathbf{r}}{\partial v}\right|dudv \tag{7}$$

로 근사된다. 이것을 곡면 S의 면적소라 한다. 따라서 곡면상의 면분 S의 넓이는

$$S=\iint_D\left|\frac{\partial\mathbf{r}}{\partial u}\times\frac{\partial\mathbf{r}}{\partial v}\right|dudv \tag{8}$$

미소면분 $PP_1P_3P_2$를 근사적으로 점 P에서의 접평면상의 도형이라면, 그 면적벡터는(D는 곡면 S에 대한 u, v 평면의 정의역이다.)

$$d\mathbf{S}=\frac{\partial\mathbf{r}}{\partial u}\times\frac{\partial\mathbf{r}}{\partial v}dudv \tag{9}$$

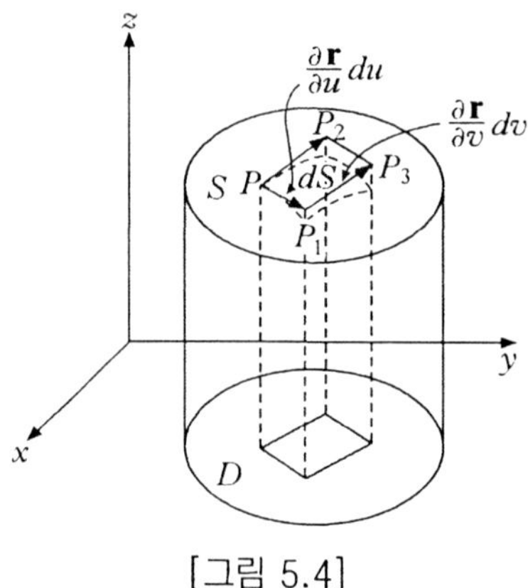

[그림 5.4]

이고, $d\mathbf{S}$를 곡면 S의 벡터면적소라 한다. 이 면적소를 적분하여 곡면 S의 넓이 공식 (8) 식을 얻는다.

【예제 5.4】 곡면 $\mathbf{r}=u\cos v\mathbf{i}+u\sin v\mathbf{j}+\frac{1}{2}v^2\mathbf{k}$의 면적소 dS를 구하라.

풀이 $\frac{\partial \mathbf{r}}{\partial u}=\cos v\mathbf{i}+\sin v\mathbf{j},\ \frac{\partial \mathbf{r}}{\partial v}=-u\sin v\mathbf{i}+u\cos v\mathbf{j}+v\mathbf{k}$

$$\therefore \frac{\partial \mathbf{r}}{\partial u}\times\frac{\partial \mathbf{r}}{\partial v}=(\cos v\mathbf{i}+\sin v\mathbf{j})\times(-u\sin v\mathbf{i}+u\cos v\mathbf{j}+v\mathbf{k})$$

$$=v\sin v\mathbf{i}-v\cos v\mathbf{j}+u\mathbf{k}$$

$$\therefore\ dS=\left|\frac{\partial \mathbf{r}}{\partial u}\times\frac{\partial \mathbf{r}}{\partial v}\right|dudv=\sqrt{v^2+u^2}\,dudv$$ ■

【예제 5.5】 곡면 $z=f(x,\ y)$에서 영역 D에 대한 곡면 S의 넓이를 구하는 공식을 구하라.

풀이 곡면 상의 임의 점을 $P(x,\ y,\ z)$라면 $\overrightarrow{OP}=\mathbf{r}$에서 곡면의 벡터방정식은 $\mathbf{r}=x\mathbf{i}+y\mathbf{j}+f(x,\ y)\mathbf{k}$이고, $\frac{\partial \mathbf{r}}{\partial x}=\mathbf{i}+f_x\mathbf{k},\ \frac{\partial \mathbf{r}}{\partial y}=\mathbf{j}+f_y\mathbf{k}$이므로

$$\left|\frac{\partial \mathbf{r}}{\partial x}\times\frac{\partial \mathbf{r}}{\partial y}\right|=\begin{vmatrix}\mathbf{i} & \mathbf{j} & \mathbf{k}\\ 1 & 0 & f_x\\ 0 & 1 & f_y\end{vmatrix}=-f_x\mathbf{i}-f_y\mathbf{j}+\mathbf{k}$$

$$\left|\frac{\partial \mathbf{r}}{\partial x}\times\frac{\partial \mathbf{r}}{\partial y}\right|=\sqrt{1+f_x^2+f_y^2}\text{ 이므로 } dS=\sqrt{1+f_x^2+f_y^2}\,dxdy \tag{10}$$

따라서 곡면 S의 넓이는

$$S=\iint_D\sqrt{1+f_x^2+f_y^2}\,dxdy \tag{11}$$

■

【예제 5.6】 제1공간에서 두 평면 $z=0,\ z=mx$ 사이에 있는 원기둥 $x^2+y^2=a^2$의 검은 부분의 넓이를 구하라.

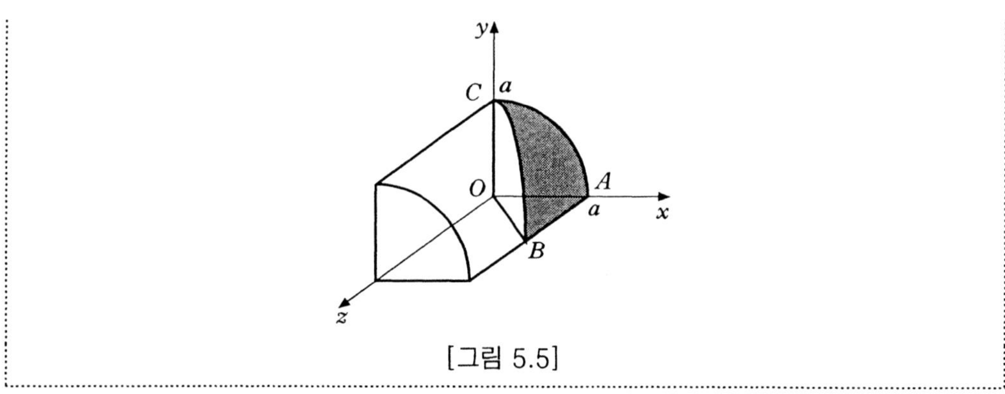

[그림 5.5]

풀이 이 곡면은 xz-평면과 yz-평면에는 투영될 수 있지만, xy-평면에는 곡선 AC로 밖에 투영되지 않는다. xz-평면에 던지는 정사영은 삼각형 OAB이므로,

$$dS=\sqrt{1+\left(\frac{\partial y}{\partial x}\right)^2+\left(\frac{\partial y}{\partial z}\right)^2}\,dzdx=\sqrt{1+\left(-\frac{x}{\sqrt{a^2-x^2}}\right)^2+0}\,dzdx$$

$$=a(a^2-x^2)^{-\frac{1}{2}}dzdx \quad \left(y=\sqrt{a^2-x^2},\ \frac{\partial y}{\partial x}=\frac{-x}{\sqrt{a^2-x^2}}\right)$$

따라서 구하는 넓이 S는

$$S=\int_0^a\int_0^{mx}a(a^2-x^2)^{-\frac{1}{2}}dzdx=\int_0^a\left[az(a^2-x^2)^{-\frac{1}{2}}\right]_{z=0}^{mx}dx$$

$$=\int_0^a amx(a^2-x^2)^{-\frac{1}{2}}dx=\frac{am}{-2}\left[2\sqrt{a^2-x^2}\,\right]_0^a=a^2m$$ ■

【예제 5.7】 구면 $x^2+y^2+z^2=a^2$의 xy평면 상부를 원기둥 $x^2+y^2-ax=0$으로 자른 단면의 상부의 곡면적을 구하라.

풀이 $z=\sqrt{a^2-x^2-y^2}$이고,

$$\frac{\partial z}{\partial x}=\frac{-x}{\sqrt{a^2-x^2-y^2}},\quad \frac{\partial z}{\partial y}=\frac{-y}{\sqrt{a^2-x^2-y^2}}$$

이므로

$$1+\left(\frac{\partial z}{\partial x}\right)^2+\left(\frac{\partial z}{\partial y}\right)^2=1+\frac{x^2}{a^2-x^2-y^2}+\frac{y^2}{a^2-x^2-y^2}=\frac{a^2}{a^2-x^2-y^2}$$

구하는 곡면적 S를 극좌표변환을 써서 구한다.

극좌표 $(r,\ \theta)$를 써서 $x=r\cos\theta,\ y=r\sin\theta$이므로, xy평면상의 영역 D는

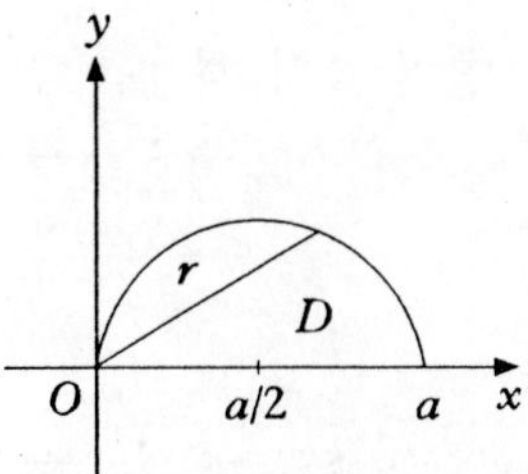

[그림 5.6]

$$0\le r\le a\cos\theta,\quad 0\le\theta\le\frac{\pi}{2}$$

로 나타내지고, $x^2+y^2=r^2$이므로, 구하는 곡면적 S는

$$S=\int_0^a\int_{-\sqrt{ax-x^2}}^{\sqrt{ax-x^2}}\frac{a}{\sqrt{a^2-x^2-y^2}}dydx$$

$$=2\int_0^{\frac{\pi}{2}}\int_0^{a\cos\theta}\frac{ardrd\theta}{\sqrt{a^2-r^2}}=a^2(\pi-2)$$ ■

곡면적을 극좌표를 써서 구하는 공식을 구해보자.

$x=r\cos\theta,\ y=r\sin\theta$이고, 곡면은 $z=f(x,\ y)$이라 하자.

$$\frac{\partial z}{\partial r}=\frac{\partial z}{\partial x}\frac{\partial x}{\partial r}+\frac{\partial z}{\partial y}\frac{\partial y}{\partial r}=\frac{\partial z}{\partial x}\cos\theta+\frac{\partial z}{\partial y}\sin\theta \qquad \cdots\cdots ①$$

$$\frac{\partial z}{\partial\theta}=\frac{\partial z}{\partial x}\frac{\partial x}{\partial\theta}+\frac{\partial z}{\partial y}\frac{\partial y}{\partial\theta}=\frac{\partial z}{\partial x}(-r\sin\theta)+\frac{\partial z}{\partial y}(r\cos\theta)$$

$$\therefore\ \frac{1}{r}\frac{\partial z}{\partial\theta}=-\frac{\partial z}{\partial x}\sin\theta+\frac{\partial z}{\partial y}\cos\theta \qquad \cdots\cdots ②$$

①, ② 식에서

$$\left(\frac{\partial z}{\partial r}\right)^2+\frac{1}{r^2}\left(\frac{\partial z}{\partial\theta}\right)^2=\left(\frac{\partial z}{\partial x}\right)^2+\left(\frac{\partial z}{\partial y}\right)^2$$

(11)에 이들 식을 대입하고, 면적소 $dxdy$를 $rdrd\theta$로 바꾸면, 다음 공식을 얻는다.

$$S=\iint_D\sqrt{1+\left(\frac{\partial z}{\partial r}\right)^2+\frac{1}{r^2}\left(\frac{\partial z}{\partial\theta}\right)^2}\,rdrd\theta \qquad (12)$$

【예제 5.8】 xy평면상의 두 원 $x^2+y^2=a^2$과 $x^2+y^2=ax\ (a>0)$ 및 y축으로 둘러싸인 제1사분면 내의 영역을 D라 할 때, 구면 $x^2+y^2+z^2=a^2$의 xy평면의 영역 D의 경계를 밑면으로 하고 z축에 평행인 모선을 갖는 주면으로 잘리는 부분의 곡면적을 구하라.

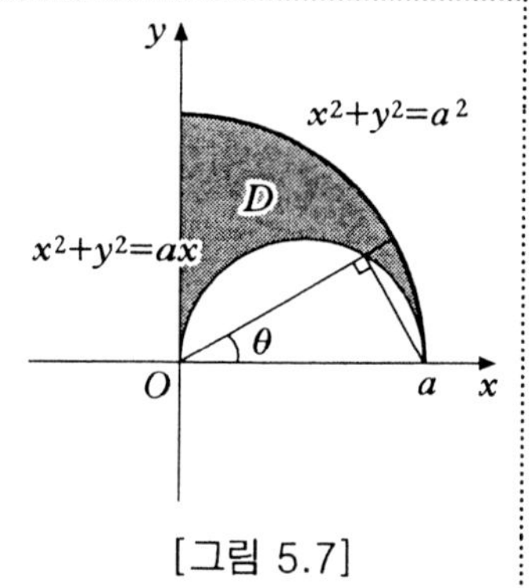

[그림 5.7]

풀이 극좌표 $x=r\cos\theta$, $y=r\sin\theta$를 써서 적분영역 D는

$$a\cos\theta \le r \le a,\ 0 \le \theta \le \frac{\pi}{2}$$

이고, 구면의 방정식은

$$z=\sqrt{a^2-x^2-y^2}=\sqrt{a^2-r^2}$$

$\dfrac{\partial z}{\partial r}=\dfrac{-r}{\sqrt{a^2-r^2}}$, $\dfrac{\partial z}{\partial \theta}=0$에서

$$1+\left(\frac{\partial z}{\partial r}\right)^2+\frac{1}{r^2}\left(\frac{\partial z}{\partial \theta}\right)^2=1+\frac{r^2}{a^2-r^2}=\frac{a^2}{a^2-r^2}$$

이므로, 구하는 곡면적 S는

$$\begin{aligned} S&=\int_0^{\frac{\pi}{2}}\int_{a\cos\theta}^{a}\sqrt{\frac{a^2}{a^2-r^2}}\,rdrd\theta \\ &=\int_0^{\frac{\pi}{2}}\int_{a\cos\theta}^{a}\sqrt{\frac{a^2r^2}{a^2-r^2}}\,drd\theta \\ &=\int_0^{\frac{\pi}{2}}d\theta\int_{a\cos\theta}^{a}\frac{ar}{\sqrt{a^2-r^2}}dr=\int_0^{\frac{\pi}{2}}[-a\sqrt{a^2-r^2}]_{a\cos\theta}^{a}d\theta \\ &=\int_0^{\pi/2}a^2\sin\theta d\theta=[-a^2\cos\theta]_0^{\pi/2}=a^2 \end{aligned}$$

■

[2] 면적분(스칼라함수의 면적분)

면적분은 선적분과 닮고, 곡면적은 호의 길이와 닮아 있다. f가 3변수의 함수이고, 정의역이 곡면 S일 때, $\iint_S f(x, y, z)dS$를 정의한다.

S를 넓이가 ΔS_{ij}인 여러 조각으로 구분하고, 각 조각의 점 P_{ij}^*에서 f를 계산하고, 넓이 ΔS_{ij}를 곱하여 합

$$\sum_{i=1}^{m}\sum_{j=1}^{n} f(P_{ij}^*)\Delta S_{ij}$$

을 만들고, 조각 ΔS_{ij}의 크기가 0이 되게 극한을 취하여 곡면 S 위의 f의 면적분(surface integral of f over the surface S)을 다음과 같이 정의한다.

$$\iint_S f(x, y, z)dS = \lim_{\| P \| \to 0} \sum_{i=1}^{m}\sum_{j=1}^{n} f(P_{ij}^*)\Delta S_{ij} \tag{13}$$

여기서 $\| P \| \to 0$은 조각의 크기의 극한이 0이라는 뜻이다.

곡면이 두 변수의 함수 $z=g(x, y)$, $(x, y)\in D$로 주어지면, 조각 S_{ij}는 xy평면상의 정의역 D를 분할한 직4각형 R_{ij} 바로 위에 놓인다. ΔS_{ij} 내의 점 P_{ij}^*는 $(x_i^*, y_j^*, g(x_i^*, y_j^*))$로 표시된다. 점 P_{ij}^*에서의 접평면에의 ΔS_{ij} 위에 놓이는 4각형의 넓이를 ΔT_{ij}이라 하고, 이 접평면과 xy평면이 이루는 각을 γ이라면

$$\cos\gamma = 1 \Bigg/ \sqrt{1+\left(\frac{dg}{dx}\right)^2+\left(\frac{dg}{dy}\right)^2}$$

이고, $\Delta T_{ij} \cdot \cos\gamma = \Delta A_{ij}$이므로,

$$\Delta T_{ij} = \frac{\Delta A_{ij}}{\cos\gamma}$$

$$\Delta S_{ij} \simeq \Delta T_{ij} = \sqrt{1+[g_x(x_i, y_i)]^2+[g_y(x_i, y_j)]^2}\,\Delta A_{ij}$$

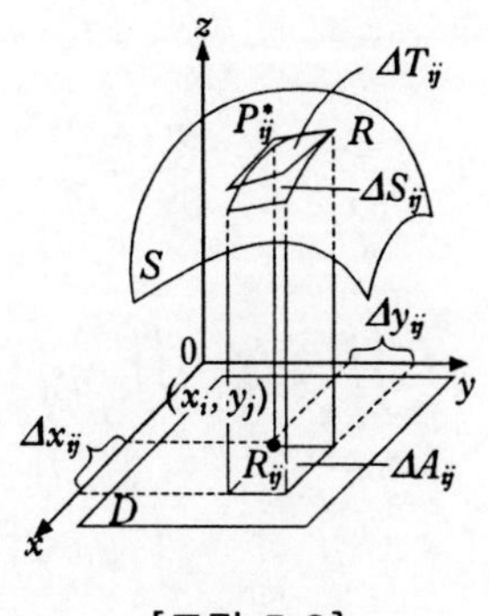

[그림 5.8]

f가 S 위에서 연속이고, g가 연속인 도함수를 가지면 (13) 식은

$$\iint_S f(x,\ y,\ z)dS$$

$$= \lim_{\|P\to 0\|}\sum_{i=1}^{m}\sum_{j=1}^{n} f(x_i^*,\ g_j^*,\ g(x_i^*,\ y_j^*))$$

$$\times \sqrt{1+[g_x(x_i,\ y_j)]^2+[g_y(x_i,\ y_j)]^2}\,\Delta A_{ij}$$

$$= \iint_D f(x,\ y,\ g(x,\ y))\sqrt{1+[g_x(x,\ y)]^2+[g_y(x,\ y)]^2}\,dA$$

이 공식을 간단히 다음과 같이 나타낸다.

$$\boxed{\iint_S f(x,\ y,\ z)dS = \iint_D f(x,\ y,\ g(x,\ y))\sqrt{1+\left(\frac{\partial z}{\partial x}\right)^2+\left(\frac{\partial z}{\partial y}\right)^2}\,dA} \quad (14)$$

S가 $y=h(x,\ z)$인 곡면이고, S의 xz평면에의 정사영을 D이라면

$$\iint_S f(x,\ y,\ z)dS = \iint_D f(x,\ h(x,\ z),\ z)\sqrt{1+\left(\frac{\partial y}{\partial x}\right)^2+\left(\frac{\partial y}{\partial z}\right)^2}\,dA \quad (15)$$

S가 $x=h(y,\ z)$인 곡면이고, S의 yz평면에의 정사영을 D이라면

$$\iint_S f(x,\ y,\ z)dS = \iint_D f(h(y,\ z),\ y,\ z))\sqrt{1+\left(\frac{\partial x}{\partial y}\right)^2+\left(\frac{\partial x}{\partial z}\right)^2}\,dA \quad (16)$$

【예제 5.9】 $\iint_S ydS$를 구하라. 단, S는 곡면 $z=x+y^2,\ 0\le x\le 1,\ 0\le y\le 2$ 이다.

풀이 $\frac{\partial z}{\partial x}=1,\ \frac{\partial z}{\partial y}=2y,\ dA=dxdy$이므로, 공식 (14)에 의하여

$$\iint_S ydS = \iint_D y\sqrt{1+\left(\frac{\partial z}{\partial x}\right)^2+\left(\frac{\partial z}{\partial y}\right)^2}\,dA = \int_0^1\int_0^2 y\sqrt{1+1+4y^2}\,dydx$$

$$= \int_0^1 dx\sqrt{2}\int_0^2 y\sqrt{1+2y^2}\,dy = \left[\sqrt{2}\left(\frac{1}{4}\right)\frac{2}{3}(1+2y^2)^{\frac{3}{2}}\right]_0^2 = \frac{13\sqrt{2}}{3}$$ ■

곡면 S의 벡터방정식이

$$\mathbf{r}(u, v)=x(u, v)\mathbf{i}+y(u, v)\mathbf{j}+z(u, v)\mathbf{k}, \ (u, v)\in D$$

라 하고, 영역 D가 직4각형이라 하자. D를 가로, 세로가 Δu_i, Δv_j인 작은 직4각형 영역 R_{ij}으로 된 분할은 곡면 S를 곡선으로 그림과 같이 영역 S_{ij}로 분할한다. R_{ij} 안의 점 $(u_i{}^*, v_j{}^*)$는 위치벡터 $\mathbf{r}(u_i^*, v_j^*)$로 S_{ij} 위의 한 점을 결정한다. S_{ij}의 넓이는

$$\Delta T_{ij}=\left|\mathbf{r}_{u_i}\times\mathbf{r}_{v_j}\right|\Delta u_i \Delta v_j$$

인 평행4변형에 의하여 근사된다.

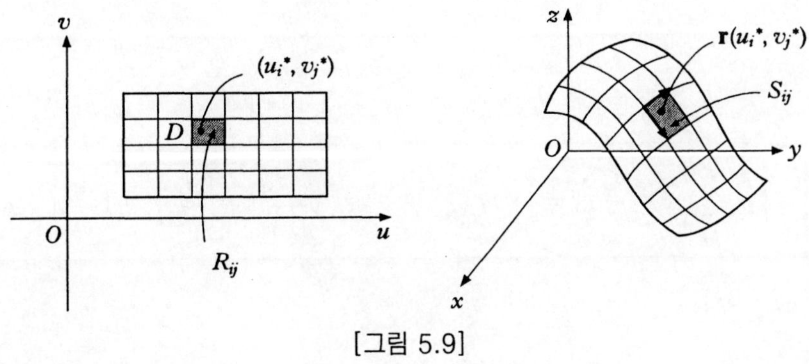

[그림 5.9]

$$\text{단, } \mathbf{r}_u=\frac{\partial x}{\partial u}\mathbf{i}+\frac{\partial y}{\partial u}\mathbf{j}+\frac{\partial z}{\partial u}\mathbf{k}, \ \mathbf{r}_v=\frac{\partial x}{\partial v}\mathbf{i}+\frac{\partial y}{\partial v}\mathbf{j}+\frac{\partial z}{\partial v}\mathbf{k}$$

$\mathbf{r}_u$와 $\mathbf{r}_v$가 0이 아니고, D의 내부에서 평행도 아니면, D가 직4각형 꼴이 아니더라도 다음 식이 성립한다.

$$\iint_S f(x, y, z)\,dS=\iint_D f(\mathbf{r}(u, v))\left|\mathbf{r}_u\times\mathbf{r}_v\right|dA \tag{17}$$

곡면의 방정식이 x, y를 매개변수로 하여

$$x=x, \ y=y, \ z=g(x, y)$$

일 때, $\mathbf{r}=x\mathbf{i}+y\mathbf{j}+g(x, y)\mathbf{k}$이므로

$$\mathbf{r}_x = \mathbf{i} + \left(\frac{\partial g}{\partial x}\right)\mathbf{k},\ \ \mathbf{r}_y = \mathbf{j} + \left(\frac{\partial g}{\partial y}\right)\mathbf{k}$$

이고,

$$\mathbf{r}_x \times \mathbf{r}_y = \left(\mathbf{i} + \frac{\partial g}{\partial x}\mathbf{k}\right) \times \left(\mathbf{j} + \frac{\partial g}{\partial y}\mathbf{k}\right) = \begin{vmatrix} \mathbf{i} & \mathbf{j} & \mathbf{k} \\ 1 & 0 & \dfrac{\partial g}{\partial x} \\ 0 & 1 & \dfrac{\partial g}{\partial y} \end{vmatrix} = -\frac{\partial g}{\partial x}\mathbf{i} - \frac{\partial g}{\partial y}\mathbf{j} + \mathbf{k}$$

에서

$$|\mathbf{r}_x \times \mathbf{r}_y| = \sqrt{1 + \left(\frac{\partial g}{\partial x}\right)^2 + \left(\frac{\partial g}{\partial y}\right)^2}$$

이므로 (17) 식은

$$\iint_S f(x,\ y,\ z)dS = \iint_D f(x,\ y,\ g(x,\ y))\sqrt{1 + \left(\frac{\partial g}{\partial x}\right)^2 + \left(\frac{\partial g}{\partial y}\right)^2}\, dA \qquad (18)$$

가 된다.

【예제 5.10】 면적분 $\iint_S x^2 dS$를 구하라. 단, S는 단위구면 $x^2+y^2+z^2=1$이다.

풀이 곡면 S의 방정식을 극좌표로 바꾼다.

$$x = \sin\phi\cos\theta,\ y = \sin\phi\sin\theta,\ z = \cos\phi,\ 0 < \phi \le \pi,\ 0 \le \theta \le 2\pi$$

이라면 (극좌표로 표시, θ는 동경과 z축이 이루는 각, ϕ는 동경의 xy평면상의 정사영이 x축과 이루는 각)

$$\begin{aligned}\mathbf{r}(\phi,\ \theta) &= x(\phi,\ \theta)\mathbf{i} + y(\phi,\ \theta)\mathbf{j} + z(\phi,\ \theta)\mathbf{k} \\ &= \sin\phi\cos\theta\mathbf{i} + \sin\phi\sin\theta\mathbf{j} + \cos\phi\mathbf{k}\end{aligned}$$

$$\mathbf{r}_\phi \times \mathbf{r}_\theta = \begin{vmatrix} \mathbf{i} & \mathbf{j} & \mathbf{k} \\ \dfrac{\partial x}{\partial \phi} & \dfrac{\partial y}{\partial \phi} & \dfrac{\partial z}{\partial \phi} \\ \dfrac{\partial x}{\partial \theta} & \dfrac{\partial y}{\partial \theta} & \dfrac{\partial z}{\partial \theta} \end{vmatrix}$$

$$= \begin{vmatrix} \mathbf{i} & \mathbf{j} & \mathbf{k} \\ \cos\phi\cos\theta & \cos\phi\sin\theta & -\sin\phi \\ -\sin\phi\sin\theta & \sin\phi\cos\theta & 0 \end{vmatrix}$$

$$= |\sin^2\phi\cos\theta\mathbf{i} + \sin^2\phi\sin\theta\mathbf{j} + \sin\phi\cos\phi\mathbf{k}|$$

$$|\mathbf{r}_\phi \times \mathbf{r}_\theta| = \sqrt{|\sin^4\phi\cos^2\theta + \sin^4\phi\sin^2\theta + \sin^2\phi\cos^2\phi|} = \sin\phi$$

$$\therefore \int_S x^2 ds = \iint_D (\sin\phi\cos\theta)^2 |\mathbf{r}_\phi \times \mathbf{r}_\theta| dA$$

$$= \int_0^{2\pi}\int_0^{\pi} \sin^2\phi\cos^2\theta\sin\phi d\phi d\theta = \int_0^{2\pi}\cos^2\theta d\theta \int_0^{\pi}\sin^3\phi d\phi$$

$$= \int_0^{2\pi}\frac{1}{2}(1+\cos 2\theta)d\theta \int_0^{\pi}(\sin\phi - \sin\phi\cos^2\phi)d\phi$$

$$= \frac{1}{2}\left[\theta + \frac{1}{2}\sin 2\theta\right]_0^{2\pi}\left[-\cos\phi + \frac{1}{3}\cos^3\phi\right]_0^{\pi} = \frac{4\pi}{3}$$ ■

【예제 5.11】 포물면 $z = x^2 + y^2$의 평면 $z = \sqrt{6}$ 아래 부분의 겉넓이를 구하라.

풀이 평면 $z = \sqrt{6}$이 원 $x^2 + y^2 = 6$, $z = 6$에서 포물면과 만나므로, 중심이 원점이고, 반지름이 $\sqrt{6}$인 원판 D 위에 주어진 곡면이 있다. 공식(18)를 써서 구하는 넓이 A는

$$A = \iint_D \sqrt{1 + \left(\frac{\partial z}{\partial x}\right)^2 + \left(\frac{\partial z}{\partial y}\right)^2}\, dA = \iint_D \sqrt{1 + (2x)^2 + (2y)^2}\, dA$$

$$= \iint_D \sqrt{1 + 4(x^2 + y^2)}\, dA$$

극좌표변환으로

$$A = \int_0^{2\pi}\int_0^{\sqrt{6}} \sqrt{1+4r^2}\, r dr d\theta = \int_0^{2\pi} d\theta \int_0^{\sqrt{6}} r\sqrt{1+4r^2}\, dr$$

$$= 2\pi\left(\frac{1}{8}\right)\frac{2}{3}(1+4r^2)^{3/2}\Big|_0^{\sqrt{6}} = \frac{\pi}{6}[5^3 - 1] = \frac{62\pi}{3}$$ ■

[3] 면적분(벡터함수의 면적분)

곡면 S의 방정식을 $\mathbf{r}=\mathbf{r}(u, v)$이라 하고,

$$S : \mathbf{r}=\mathbf{r}(u, v)=x(u, v)\mathbf{i}+y(u, v)\mathbf{j}+z(u, v)\mathbf{k} \; ; \; (u, v)\in D$$

라 하자. 여기서 D는 넓이가 확정되는 폐영역이다. $f(x, y, z)$을 S 위에서 정의된 함수라 할 때, $dS=\left|\frac{\partial r}{\partial u}\times\frac{\partial r}{\partial v}\right|dudv$이므로, S 위의 스칼라함수 f의 면적분은

$$\iint_S f\,dS=\iint_D f(u, v)\left|\frac{\partial \mathbf{r}}{\partial u}\times\frac{\partial \mathbf{r}}{\partial v}\right|dudv \tag{19}$$

로 표시되었다. 여기서 곡면 S 위의 벡터함수 $\mathbf{A}(x, y, z)$의 면적분을 정의한다.

곡면 S의 단위법선벡터는 $\mathbf{N}=\dfrac{\mathbf{r}_u\times\mathbf{r}_v}{|\mathbf{r}_u\times\mathbf{r}_v|}$이고,

$$\mathbf{N}dS=\frac{\mathbf{r}_u\times\mathbf{r}_v}{|\mathbf{r}_u\times\mathbf{r}_v|}|\mathbf{r}_u\times\mathbf{r}_v|dudv=(\mathbf{r}_u\times\mathbf{r}_v)dudv$$

$$\begin{aligned}\mathbf{r}_u\times\mathbf{r}_v &= \begin{bmatrix}\mathbf{i} & \mathbf{j} & \mathbf{k}\\ \dfrac{\partial x}{\partial u} & \dfrac{\partial y}{\partial u} & \dfrac{\partial z}{\partial u}\\ \dfrac{\partial x}{\partial v} & \dfrac{\partial y}{\partial v} & \dfrac{\partial z}{\partial v}\end{bmatrix}\\ &=\left(\frac{\partial y}{\partial u}\frac{\partial z}{\partial v}-\frac{\partial z}{\partial u}\frac{\partial y}{\partial v}\right)\mathbf{i}+\left(\frac{\partial z}{\partial u}\frac{\partial x}{\partial v}-\frac{\partial x}{\partial u}\frac{\partial z}{\partial v}\right)\mathbf{j}+\left(\frac{\partial x}{\partial u}\frac{\partial y}{\partial v}-\frac{\partial y}{\partial u}\frac{\partial x}{\partial v}\right)\mathbf{k}\\ &=\frac{\partial(y, z)}{\partial(u, v)}\mathbf{i}+\frac{\partial(z, x)}{\partial(u, v)}\mathbf{j}+\frac{\partial(x, y)}{\partial(u, v)}\mathbf{k}\end{aligned}$$

이므로 벡터장 $\mathbf{A}(x, y, z)$의 S 위에서의 면적분은 다음 식으로 정의된다.

$$\begin{aligned}\iint_S \mathbf{A}\cdot d\mathbf{S} &=\iint_S \mathbf{A}\cdot\mathbf{N}\,dS=\iint_D \mathbf{A}\cdot(\mathbf{r}_u\times\mathbf{r}_v)dudv\\ &=\iint_D\left(A_1\frac{\partial(y, z)}{\partial(u, v)}+A_2\frac{\partial(z, x)}{\partial(u, v)}+A_3\frac{\partial(x, y)}{\partial(u, v)}\right)dudv\end{aligned} \tag{20}$$

여기서 D는 곡면 S를 xy평면에 정사영하여 얻어지는 영역이고, S 상의 각 점에서 $\mathbf{A}$의 법선방향의 선분은 $A_n = \mathbf{A} \cdot \mathbf{N}$이고, $\mathbf{N}$은 S의 단위법선벡터이므로 $\mathbf{A}$의 S 위에서의 면적분은 다음과 같이 정의된다.

$$\iint_S \mathbf{A} \cdot d\mathbf{S} = \iint_S \mathbf{A} \cdot \mathbf{N}\, dS = \iint_S \mathbf{A}_N dS \tag{21}$$

여기서 $d\mathbf{S} = \mathbf{N}\, dS$는 곡면 S의 면적소이다.

[정리 5.1] 곡면 S의 xy평면에의 정사영인 영역을 R이라면

$$\iint_S \mathbf{A} \cdot d\mathbf{S} = \iint_S \mathbf{A} \cdot \mathbf{N} dS = \iint_R \mathbf{A} \cdot \mathbf{N} \frac{dxdy}{|\mathbf{N} \cdot \mathbf{k}|} \tag{22}$$

증명 1 다음 합의 극한은 곡면 S 위의 $\mathbf{A}$의 면적분이다.

$$\sum_{i=1}^{m} \mathbf{A}_i \cdot \mathbf{N}_i \Delta S_i$$

ΔS_i의 xy평면위의 정사영은 $|(\mathbf{N}_i \Delta S_i) \cdot \mathbf{k}|$ 또는 $|\mathbf{N}_i \cdot \mathbf{k}| \Delta S_i$이고, 이것은 근사적으로 $\Delta x_i \Delta y_i$와 같으므로 $\Delta S_i = \dfrac{\Delta x_i \Delta y_i}{|\mathbf{N}_i \cdot \mathbf{k}|}$이다. 따라서

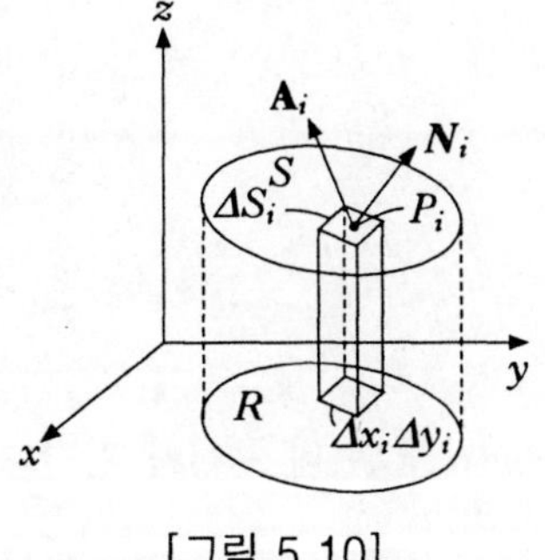

[그림 5.10]

$$\sum_{i=1}^{m} \mathbf{A}_i \cdot \mathbf{N}_i \Delta S_i = \sum_{i=1}^{m} \mathbf{A}_i \cdot \mathbf{N}_i \frac{\Delta x_i \Delta y_i}{|\mathbf{N}_i \cdot \mathbf{k}|}$$

가 된다. 적분의 기본정리에 의하여 Δx_i와 Δy_i를 0에 가까이 취하고, $m \to \infty$인 경우, 이 합의 극한은 다음 적분이 된다.

$$\iint_R \mathbf{A} \cdot \mathbf{N} \frac{dxdy}{|\mathbf{N} \cdot \mathbf{k}|}$$

증명 2 곡면 S의 방정식을 $z = z(x, y)$라면, S의 벡터 방정식은 $\mathbf{r} = x\mathbf{i} + y\mathbf{j} + z(x, y)\mathbf{k}$이다. ($x$, y는 매개변수)

따라서 S의 벡터면적소는

$$d\mathbf{S}=\frac{\partial \mathbf{r}}{\partial x}\times\frac{\partial \mathbf{r}}{\partial y}dxdy=\left(\mathbf{i}+\frac{\partial z}{\partial x}\mathbf{k}\right)\times\left(\mathbf{j}+\frac{\partial z}{\partial y}\mathbf{k}\right)dxdy$$
$$=\left(-\frac{\partial z}{\partial x}\mathbf{i}-\frac{\partial z}{\partial y}\mathbf{j}+\mathbf{k}\right)dxdy$$

S의 단위법선벡터를 $\mathbf{N}$이라면, $d\mathbf{S}=\mathbf{N}dS$이므로, 위 식의 양변과 $\mathbf{k}$와의 내적을 구하면

$$\mathbf{N}\cdot\mathbf{k}dS=\mathbf{k}\cdot d\mathbf{S}=dxdy\text{에서 } dS=\frac{dxdy}{\mathbf{N}\cdot\mathbf{k}}\text{이므로, } d\mathbf{S}=\mathbf{N}\frac{dxdy}{|\mathbf{N}\cdot\mathbf{k}|}$$
$$\therefore\ \int_S \mathbf{A}\cdot d\mathbf{S}=\iint_R \mathbf{A}\cdot\mathbf{N}\frac{dxdy}{|\mathbf{N}\cdot\mathbf{k}|}$$ ■

【예제 5.12】 $\mathbf{A}=18z\mathbf{i}-12\mathbf{j}+3y\mathbf{k}$이다. S는 평면 $2x+3y+6z=12$의 제1사분면에 있는 평면이다. $\mathbf{A}$의 S 위에서의 면적분을 구하라.

풀이 $\mathbf{n}=\nabla(2x+3y+6z)=2\mathbf{i}+3\mathbf{j}+6\mathbf{k}$는 S에 수직이다. 따라서 S의 단위법선벡터 $\mathbf{N}=\frac{\mathbf{n}}{|\mathbf{n}|}=\frac{2}{7}\mathbf{i}+\frac{3}{7}\mathbf{j}+\frac{6}{7}\mathbf{k}$이다. S의 xy평면 위의 정사영 R은 다음 부등식으로 나타내지는 3각형이다. 단, $0\le x<6$, $0<y<4-\frac{2}{3}x$

그리고

$$\mathbf{N}\cdot\mathbf{k}=\frac{6}{7},\ \mathbf{A}\cdot\mathbf{N}=\frac{36z-36+18y}{7}$$

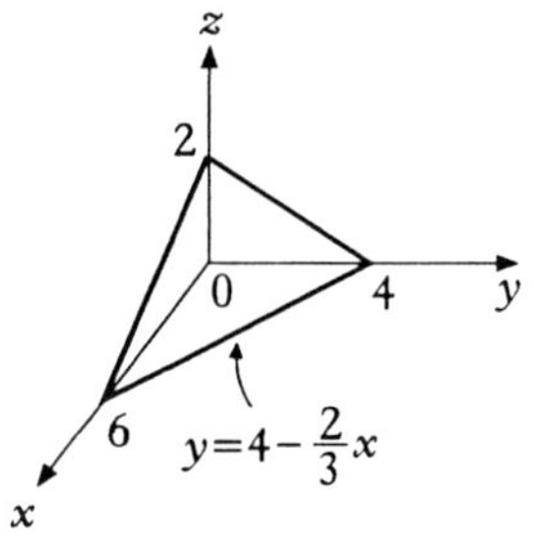

그런데 주어진 평면의 방정식에서 $z=2-\frac{x}{3}-\frac{y}{2}$이므로

$$\mathbf{A}\cdot\mathbf{N}=\frac{36-12x}{7}$$

[그림 5.11]

구하는 면적분은

$$\iint_S \mathbf{A}\cdot d\mathbf{S}=\iint_R\frac{\mathbf{A}\cdot\mathbf{N}}{|\mathbf{N}\cdot\mathbf{k}|}dxdy=\int_0^6\int_0^{\frac{12-2x}{3}}(6-2x)dydx=24$$ ■

【예제 5.13】 $\mathbf{A}=z\mathbf{i}+x\mathbf{j}+yz\mathbf{k}$이고, S는 $z=0$과 $z=5$ 사이에 포함된 원기둥 $x^2+y^2=16$의 제1사분면에 있는 곡면이다. $\mathbf{A}$의 S 위에서의 면적분 $\iint_S \mathbf{A}\cdot\mathbf{N}\,dS$를 구하라.

풀이 곡면 S는 오른쪽 그림에서 검은 부분이다. 곡면 S의 xz 평면 위에의 정사영을 R이라 하자. xy평면 위의 정사영은 여기서 사용할 수 없다.

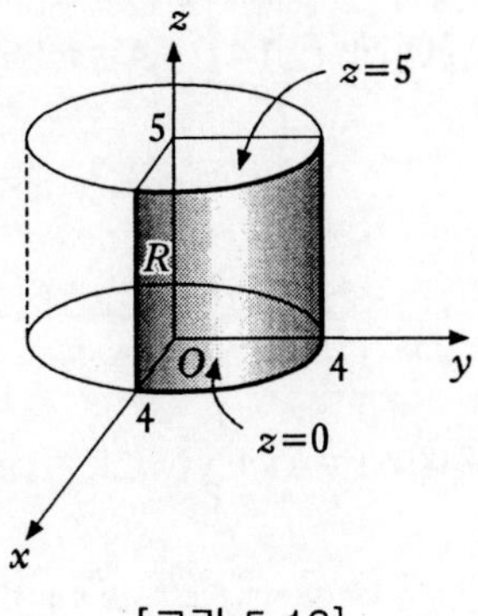

[그림 5.12]

$$\iint_S \mathbf{A}\cdot\mathbf{N}\,dS = \iint_R \mathbf{A}\cdot\mathbf{N}\frac{dxdz}{|\mathbf{N}\cdot\mathbf{j}|}$$

$x^2+y^2=16$에 대한 법선은 $\nabla(x^2+y^2)=2x\mathbf{i}+2y\mathbf{j}$이므로, 단위법선벡터는

$$\mathbf{N}=\frac{2x\mathbf{i}+2y\mathbf{j}}{\sqrt{(2x)^2+(2y)^2}}=\frac{2(x\mathbf{i}+y\mathbf{j})}{\sqrt{4\times16}}=\frac{x\mathbf{i}+y\mathbf{j}}{4}$$

$$\mathbf{A}\cdot\mathbf{N}=(z\mathbf{i}+x\mathbf{j}+yz\mathbf{k})\left(\frac{x\mathbf{i}+y\mathbf{j}}{4}\right)=\frac{1}{4}(xz+xy)$$

$$\mathbf{N}\cdot\mathbf{j}=\frac{x\mathbf{i}+y\mathbf{j}}{4}\cdot\mathbf{j}=\frac{y}{4}$$

$$\begin{aligned}\therefore\ \iint_S \mathbf{A}\cdot\mathbf{N}\,dS &= \iint_R \frac{xz+xy}{y}\,dxdz\\ &=\int_{z=0}^{5}\int_{x=0}^{4}\left(\frac{xz}{\sqrt{16-x^2}}+x\right)dxdz\\ &=\int_{z=0}^{5}\left[-z\sqrt{16-x^2}+\frac{1}{2}x^2\right]_{x=0}^{4}dz\\ &=\int_{z=0}^{5}(4z+8)\,dz=90\end{aligned}$$

■

벡터장 $\mathbf{A}$의 면적소 dS를 지나는 유량(flux)은 곡면 S에 대한 단위법선벡터 $\mathbf{N}$에 대하여 $\mathbf{A}\cdot\mathbf{N}\,dS$로 정의되고, 곡면 S를 지나는 전 유량은 $\iint_S \mathbf{A}\cdot\mathbf{N}\,dS$로 나타내진다. 주어진 곡면이 $\mathbf{r}=\mathbf{r}(u, v)$로 매개변수 표시로 주어진 경우, $d\mathbf{S}=\frac{\partial\mathbf{r}}{\partial u}\times\frac{\partial\mathbf{r}}{\partial v}dudv$이므로

$$\iint_S \mathbf{A}\cdot d\mathbf{S}=\iint \mathbf{A}\cdot\frac{\partial\mathbf{r}}{\partial u}\times\frac{\partial\mathbf{r}}{\partial v}dudv \tag{23}$$

로 정의된다. 이것은 벡터장 $\mathbf{A}$의 곡면 S위에서의 면적분이다.

【예제 5.14】 $\mathbf{A}=\mathbf{i}+xy\mathbf{j}$이고, 곡면 S는

$$S: z=u^2,\ x=u+v,\ y=u-v,\ 0\le u\le 1,\ 0\le v\le 1$$

로 주어져 있다. $\mathbf{A}$의 곡면 S에서의 전 유량을 구하라.

풀이 $\mathbf{r}=x\mathbf{i}+y\mathbf{j}+z\mathbf{k}=(u+v)\mathbf{i}+(u-v)\mathbf{j}+u^2\mathbf{k}$이므로

$$\frac{\partial \mathbf{r}}{\partial u}=\mathbf{i}+\mathbf{j}+2u\mathbf{k},\quad \frac{\partial \mathbf{r}}{\partial v}=\mathbf{i}-\mathbf{j}$$

$$\frac{\partial \mathbf{r}}{\partial u}\times\frac{\partial \mathbf{r}}{\partial v}=\begin{vmatrix}\mathbf{i} & \mathbf{j} & \mathbf{k}\\ 1 & 1 & 2u\\ 1 & -1 & 0\end{vmatrix}=2u\mathbf{i}+2u\mathbf{j}-2\mathbf{k}$$

$$\mathbf{A}\cdot\frac{\partial \mathbf{r}}{\partial u}\times\frac{\partial \mathbf{r}}{\partial v}=(\mathbf{i}+xy\mathbf{j})\cdot(2u\mathbf{i}+2u\mathbf{j}-2\mathbf{k})$$

$$=2u+2uxy=2u+2u(u+v)(u-v)=2u^3-2uv^2+2u$$

$$\therefore\ \iint_S \mathbf{A}\cdot d\mathbf{S}=\iint_R \mathbf{A}\cdot\frac{\partial \mathbf{r}}{\partial u}\times\frac{\partial \mathbf{r}}{\partial v}dudv$$

$$=\int_0^1\int_0^1(2u^3-2uv^2+2u)dudv=\int_0^1\left[\frac{1}{2}u^4-u^2v^2+u^2\right]_0^1 dv$$

$$=\int_0^1\left(\frac{1}{2}-v^2+1\right)dv=\left[\frac{3}{2}v-\frac{1}{3}v^3\right]_0^1=\frac{7}{6}$$ ■

$\mathbf{A}$가 곡면 S에서 단위법선벡터 $\mathbf{N}$을 갖는 벡터장이라면 S위에서 $\mathbf{A}$의 면적분은

$$\iint_S \mathbf{A}\cdot d\mathbf{S}=\iint_S \mathbf{A}\cdot\mathbf{N}dS$$

$$\mathbf{A}(x,\ y,\ z)=P(x,\ y,\ z)\mathbf{i}+Q(x,\ y,\ z)\mathbf{j}+R(x,\ y,\ z)\mathbf{k}$$

일 때, $z=g(x,\ y)$이면

$$\iint_S \mathbf{A}\cdot d\mathbf{S}=\iint_S \mathbf{A}\cdot\mathbf{N}dS$$

$$=\iint_D (P\mathbf{i}+Q\mathbf{j}+R\mathbf{k})\cdot\frac{-\frac{\partial g}{\partial x}\mathbf{i}-\frac{\partial g}{\partial y}\mathbf{j}+\mathbf{k}}{\sqrt{\left(\frac{\partial g}{\partial x}\right)^2+\left(\frac{\partial g}{\partial y}\right)^2+1}}\sqrt{\left(\frac{\partial g}{\partial x}\right)^2+\left(\frac{\partial g}{\partial y}\right)^2+1}\ dA$$

$$\iint_S \mathbf{A}\cdot d\mathbf{S} = \iint_D \left(-P\frac{\partial g}{\partial x} - Q\frac{\partial g}{\partial y} + R\right) dA \tag{24}$$

【예제 5.15】 $\mathbf{A}(x,\ y,\ z) = y\mathbf{i} + x\mathbf{j} + z\mathbf{k}$이고, S가 포물면 $z = 1 - x^2 - y^2$과 평면 $z = 0$으로 둘러싸인 곡면영역일 때, $\iint_S \mathbf{A}\cdot d\mathbf{S}$를 구하라.

풀이 S는 포물면의 상부$(z \geq 0)$ 곡면이고, 이 곡면의 xy평면에의 투영인 영역 $x^2 + y^2 \leq 1$이 x, y 평면에서의 정의역 D이다. xy평면상의 정의역 D와 이에 대응하는 곡면 S는 오른쪽 그림과 같다.

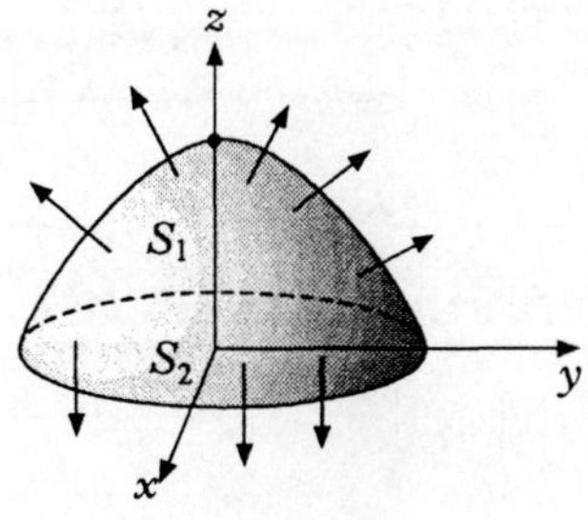

[그림 5.13]

$$P(x,\ y,\ z) = y,\ Q(x,\ y,\ z) = x,$$
$$R(x,\ y,\ z) = z = 1 - x^2 - y^2$$

이고

$$\frac{\partial z}{\partial x} = -2x,\ \frac{\partial z}{\partial y} = -2y$$

를 공식 (23)에 대입하여

$$\begin{aligned}
\iint_S \mathbf{A}\cdot d\mathbf{S} &= \iint_D \left(-P\frac{\partial z}{\partial x} - Q\frac{\partial z}{\partial y} + R\right) dA \\
&= \iint_D [-y(-2x) - x(-2y) + 1 - x^2 - y^2]\, dA \\
&= \iint_D (1 + 4xy - x^2 - y^2)\, dA \\
&= \int_0^{2\pi}\int_0^1 (1 + 4r^2\cos\theta\sin\theta - r^2)\, r\, dr\, d\theta \\
&= \int_0^{2\pi}\int_0^1 (r - r^3 + 4r^3\cos\theta\sin\theta)\, dr\, d\theta \\
&= \int_0^{2\pi} \left(\frac{1}{4} + \cos\theta\sin\theta\right) d\theta = \frac{1}{4}(2\pi) + 0 = \frac{\pi}{2}
\end{aligned}$$

■

3 체적분

[1] 입체의 부피와 체적분

유계 입체영역 V의 내부와 표면에서 정의된 스칼라함수 f가 있다. 입체영역 V를 각 좌표평면에 평행인 미소 직6면체로 분할한다. 분할된 미소 직6면체의 한 점 $(x_i, y_i, z_i)(i=1, 2, \cdots, n)$를 택할 때, 다음과 같은 좌변의 극한은 우변의 3중적분

$$\lim_{\max \Delta V_i \to 0} \sum_{i=1}^{n} f(x_i, y_i, z_i)\Delta V_i = \iiint_V f(x, y, z)dV \tag{25}$$

으로 표시된다. 이 식으로 정의되는 적분을 V에서의 함수 f의 체적분(volume integral)이라 한다. (24)는 f가 V의 내부와 경계에서 연속이면, x_i, y_i, z_i의 선택에 관계없이 정의된다. $dV=dxdydz$이므로, 좌변의 극한은 다음과 같이 나타내진다.

$$\iiint_V f(x, y, z)dxdydz$$

【예제 5.16】 평면 $x=2$, $y=3$, $z=4$ 및 $x=y=z=0$에 의하여 유계된 직6면체에서 $f(x, y, z)=x+y+z$의 체적분을 구하라.

풀이

$$\begin{aligned}\iiint_V f\,dzdydx &= \int_{x=0}^{2}\int_{y=0}^{3}\int_{z=0}^{4}(x+y+z)dzdydx \\ &= \int_{x=0}^{2}\int_{y=0}^{3}\left[xz+yz+\frac{1}{2}z^2\right]_{z=0}^{4}dydx \\ &= \int_{x=0}^{2}\int_{y=0}^{3}(4x+4y+8)dydx \\ &= \int_{x=0}^{2}[4xy+2y^2+8y]_{y=0}^{3}dx \\ &= \int_{x=0}^{2}(12x+18+24)dx = [6x^2+42x]_{x=0}^{2} = 108\end{aligned}$$

또는 다음과 같이 체적분을 구할 수 있다.

$$\int_{z=0}^{4}\int_{y=0}^{3}\int_{x=0}^{2}(x+y+z)dxdydz = \int_{z=0}^{4}\int_{y=0}^{3}\left[\frac{1}{2}x^2+yx+zx\right]_{x=0}^{2}dydz$$

$$= \int_{z=0}^{4}\int_{y=0}^{3}(2+2y+2z)dydz = \int_{z=0}^{4}[2y+y^2+2yz]_{y=0}^{3}dz$$

$$= \int_{z=0}^{4}(6+9+6z)dz = [15z+3z^2]_{z=0}^{4} = 108$$

적분값은 적분순서에 무관하다. 위 예제에서 $f(x, y, z)=1$이라면

$$\iiint_V dzdydx = \int_{x=0}^{2}\int_{y=0}^{3}\int_{z=0}^{4}dzdydx$$

$$= \int_{x=0}^{2}\int_{y=0}^{3}[z]_0^4 dydx = \int_{x=0}^{2}\int_{y=0}^{3}4dydx$$

$$= \int_{x=0}^{2}[4y]_0^3 dx = \int_{x=0}^{2}12dx = [12x]_0^2 = 24$$

이것은 $x=0,\ x=2$; $y=0,\ y=3$; $z=0,\ z=4$로 둘러싸이는 입체의 부피($2\times3\times4=24$)이다. $f(x, y, z)=1$인 경우 $\iiint_V dxdydz$는 입체의 부피이다. ■

【예제 5.17】 $f(x, y, z)=x^2y$이다. V가 평면 $4x+2y+z=8,\ x=0,\ y=0,\ z=0$에 의하여 둘러싸이는 닫힌 영역이다. $\iiint_V x^2ydxdydz$을 구하라.

풀이 적분한계를 구한다. x는 $x=0$에서 $x=2$까지, xy평면에서 $z=0$이므로 $4x+2y=8$에서 $y=4-2x$이므로 y는 $y=0$에서 $y=4-2x$까지, z은 $z=0$에서 $z=8-4x-2y$까지 적분한다.

$$\iiint_V x^2ydxdydz = \int_{x=0}^{2}\int_{y=0}^{4-2x}\int_{z=0}^{8-4x-2y}x^2ydzdydx$$

$$= \int_{x=0}^{2}\int_{y=0}^{4-2x}[x^2yz]_{z=0}^{8-4x-2y}dydx$$

$$= \int_{x=0}^{2}\int_{y=0}^{4-2x}x^2y(8-4x-2y)dydx$$

$$= \int_{x=0}^{2}\int_{y=0}^{4-2x}[(8-4x)x^2y-2x^2y^2]dydx$$

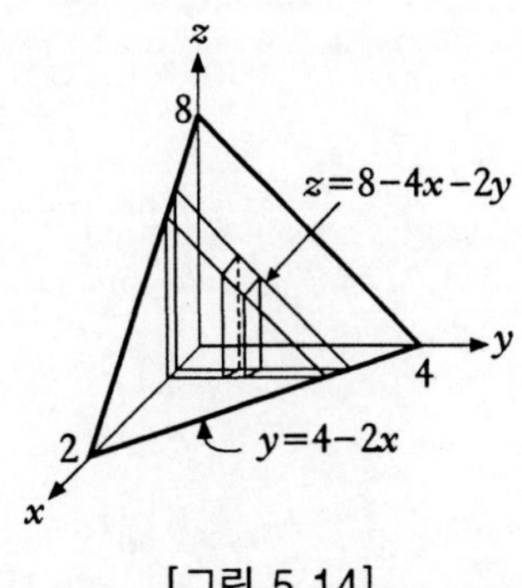

[그림 5.14]

$$= \int_{x=0}^{2} \left[(4-2x)x^2y^2 - \frac{2}{3}x^2y^3 \right]_{y=0}^{4-2x} dx$$

$$= \int_{x=0}^{2} \left[(4-2x)^3x^2 - \frac{2}{3}x^2(4-2x)^3 \right] dx$$

$$= \int_{x=0}^{2} (4-2x)^3 \left(\frac{1}{3}x^2 \right) dx$$

$$= \frac{1}{3} \int_{x=0}^{2} (64x^2 - 96x^3 + 48x^4 - 8x^5) dx$$

$$= \frac{1}{3} \left[\frac{64}{3}x^3 - 24x^4 + \frac{48}{5}x^5 - \frac{4}{3}x^6 \right]_{x=0}^{2}$$

$$= \frac{1}{3} \left(\frac{512}{3} - 384 + \frac{48 \times 32}{5} - \frac{4 \times 64}{3} \right) = \frac{128}{45}$$ ■

【예제 5.18】 원기둥 $x^2+y^2=a^2$과 $x^2+z^2=a^2$의 공통된 부분의 부피를 구하라.

풀이 $x^2+y^2=a^2$과 $x^2+z^2=a^2$의 제1사분면 내의 공통부분은 다음 그림과 같다. 구하는 부피는 제1사분면 내의 부피의 8배이므로

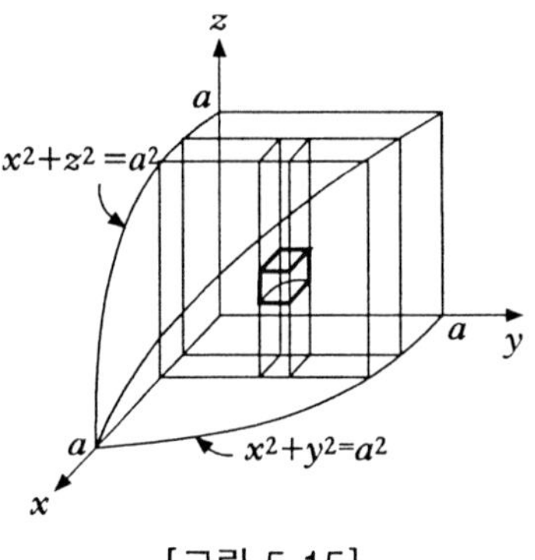

[그림 5.15]

$$8\int_{x=0}^{a}\int_{y=0}^{\sqrt{a^2-x^2}}\int_{z=0}^{\sqrt{a^2-x^2}} dzdydx = 8\int_{x=0}^{a}\int_{y=0}^{\sqrt{a^2-x^2}} \sqrt{a^2-x^2}\, dydx$$

$$= 8\int_{x=0}^{a} [y\sqrt{a^2-x^2}]_{y=0}^{\sqrt{a^2-x^2}} dx = 8\int_{x=0}^{a} (a^2-x^2) dx$$

$$= 8\left[a^2x - \frac{1}{3}x^3\right]_{x=0}^{a} = 8\left(a^3 - \frac{1}{3}a^3\right) = \frac{16}{3}a^3$$ ■

【예제 5.19】 두 주면 $r=2$, $r=4$와 두 평면 $z=0$, $z=3$에 의하여 이루는 입체 영역에서 함수 x^2+y^2의 체적분을 구하라.

풀이 $x=r\cos\theta$, $y=r\sin\theta$이라면, $x^2+y^2=r^2$이므로, 구하는 체적분은

$$\iiint_V (x^2+y^2)dV = \int_{z=0}^{3}\int_{\theta=0}^{2\pi}\int_{r=2}^{4} r^2 r dr d\theta dz$$

$$= \int_{z=0}^{3}\int_{\theta=0}^{2\pi}\left[\frac{1}{4}r^4\right]_{r=2}^{4} d\theta dz = \frac{1}{4}\int_{z=0}^{3}\int_{\theta=0}^{2\pi}(256-16)d\theta dz$$

$$= \frac{240}{4}\int_{z=0}^{3}[\theta]_{\theta=0}^{2\pi}dz = 60\int_{z=0}^{3}2\pi dz = 120\pi[z]_{z=0}^{3} = 360\pi$$

■

연습문제(5.1)

1. 곡선 $C : \mathbf{r}=t^2\mathbf{i}+t^2\mathbf{j}+\frac{2}{3}t^3\mathbf{k}$ $(0 \le t \le 1)$일 때, $\int_C f(x, y, z)ds$를 구하라. (단, $f(x, y, z)=x^2+y-3xz$)

2. $\mathbf{A}=18z\mathbf{i}-12\mathbf{j}+3y\mathbf{k}$라 하자. S를 평면 $2x+3y+6z=12$의 제1사분면에 있는 평면부분일 때, 적분 $\int_S \mathbf{A}\cdot\mathbf{N}dS$를 구하라.

3. $\mathbf{A}=y\mathbf{i}+2x\mathbf{j}-z\mathbf{k}$라 하고, S를 평면 $2x+y=6$의 제1사분면에 있고, $z=4$의 아래에 있는 면분이라 할 때, $\int_S \mathbf{A}\cdot\mathbf{N}\,dS$를 구하라.

4. $\mathbf{A}=(x+y^2)\mathbf{i}-2x\mathbf{j}+2yz\mathbf{k}$라 하자. S를 평면 $2x+y+2z=6$의 제1사분면에 있는 평면부분이라 하자. 면적분 $\int_S \mathbf{A}\cdot\mathbf{N}ds$를 계산하라.

5. $\iint_S zdS$를 구하라. 단, S는 곡면이고, 원통 $x^2+y^2=1$로 주어진 면 S_1, 원판 $x^2+y^2 \le 1$, $z=0$의 밑면 S_2, S_2 위에 놓이는 평면 $z=x+1$에 의한 절단면으로 되는 곡면 S_3으로 이루어져 있다.

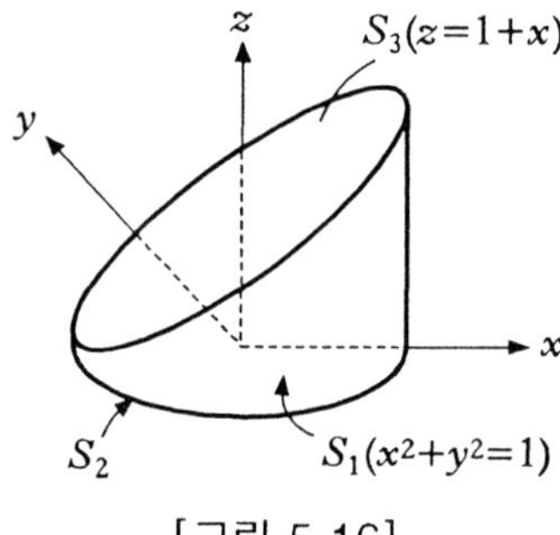

[그림 5.16]

5.2 Stokes의 정리와 Gauss의 정리

1 Stokes의 정리

[정리 5.2] S는 닫힌 단순곡선 C로 경계되는 매끈한 곡면이다. S 위에서 $\mathbf{F}$의 각 성분은 S를 포함하는 R^3의 개영역에서 연속인 편도함수를 가지고, $\mathbf{F}$의 회전 $\nabla\times\mathbf{F}$가 연속이면

$$\iint_S \text{curl}\,\mathbf{F}\cdot d\mathbf{S}=\int_C \mathbf{F}\cdot d\mathbf{r} \tag{1}$$

여기서 $d\mathbf{S}=\mathbf{N}dS$는 곡면 S의 벡터면적소이다. $\text{curl}\,\mathbf{F}=\nabla\times\mathbf{F}$이므로 (1)은

$$\boxed{\iint_S \nabla\times\mathbf{F}\cdot d\mathbf{S}=\int_C \mathbf{F}\cdot d\mathbf{r}} \tag{2}$$

로 나타내진다. 이 사실을 Stokes의 정리라 한다.

이 정리는 오른쪽 그림과 같이 선정되는 닫힌 단순곡선 C 위에서의 벡터장 $\mathbf{F}$의 접선방향에 대한 선적분은 C를 경계로 하는 곡면 S 위에서의 $\mathbf{F}$의 회전 $\text{curl}\,\mathbf{F}=\nabla\times\mathbf{F}$의 법선성분의 면적분과 같다는 것이다.

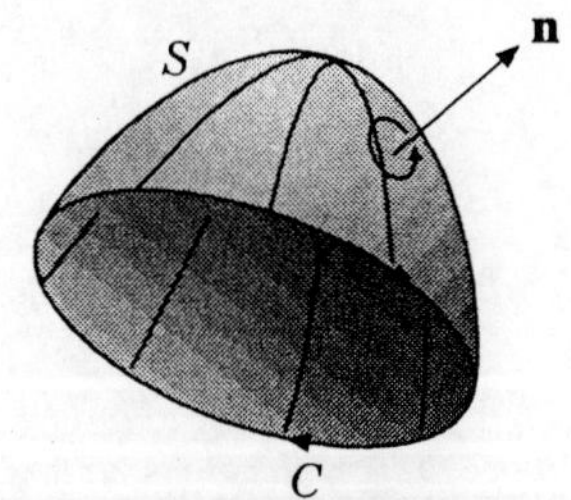

[그림 5.17]

보기 5.1 S를 $z=\sqrt{x^2+y^2}$, $x^2+y^2\le 4$로 주어진 원뿔이라 하고, $\mathbf{F}=(x-y)\mathbf{i}+2z\mathbf{j}+x^2\mathbf{k}$라 하자. 변수 x, y의 정의역 D는 $x^2+y^2\le 4$이고, C는 원 $x^2+y^2=4$, $z=2$이다. Stokes의 정리가 성립하는지를 알아보자.

$$\nabla\times\mathbf{F}=\begin{vmatrix}\mathbf{i}&\mathbf{j}&\mathbf{k}\\ \dfrac{\partial}{\partial x}&\dfrac{\partial}{\partial y}&\dfrac{\partial}{\partial z}\\ x-y&2z&x^2\end{vmatrix}=(0-2)\mathbf{i}+(0-2x)\mathbf{j}+\mathbf{k}=-2\mathbf{i}-2x\mathbf{j}+\mathbf{k}$$

이고, $\mathbf{r}=x\mathbf{i}+y\mathbf{j}+\sqrt{x^2+y^2}\,\mathbf{k}$에서 $u=x$, $v=y$라면

$$\mathbf{r}(u,\ v) = u\mathbf{i} + v\mathbf{j} + \sqrt{u^2+v^2}\,\mathbf{k}$$

이고,

$$\frac{\partial \mathbf{r}}{\partial u} = \mathbf{i} + \frac{u}{\sqrt{u^2+v^2}}\mathbf{k},\ \ \frac{\partial \mathbf{r}}{\partial v} = \mathbf{j} + \frac{v}{\sqrt{u^2+v^2}}\mathbf{k}\ \ (u^2+v^2 \neq 0)$$

이므로

$$\frac{\partial \mathbf{r}}{\partial u} \times \frac{\partial \mathbf{r}}{\partial v} = \left(\mathbf{i} + \frac{u}{\sqrt{u^2+v^2}}\mathbf{k}\right) \times \left(\mathbf{j} + \frac{v}{\sqrt{u^2+v^2}}\mathbf{k}\right)$$

$$= \mathbf{k} - \frac{v}{\sqrt{u^2+v^2}}\mathbf{j} - \frac{u}{\sqrt{u^2+v^2}}\mathbf{i} = -\frac{x}{\sqrt{x^2+y^2}}\mathbf{i} - \frac{y}{\sqrt{x^2+y^2}}\mathbf{j} + \mathbf{k}$$

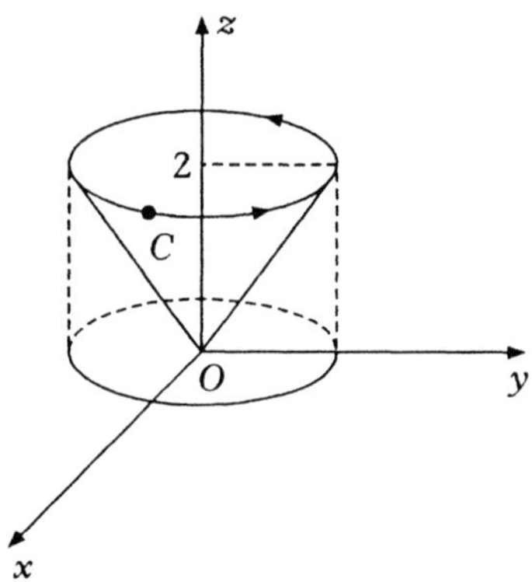

[그림 5.18]

곡면 S가 $z=2$(xy평면에 평행)이므로, $ds=dA$이다. 따라서

$$\iint_S \text{curl }\mathbf{F}\cdot\mathbf{N}dS = \iint_D \text{curl }\mathbf{F}\cdot\mathbf{N}dA$$

$$\text{curl }\mathbf{F}\cdot\mathbf{N} = \frac{2x}{\sqrt{x^2+y^2}} + \frac{2xy}{\sqrt{x^2+y^2}} + 1$$

$$\iint_S \text{curl }\mathbf{F}\cdot d\mathbf{S} = \iint_D \text{curl }\mathbf{F}\cdot\mathbf{N}dA$$

$$= \iint_D \left(\frac{2x}{\sqrt{x^2+y^2}} + \frac{2xy}{\sqrt{x^2+y^2}} + 1\right)dxdy$$

이 계산을 간단히 하기 위하여 극좌표로 변환하여 계산한다.

$$x=r\cos\theta,\ y=r\sin\theta,\ 0\le r\le 2,\ 0\le\theta\le 2\pi$$

를 사용하면

$$\iint_S \text{curl } \mathbf{F}\cdot d\mathbf{S}=\int_0^{2\pi}\int_0^2\left(\frac{2r\cos\theta}{r}+\frac{2r^2\cos\theta\sin\theta}{r}+1\right)rdrd\theta=4\pi$$

다음에 $\int_C \mathbf{F}\cdot d\mathbf{r}$를 계산하여 보자. C를 매개변수로 표시하면

$$x=2\cos\theta,\ y=2\sin\theta,\ z=2,\ 0\le\theta\le 2\pi$$

이므로 S 상에서

$$\mathbf{F}=[2\cos\theta-2\sin\theta]\mathbf{i}+4\mathbf{j}+4\cos^2\theta\mathbf{k},$$

이고, C에 대한 접선벡터는

$$\frac{d\mathbf{r}}{d\theta}=-2\sin\theta\mathbf{i}+2\cos\theta\mathbf{j}$$

이고

$$\mathbf{F}\cdot\frac{d\mathbf{r}}{d\theta}=-4\cos\theta\sin\theta+4\sin^2\theta+8\cos\theta$$

이므로

$$\int_C \mathbf{F}\cdot d\mathbf{r}=\int_0^{2\pi}[-4\cos\theta\sin\theta+4\sin^2\theta+8\cos\theta]d\theta=4\pi$$

따라서 Stokes의 정리가 성립한다.

일반적인 경우에 Stokes의 정리의 증명은 매우 어렵다. 우선 특별한 경우에 있어서 Stokes의 정리를 증명한다. 다음 그림에서 살펴보자.

곡면 S의 방정식을 $z=g(x,\ y)$, $(x,\ y)\in D$이라 하자. g는 연속인 2계 편도함수를 가지며, D는 곡선 C를 xy평면에 투영한 경계곡선 C_1은 단순평면 영역이다. C

의 양의 방향은 C_1의 양의 방향과 같은 방향이다. $\mathbf{F}=P\mathbf{i}+Q\mathbf{j}+R\mathbf{k}$라 하자. 단, P, Q, R은 연속이고, 연속 편도함수를 갖는다.

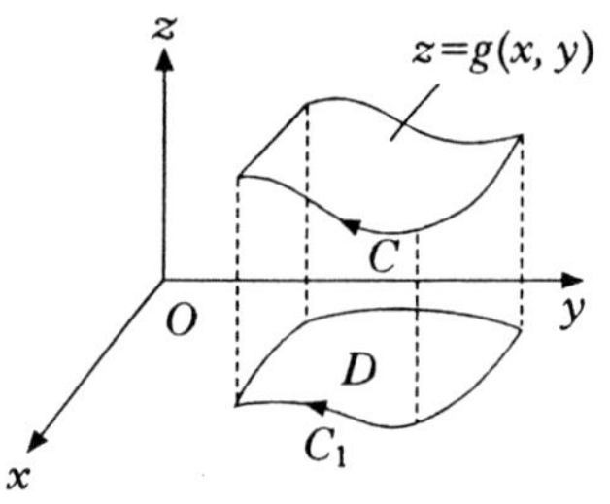

$\mathbf{r}=x\mathbf{i}+y\mathbf{j}+z\mathbf{k}$이고, $z=f(x, y)$이므로 $d\mathbf{S}$는 다음과 같다.

[그림 5.19]

$$d\mathbf{S}=\frac{\partial \mathbf{r}}{\partial x}\times\frac{\partial \mathbf{r}}{\partial y}dA=\left(\mathbf{i}+\frac{\partial z}{\partial x}\mathbf{k}\right)\times\left(\mathbf{j}+\frac{\partial z}{\partial y}\mathbf{k}\right)dxdy$$

$$=\left(\mathbf{k}-\frac{\partial z}{\partial x}\mathbf{i}-\frac{\partial z}{\partial y}\mathbf{j}\right)dA$$

$$\iint_S \mathbf{F}\cdot d\mathbf{S}=\iint_D (P\mathbf{i}+Q\mathbf{j}+R\mathbf{k})\cdot\left(-\frac{\partial z}{\partial x}\mathbf{i}-\frac{\partial z}{\partial y}\mathbf{j}+\mathbf{k}\right)dA$$

$$=\iint_D\left(-P\frac{\partial z}{\partial x}-Q\frac{\partial z}{\partial y}+R\right)dA$$

$$\text{curl }\mathbf{F}=\nabla\times\mathbf{F}=\begin{vmatrix}\mathbf{i} & \mathbf{j} & \mathbf{k}\\ \dfrac{\partial}{\partial x} & \dfrac{\partial}{\partial y} & \dfrac{\partial}{\partial z}\\ P & Q & R\end{vmatrix}$$

$$=\left(\frac{\partial R}{\partial y}-\frac{\partial Q}{\partial z}\right)\mathbf{i}-\left(\frac{\partial R}{\partial x}-\frac{\partial P}{\partial z}\right)\mathbf{j}+\left(\frac{\partial Q}{\partial x}-\frac{\partial P}{\partial y}\right)\mathbf{k}$$

$$\iint_S \text{curl }\mathbf{F}\cdot d\mathbf{S}=\iint_D\left[-\left(\frac{\partial R}{\partial y}-\frac{\partial Q}{\partial z}\right)\frac{\partial z}{\partial x}-\left(\frac{\partial P}{\partial z}-\frac{\partial R}{\partial x}\right)\frac{\partial z}{\partial y}+\left(\frac{\partial Q}{\partial x}-\frac{\partial P}{\partial y}\right)\right]dA \quad (3)$$

$x=x(t)$, $y=y(t)$가 C_1 매개변수 표시이면, C의 매개변수 표시는

$$x=x(t),\ y=y(t),\ z=g(x(t),\ y(t)),\ a\le t\le b$$

선적분 $\int_C \mathbf{F}\cdot d\mathbf{r}$을 계산한다.

$$\int_C \mathbf{F}\cdot d\mathbf{r}=\int_a^b\left(P\frac{dx}{dt}+Q\frac{dy}{dt}+R\frac{dz}{dt}\right)dt$$

$$=\int_a^b\left[P\frac{dx}{dt}+Q\frac{dy}{dt}+R\left(\frac{\partial z}{\partial x}\frac{dx}{dt}+\frac{\partial z}{\partial y}\frac{dy}{dt}\right)\right]dt$$

$$= \int_a^b \left[\left(P + R\frac{\partial z}{\partial x}\right)\frac{dx}{dt} + \left(Q + R\frac{\partial z}{\partial y}\right)\frac{dy}{dt} \right] dt$$

$$= \int_{C_1} \left(P + R\frac{\partial z}{\partial x}\right)dx + \left(Q + R\frac{\partial z}{\partial y}\right)dy$$

$$= \iint_D \left[\frac{\partial}{\partial x}\left(Q + R\frac{\partial z}{\partial y}\right) - \frac{\partial}{\partial y}\left(P + R\frac{\partial z}{\partial x}\right) \right] dA$$

끝 식은 Green의 정리를 써서 그 앞 식에서 유도되었다. P, Q, R은 x, y, z의 함수이고, z는 x, y의 함수이므로

$$\int_C \mathbf{F}\cdot d\mathbf{r} = \iint_D \left[\left(\frac{\partial Q}{\partial x} + \frac{\partial Q}{\partial z}\frac{\partial z}{\partial x} + \frac{\partial R}{\partial x}\frac{\partial z}{\partial y} + \frac{\partial R}{\partial z}\frac{\partial z}{\partial x}\frac{\partial z}{\partial y} + R\frac{\partial^2 z}{\partial x \partial y} \right) \right.$$

$$\left. - \left(\frac{\partial P}{\partial y} + \frac{\partial P}{\partial z}\frac{\partial z}{\partial y} + \frac{\partial R}{\partial y}\frac{\partial z}{\partial x} + \frac{\partial R}{\partial z}\frac{\partial z}{\partial y}\frac{\partial z}{\partial x} + R\frac{\partial^2 z}{\partial y \partial x} \right) \right] dA$$

$$= \iint_D \left[-\left(\frac{\partial R}{\partial y} - \frac{\partial Q}{\partial z}\right)\frac{\partial z}{\partial x} - \left(\frac{\partial P}{\partial z} - \frac{\partial R}{\partial x}\right)\frac{\partial z}{\partial y} + \left(\frac{\partial Q}{\partial x} - \frac{\partial P}{\partial y}\right) \right] dA$$

$$= \iint_S \text{curl}\ \mathbf{F}\cdot d\mathbf{S} \tag{4}$$

이상으로 특별한 경우의 Stokes의 정리가 증명되었다.

【예제 5.20】 $\mathbf{F}(x,\ y,\ z) = -y^2\mathbf{i} + x\mathbf{j} + z^2\mathbf{k}$이고, C가 평면 $y+z=2$와 원통 $x^2+y^2=1$의 교선의 곡선일 때, 다음 적분을 구하라.

$$\int_C \mathbf{F}\cdot d\mathbf{r}$$

단, C는 위에서 볼 때, 반시계방향의 향을 갖는다.

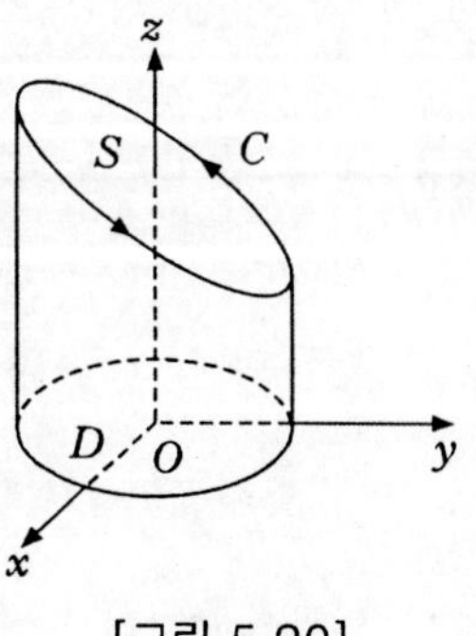

[그림 5.20]

풀이 곡선 C(타원)는 오른쪽 그림과 같다. $\int_C \mathbf{F}\cdot d\mathbf{r}$는 직접 계산할 수 있다. 곡선 C의 매개방정식으로의 표시는 쉽지 않다. 우선 curl $\mathbf{F}$를 계산하면

$$\text{curl}\,\mathbf{F} = \begin{vmatrix} \mathbf{i} & \mathbf{j} & \mathbf{k} \\ \dfrac{\partial}{\partial x} & \dfrac{\partial}{\partial y} & \dfrac{\partial}{\partial z} \\ -y^2 & x & z^2 \end{vmatrix} = (1+2y)\mathbf{k}$$

곡면 S의 xy평면에의 정사영 D는 원판 $x^2+y^2 \le 1$이다. $z=g(x, y)=2-y$이므로

$$d\mathbf{S} = (\mathbf{j}+\mathbf{k})dA,\ \text{curl}\mathbf{F}\cdot d\mathbf{S} = (1+2y)\mathbf{k}\cdot(\mathbf{j}+\mathbf{k})dA = (1+2y)dA$$

이므로

$$\begin{aligned}\int_C \mathbf{F}\cdot d\mathbf{r} &= \iint_S \text{curl}\,\mathbf{F}\cdot d\mathbf{S} = \iint_D (1+2y)dA \\ &= \int_0^{2\pi}\int_0^1 (1+2r\sin\theta)r\,dr\,d\theta \\ &= \int_0^{2\pi}\left[\frac{1}{2}r^2+\frac{2}{3}r^3\sin\theta\right]_0^1 d\theta = \int_0^{2\pi}\left(\frac{1}{2}+\frac{2}{3}\sin\theta\right)d\theta \\ &= \frac{1}{2}(2\pi)+0=\pi\end{aligned}$$

■

【예제 5.21】 Stokes의 정리를 써서 적분 $\iint_S \text{curl}\,\mathbf{F}\cdot d\mathbf{S}$를 구하라. 단, $\mathbf{F}(x, y, z) = yz\mathbf{i}+xz\mathbf{j}+xy\mathbf{k}$이고, S는 구면 $x^2+y^2+z^2=4$가 원통 $x^2+y^2=1$ 안에 놓이는 부분이고, xy평면의 상부이다.

풀이 경계 곡선 C를 구하기 위하여 방정식 $x^2+y^2+z^2=4$와 $x^2+y^2=1$을 풀면 $z^2=3$에서 $z=\sqrt{3}\,(z>0)$이므로 곡선 C는 방정식 $x^2+y^2=1$, $z=\sqrt{3}$으로 주어진 원이다. $x=\cos t$, $y=\sin t$라 할 때 C의 방정식은

$$\mathbf{r}(t)=\cos t\mathbf{i}+\sin t\mathbf{j}+\sqrt{3}\mathbf{k},\ 0\le t\le 2\pi$$

이므로, $\mathbf{r}'(t)=-\sin t\mathbf{i}+\cos t\mathbf{j}$이다. $z=\sqrt{3}$이므로

$$\mathbf{F}(\mathbf{r}(t))=\sqrt{3}\sin t\mathbf{i}+\sqrt{3}\cos t\mathbf{j}+\cos t\sin t\mathbf{k}$$

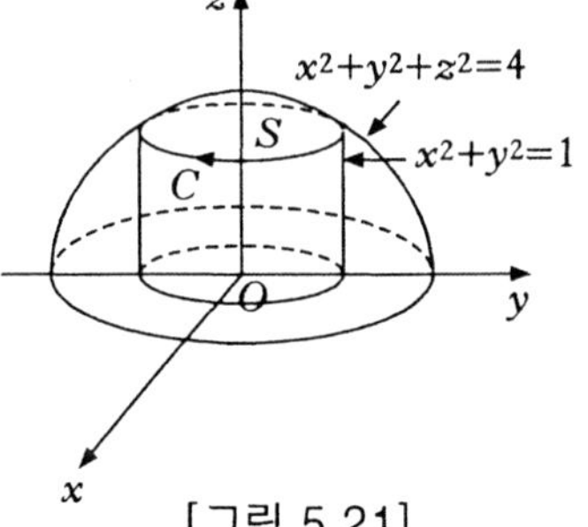

[그림 5.21]

Stokes의 정리에 의하여

$$\iint_S \operatorname{curl} \mathbf{F} \cdot d\mathbf{S} = \int_C \mathbf{F} \cdot d\mathbf{r} = \int_0^{2\pi} \mathbf{F}(\mathbf{r}(t)) \cdot \mathbf{r}'(t)dt$$

$$= \int_0^{2\pi} (\sqrt{3} \sin t\mathbf{i} + \sqrt{3} \cos t\mathbf{j} + \cos t \sin t\mathbf{k}) \cdot (-\sin t\mathbf{i} + \cos t\mathbf{j})dt$$

$$= \int_0^{2\pi} (-\sqrt{3} \sin^2 t + \sqrt{3} \cos^2 t)dt = \sqrt{3} \int_0^{2\pi} \cos^2 2t dt = 0$$

■

【예제 5.22】 $\mathbf{F} = (2x-y)\mathbf{i} - yz^2\mathbf{j} - y^2z\mathbf{k}$에 대하여 Stokes의 정리가 성립함을 밝혀라. 단, S는 구 $x^2+y^2+z^2=1$의 상반부 구면이고, C는 그의 경계선이다.

[풀이] S의 경계선 C는 $x=\cos t$, $y=\sin t$, $z=0$, $0 \le t \le 2\pi$로 나타내지므로

$$\oint_C \mathbf{F} \cdot d\mathbf{r} = \oint_C (2x-y)dx - yz^2 dy - y^2 z dz$$

$$= \int_0^{2\pi} (2\cos t - \sin t)(-\sin t)dt = \pi$$

한편 $\nabla \times \mathbf{F} = \begin{vmatrix} \mathbf{i} & \mathbf{j} & \mathbf{k} \\ \dfrac{\partial}{\partial x} & \dfrac{\partial}{\partial y} & \dfrac{\partial}{\partial z} \\ 2x-y & -yz^2 & -y^2 z \end{vmatrix} = \mathbf{k}$이므로

$$\iint_S (\nabla \times \mathbf{F}) \cdot \mathbf{N} dS = \iint_S \mathbf{k} \cdot \mathbf{N} dS = \iint_D dxdy$$

D는 곡면 S의 xy평면의 정사영이고, $\mathbf{k} \cdot \mathbf{N} dS = dxdy$이므로 끝적분은

$$\int_{-1}^{1} \int_{-\sqrt{1-x^2}}^{\sqrt{1-x^2}} dydx = 4\int_0^1 \int_0^{\sqrt{1-x^2}} dydx = 4\int_0^1 \sqrt{1-x^2}\, dx = \pi$$

따라서 Stokes 정리 $\iint_S (\nabla \times \mathbf{F}) \cdot \mathbf{N} dS = \oint_C \mathbf{F} \cdot d\mathbf{r}$이 성립한다. ■

곡면 S의 각 미소부분의 접평면이 xy평면과 이루는 각 θ는 z축과 S의 미소부분의 법선이 이루는 각과 같으므로, $\cos\theta = \mathbf{k} \cdot \mathbf{N}$, $\mathbf{k} \cdot \mathbf{N} dS = \cos\theta dS = dxdy$이다.

좀 복잡하나, Stokes의 정리를 증명한다. S를 xy, yz, zx 평면 위에의 정사영이 단순폐곡선으로 경계되는 영역을 갖는 곡면이라 하고, 곡면의 S의 방정식은 $z=f(x, y)$,

$x=g(y,\ z)$ 또는 $y=h(x,\ z)$이라 하자.

여기서 f, g, h는 일가함수이고, 연속이고 미분가능한 함수라 하고, 다음 관계식을 증명한다. 다음 그림을 참조하라.

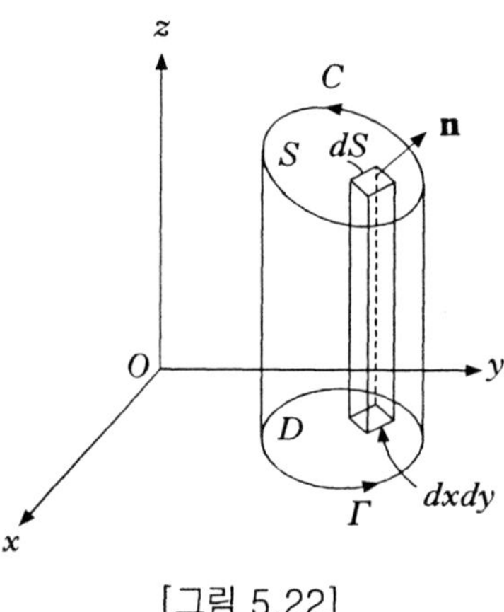

[그림 5.22]

$$\iint_S (\nabla\times\mathbf{F})\cdot\mathbf{N}dS=\iint_S [\nabla\times(P\mathbf{i}+Q\mathbf{j}+R\mathbf{k})]\cdot\mathbf{N}dS=\oint_C \mathbf{F}\cdot d\mathbf{r}$$

$\iint_S [\nabla\times(P\mathbf{i})]\cdot\mathbf{N}\,dS$를 생각한다.

$$\nabla\times(P\mathbf{i})=\begin{vmatrix}\mathbf{i} & \mathbf{j} & \mathbf{k}\\ \dfrac{\partial}{\partial x} & \dfrac{\partial}{\partial y} & \dfrac{\partial}{\partial z}\\ P & 0 & 0\end{vmatrix}=\frac{\partial P}{\partial z}\mathbf{j}-\frac{\partial P}{\partial y}\mathbf{k}$$

$$[\nabla\times(P\mathbf{i})]\cdot\mathbf{N}\,dS=\left(\frac{\partial P}{\partial z}\mathbf{N}\cdot\mathbf{j}-\frac{\partial P}{\partial y}\mathbf{N}\cdot\mathbf{k}\right)dS \tag{5}$$

곡면 S상의 점 $(x,\ y,\ z)$의 위치벡터는

$$\mathbf{r}=x\mathbf{i}+y\mathbf{j}+z\mathbf{k}=x\mathbf{i}+y\mathbf{j}+f(x,\ y)\mathbf{k}$$

$\dfrac{\partial\mathbf{r}}{\partial y}=\mathbf{j}+\dfrac{\partial z}{\partial y}\mathbf{k}=\mathbf{j}+\dfrac{\partial f}{\partial y}\mathbf{k}$, $\dfrac{\partial\mathbf{r}}{\partial y}$는 S의 접선벡터이므로, $\mathbf{N}$에 수직이다. 따라서

$$\mathbf{N}\cdot\frac{\partial\mathbf{r}}{\partial y}=\mathbf{N}\cdot\mathbf{j}+\frac{\partial z}{\partial y}\mathbf{N}\cdot\mathbf{k}=0\text{에서 }\ \mathbf{N}\cdot\mathbf{j}=-\frac{\partial z}{\partial y}\mathbf{N}\cdot\mathbf{k}$$

이것을 (5) 식에 대입하면

$$\left(\frac{\partial P}{\partial z}\mathbf{N}\cdot\mathbf{j}-\frac{\partial P}{\partial y}\mathbf{N}\cdot\mathbf{k}\right)dS=\left(-\frac{\partial P}{\partial z}\frac{\partial z}{\partial y}\mathbf{N}\cdot\mathbf{k}-\frac{\partial P}{\partial y}\mathbf{N}\cdot\mathbf{k}\right)dS$$

또는

$$[(\nabla\times(P\mathbf{i})]\cdot\mathbf{N}dS=-\left(\frac{\partial P}{\partial y}+\frac{\partial P}{\partial z}\frac{\partial z}{\partial y}\right)\mathbf{N}\cdot\mathbf{k}dS \tag{6}$$

S 위에서 $P(x, y, z)=P(x, y, f(x, y))=F(x, y)$이라면 $\frac{\partial P}{\partial y}+\frac{\partial P}{\partial z}\frac{\partial z}{\partial y}=\frac{\partial F}{\partial y}$ 이므로 (6) 식은

$$[\nabla\times(P\mathbf{i})]\cdot\mathbf{N}dS=-\frac{\partial F}{\partial y}\mathbf{N}\cdot\mathbf{k}dS=-\frac{\partial F}{\partial y}dxdy$$

$$\therefore \iint_S [\nabla\times(P\mathbf{i})]\cdot\mathbf{N}\,dS=\iint_D -\frac{\partial F}{\partial y}dxdy \tag{7}$$

단, D는 곡면 S의 xy평면의 정사영이다. 평면에서의 Green의 정리에 의하여 마지막 적분은 $\oint_\Gamma Fdx$와 같다. Γ는 D의 경계이다. Γ의 각 점 (x, y)에서 F의 값은 C의 각 점(x, y, z)에서 P의 값과 같다. 양쪽 곡선에서 dx는 같으므로,

$$\oint_\Gamma Fdx=\oint_C Pdx$$

또는

$$\iint_S [\nabla\times(P\mathbf{i})]\cdot\mathbf{N}\,dS=\oint_C Pdx$$

마찬가지로 다른 좌표평면 위의 정사영에 대하여도

$$\iint_S [\nabla\times(Q\mathbf{j})]\cdot\mathbf{N}dS=\oint_C Qdy$$

$$\iint_S [\nabla\times(R\mathbf{k})]\cdot\mathbf{N}\,dS=\oint_C Rdz$$

따라서 이들 3식을 더하여 Stokes의 정리

$$\iint_S (\nabla \times \mathbf{F}) \cdot \mathbf{N} dS = \oint_C \mathbf{F} \cdot d\mathbf{r} \tag{8}$$

를 얻는다.

참고 Green의 정리에서 $Q=0$이면 $\iint_R \left(-\frac{\partial P}{\partial y}\right) dxdy = \oint_C Pdx$이다. 모든 폐곡선 C에 대하여 $\int_C \mathbf{F} \cdot d\mathbf{r} = 0$의 필요, 충분조건은 항등적으로 $\nabla \times \mathbf{F} = \mathbf{0}$ 되는 것이다.

$\nabla \times \mathbf{F} = 0$이라면, Stokes의 정리에 의하여

$$\oint_C \mathbf{F} \cdot d\mathbf{r} = \iint_S (\nabla \times \mathbf{F}) \cdot \mathbf{N} dS = 0 \text{이므로 } \nabla \times \mathbf{F} = \mathbf{0}$$

이고, 역으로 $\nabla \times \mathbf{F} = \mathbf{0}$이면 $\oint_C \mathbf{F} \cdot d\mathbf{r} = 0$이 된다.

2 Gauss의 정리

2차원 공간에서 평면 영역 D, 그의 경계곡선을 C라 하고, $P(x, y)$, $Q(x, y)$가 Green의 정리의 가정을 만족한다 하자. 벡터장 $\mathbf{F}(x, y) = P\mathbf{i} + Q\mathbf{j}$의 곡선 C에 따른 선적분은

$$\oint_C \mathbf{F} \cdot d\mathbf{r} = \oint_C Pdx + Qdy$$

이고, $\mathbf{F}$의 회전 curl $\mathbf{F}$는

$$\text{curl } \mathbf{F} = \begin{vmatrix} \mathbf{i} & \mathbf{j} & \mathbf{k} \\ \frac{\partial}{\partial x} & \frac{\partial}{\partial y} & \frac{\partial}{\partial z} \\ P & Q & 0 \end{vmatrix} = -\frac{\partial Q}{\partial z}\mathbf{i} + \frac{\partial P}{\partial z}\mathbf{j} + \left(\frac{\partial Q}{\partial x} - \frac{\partial P}{\partial y}\right)\mathbf{k}$$

$$= 0\mathbf{i} + 0\mathbf{j} + \left(\frac{\partial Q}{\partial x} - \frac{\partial P}{\partial y}\right)\mathbf{k}$$

이고,

$$(\text{curl }\mathbf{F})\cdot\mathbf{k}=\left(\frac{\partial Q}{\partial x}-\frac{\partial P}{\partial y}\right)\mathbf{k}\cdot\mathbf{k}=\frac{\partial Q}{\partial x}-\frac{\partial P}{\partial y}$$

이므로

$$\oint_C \mathbf{F}\cdot d\mathbf{r}=\oint_D Pdx+Qdy=\iint_D\left(\frac{\partial Q}{\partial x}-\frac{\partial P}{\partial y}\right)dA=\oint_C(\text{curl }\mathbf{F})\cdot\mathbf{k}dA$$

따라서 Green의 정리를 벡터형으로 나타내면 다음과 같다.

$$\oint_C \mathbf{F}\cdot d\mathbf{r}=\iint_D \text{curl }\mathbf{F}\cdot\mathbf{k}dA \tag{9}$$

(9) 식은 곡선 C에 따르는 $\mathbf{F}$의 접선성분의 선적분이 C에 의하여 둘러싸이는 영역 D에서 $(\text{curl }\mathbf{F})\cdot\mathbf{k}$의 2중적분으로서 나타내고 있다.

C의 벡터방정식이

$$\mathbf{r}(t)=x(t)\mathbf{i}+y(t)\mathbf{j},\ a\le t\le b$$

로 주어지면, 단위접선벡터는

$$\mathbf{T}(t)=\frac{x'(t)}{|\mathbf{r}'(t)|}\mathbf{i}+\frac{y'(t)}{|\mathbf{r}'(t)|}\mathbf{j}$$

이고, C에 대한 바깥쪽 방향의 단위법선벡터는

$$\mathbf{N}(t)=\frac{y'(t)}{|\mathbf{r}'(t)|}\mathbf{i}-\frac{x'(t)}{|\mathbf{r}'(t)|}\mathbf{j}$$

로 주어지므로,

$$\begin{aligned}\int_C \mathbf{F}\cdot\mathbf{N}\,ds&=\int_a^b(\mathbf{F}\cdot\mathbf{N})(t)|\mathbf{r}'(t)|dt\quad(ds=|\mathbf{r}'(t)|dt)\\&=\int_a^b\left[P(x(t),\ y(t))\frac{y'(t)}{|\mathbf{r}'(t)|}-Q(x(t),\ y(t))\frac{x'(t)}{|\mathbf{r}'(t)|}\right]|\mathbf{r}'(t)|dt\\&=\int_a^b P(x(t),\ y(t))y'(t)dt-Q(x(t),\ y(t))x'(t)dt\end{aligned}$$

$$= \int_C P dy - Q dx = \iint_D \left(\frac{\partial P}{\partial x} + \frac{\partial Q}{\partial y} \right) dA$$

이중적분에서 피적분함수는 **F**의 발산이므로, Green의 정리의 벡터형을 얻는다.

$$\oint_C \mathbf{F} \cdot \mathbf{N} dS = \iint_D \operatorname{div} \mathbf{F}(x, y) dA \qquad (10)$$

참고 $\mathbf{F} = P\mathbf{i} + Q\mathbf{j}$ 이면 $\operatorname{div} \mathbf{F} = \frac{\partial P}{\partial x} + \frac{\partial Q}{\partial y} (= \nabla \cdot \mathbf{F})$

(10) 식의 3차원 공간에서의 표시는

$$\iint_S \mathbf{F} \cdot \mathbf{N} dS = \iiint_E \operatorname{div} \mathbf{F}(x, y, z) dV \qquad (11)$$

가 된다. 단, S는 입체영역 E의 경계곡면이다.

[정리 5.3] (Gauss의 발산정리) E는 양의 방향(법선이 연속인 방향)의 곡면 S로 경계되는 단순입체영역이라 하자. **F**가 E를 포함하는 개영역에서 그의 성분함수가 연속인 편도함수를 가지는 벡터장이라면 다음 식이 성립한다.

$$\iint_S \mathbf{F} \cdot d\mathbf{S} = \iiint_E \operatorname{div} \mathbf{F} dV \qquad (12)$$

이 정리는 면적분을 체적분으로 바꾸어서 나타내는 정리이다. 이 정리를 **발산정리** 또는 **Gauss의 정리**라고 한다. 예제를 들어서 정리를 이해하자.

【예제 5.23】 $\mathbf{F}(x, y, z) = xy\mathbf{i} + (y^2 + e^{xz})\mathbf{j} + \sin(xy)\mathbf{k}$일 때, $\iint_S \mathbf{F} \cdot d\mathbf{S}$를 구하라. 단, E는 포물기둥 $z = 1 - x^2$과 평면 $z=0$, $y=0$, $x+z=2$로 경계되는 영역이다.

풀이 구하려는 면적분을 직접 구하는 것은 대단히 어렵다. 그러므로 발산정리를 써서 체적분으로 구한다.

$$\begin{aligned}\operatorname{div}\mathbf{F} &= \frac{\partial}{\partial x}(xy) + \frac{\partial}{\partial y}(y^2 + e^{xz}) + \frac{\partial}{\partial z}(\sin xy)\\ &= y + 2y = 3y\end{aligned}$$

구하려는 면적분을 발산정리를 써서 3중적분(체적분)으로 구한다.
체적분에서 적분영역 E는

$$E = \{(x,\ y,\ z) \mid -1 \le x \le 1,\ 0 \le z \le 1 - x^2,\ 0 < y \le 2 - z\}$$

이므로, 구하는 면적분은

$$\begin{aligned}\iint_S \mathbf{F}\cdot d\mathbf{S} &= \iiint_E \operatorname{div}\mathbf{F}\,dV = \iiint_E 3y\,dV\\ &= 3\int_{-1}^{1}\int_0^{1-x^2}\int_0^{2-z} y\,dy\,dz\,dx = 3\int_{-1}^{1}\int_0^{1-x^2}\left[\frac{1}{2}y^2\right]_0^{2-z} dz\,dx\\ &= 3\int_{-1}^{1}\int_0^{1-x^2}\frac{(2-z)^2}{2}\,dz\,dx = \frac{3}{2}\int_{-1}^{1}\left[-\frac{(2-z)^3}{3}\right]_0^{1-x^2} dx\\ &= -\frac{1}{2}\int_{-1}^{1}[(x^2+1)^3 - 8]\,dx = -\int_0^1 (x^6 + 3x^4 + 3x^2 - 7)\,dx\\ &= -\left[\frac{1}{7}x^7 + \frac{3}{5}x^5 + x^3 - 7x\right]_0^1\\ &= \frac{184}{35}\end{aligned}$$

■

연습문제(5.2)

1. $\mathbf{F}=4xyz\mathbf{i}-y^2\mathbf{j}+yz\mathbf{k}$일 때, $\iint_S \mathbf{F}\cdot\mathbf{N}dS$를 구하라.

단, S는 $x=0$, $x=1$, $y=0$, $y=2$, $z=0$, $z=3$으로 둘러싸이는 입체의 표면이다.

2. $\iint_S \mathbf{r}\cdot\mathbf{N}dS$를 구하라. 단, S는 폐곡면이고, S로 둘러싸이는 부피는 V이다.

3. $\iiint_V \nabla\phi dV=\iint_S \phi\mathbf{N}dS$임을 밝혀라.

4. $\mathbf{F}=x\mathbf{i}+y\mathbf{j}+z\mathbf{k}$에 대하여 영역 $V: x^2+y^2+z^2\le a^2$에서 적분 $\iiint_V \nabla\cdot\mathbf{F}dV$를 구하라.

5. $\mathbf{F}=y\mathbf{i}+x\mathbf{j}+z\mathbf{k}$일 때 $\oint_C \mathbf{F}\cdot d\mathbf{r}$을 구하라. 단, C는 단순폐곡선이다.

6. Stokes의 정리를 이용하여 다음 선적분을 구하라.

$$\oint_C(-y^3dx+x^3dy-z^3dz)$$

단, C는 주면 $x^2+y^2=1$과 평면 $x+y+z=1$의 교선을 반시계방향으로 일주하는 경로이다.

연습문제 풀이

제 1 장

[연습문제 1.1]

1. 구하는 값 v_b는, ΔABC에서 코사인 정리에 의하여

$$v_b^2 = 50^2 + 250^2 - 2(50)(250)\cos 135°$$

$$= 65000 + 1250\sqrt{2} = 66767.78$$

$$\therefore\ v_b = 258.4(\mathrm{km})$$

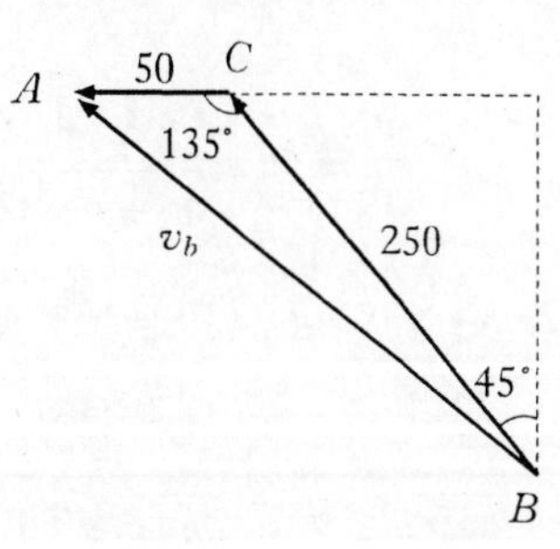

2. $(a-a')\mathbf{A}+(b-b')\mathbf{B}+(c-c')\mathbf{C}=0$에서 $\mathbf{A}$, $\mathbf{B}$, $\mathbf{C}$가 1차 독립이므로, $a-a'=0$, $b-b'=0$, $c-c'=0$이어야 한다. 따라서 $a=a'$, $b=b'$, $c=c'$.

3. $\mathbf{A}$와 $\mathbf{B}$가 공선이면, $\mathbf{B}$는 $\mathbf{A}$의 스칼라 배이므로, $\mathbf{B}=k\mathbf{A}$이다. 따라서 $k\mathbf{A}+(-1)\mathbf{B}=0$에서, $\lambda=k$, $\mu=-1$이라면, $\mu=-1\neq 0$이므로, 조건은 필요하다. 역으로 $\lambda\mathbf{A}+\mu\mathbf{B}=0$이고, λ와 μ가 동시에는 0이 아니라 하자. $\lambda\neq 0$라면, $\mathbf{A}=-\dfrac{\mu}{\lambda}\mathbf{B}$이므로, $\mathbf{A}$와$\mathbf{B}$는 공선이다. 따라서 요구된 조건은 필요하다.

N이라 하면

$\overrightarrow{AC} = \overrightarrow{AB} + \overrightarrow{AD} = \mathbf{a} + \mathbf{b}$

$\therefore\ \overrightarrow{AM} = \frac{1}{2}\overrightarrow{AC} = \frac{1}{2}(\mathbf{a} + \mathbf{b})$ …… ①

$\overrightarrow{BD} = \overrightarrow{AD} - \overrightarrow{AB} = \mathbf{b} - \mathbf{a}$

$\therefore\ \overrightarrow{BN} = \frac{1}{2}\overrightarrow{BD} = \frac{1}{2}(\mathbf{b} - \mathbf{a})$

$\therefore\ \overrightarrow{AN} = \overrightarrow{AB} + \overrightarrow{BN} = a + \frac{1}{2}(b - a) = \frac{1}{2}(\mathbf{a} + \mathbf{b})$ …… ②

①, ②에서 점 M과 점 N은 같은 점이므로, 두 대각선 AC와 BD는 서로 다른 것을 2등분한다.

[연습문제 1.2]

1. **a**, **b**에 수직인 벡터를 $\mathbf{c} = c_1\mathbf{i} + c_2\mathbf{j} + c_3\mathbf{k}$라면

$$\begin{cases} \mathbf{a} \cdot \mathbf{c} = 2c_1 - 6c_2 - 8c_3 = 0 \\ \mathbf{b} \cdot \mathbf{c} = 4c_1 + 3c_2 - c_3 = 0 \end{cases} \qquad \begin{cases} 2c_1 - 6c_2 = 8c_3 & \cdots\cdots ① \\ 4c_1 + 3c_2 = c_3 & \cdots\cdots ② \end{cases}$$

①, ② 식에서 $c_1 = c_3$, $c_2 = -c_3$이므로 $\mathbf{c} = c_3(\mathbf{i} - \mathbf{j} + \mathbf{k})$, **c**방향의 단위벡터는

$$\frac{\mathbf{c}}{c} = \frac{c_3(\mathbf{i} - \mathbf{j} + \mathbf{k})}{c_3\sqrt{1^2 + (-1)^2 + 1^2}} = \frac{1}{\sqrt{3}}\mathbf{i} - \frac{1}{\sqrt{3}}\mathbf{j} + \frac{1}{\sqrt{3}}\mathbf{k}$$

2. 다음 그림의 마름모에서 대각선 PR과 OQ가 직교함을 밝힌다. 즉 두 대각선의 교각이 $\frac{\pi}{2}$인 것을 밝히면 된다.

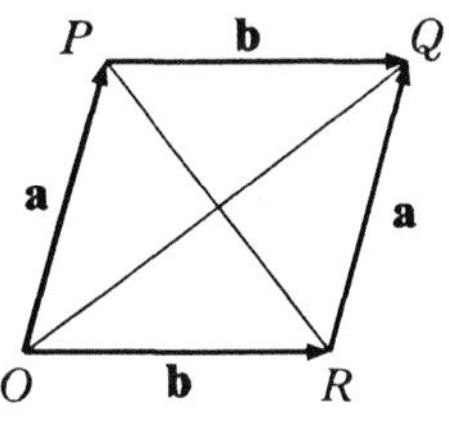

$\overrightarrow{RP} = \mathbf{a} - \mathbf{b}$, $\overrightarrow{OQ} = \mathbf{a} + \mathbf{b}$이고, $|\mathbf{a}| = |\mathbf{b}|$이므로

$\overrightarrow{RP} \cdot \overrightarrow{OQ} = (\mathbf{a} - \mathbf{b}) \cdot (\mathbf{a} + \mathbf{b}) = \mathbf{a}^2 - \mathbf{b}^2$

$\qquad = |\mathbf{a}|^2 - |\mathbf{b}|^2 = |\mathbf{a}|^2 - |\mathbf{a}|^2 = 0$

한편 $\overrightarrow{RP} \cdot \overrightarrow{OQ} = |\mathbf{a} - \mathbf{b}||\mathbf{a} + \mathbf{b}|\cos\theta = 0$에서 $\cos\theta = 0 \quad \therefore\ \theta = \frac{\pi}{2}$

3. **r**을 구하는 평면상에 끝점을 가지는 임의의 벡터라면 $(\mathbf{b} - \mathbf{r}) \cdot \mathbf{a} = 0$, $\mathbf{r} \cdot \mathbf{a} = \mathbf{b} \cdot \mathbf{a}$ 이므로 $\mathbf{r} = x\mathbf{i} + y\mathbf{j} + z\mathbf{k}$라면, 구하는 방정식은 점 (1, 5, 3)에서

$\mathbf{r} \cdot \mathbf{a} = 2x + 3y + 6z = 2 + 15 + 18 = \mathbf{b} \cdot \mathbf{r}$에서 $2x + 3y + 6z = 35$

참고 $\overrightarrow{OB} + \overrightarrow{BA} = \overrightarrow{OA}$, $\overrightarrow{OA} - \overrightarrow{OB} = \overrightarrow{BA}$

여기서 $\overrightarrow{OA} - \overrightarrow{OB}$는 $\overrightarrow{OB}$의 끝점 B를 시작점,

참고 $\overrightarrow{OB}+\overrightarrow{BA}=\overrightarrow{OA}$, $\overrightarrow{OA}-\overrightarrow{OB}=\overrightarrow{BA}$

여기서 $\overrightarrow{OA}-\overrightarrow{OB}$는 $\overrightarrow{OB}$의 끝점 B를 시작점,

OA의 끝점 A를 끝점으로 하는 벡터 $\overrightarrow{BA}$가 된다.

$\mathbf{b}+\mathbf{c}=\mathbf{a}$에서 $\mathbf{c}=\mathbf{a}-\mathbf{b}$이다.

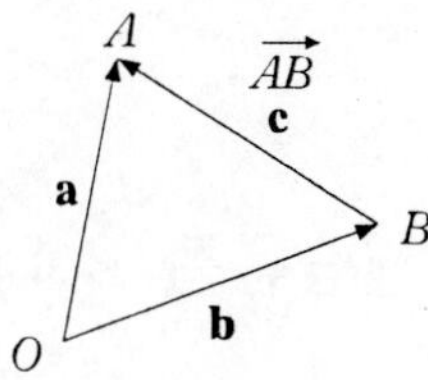

또는 구하는 평면의 방정식은 $\mathbf{a}\cdot(\mathbf{r}-\mathbf{r}_0)=0$,

$\mathbf{r}_0=\mathbf{i}+5\mathbf{j}+3\mathbf{k}$이므로

$$(2\mathbf{i}+3\mathbf{j}+6\mathbf{k})\cdot[(x-1)\mathbf{i}+(y-5)\mathbf{j}+(z-3)\mathbf{k}]=0.$$

에서 $2(x-1)+3(y-5)+6(z-3)=0$ 또는 $2x+3y+6z=35$

4. (1) $\mathbf{a}\times\mathbf{b}=\begin{vmatrix}\mathbf{i} & \mathbf{j} & \mathbf{k}\\ 1 & 4 & -2\\ 2 & -3 & 1\end{vmatrix}=\mathbf{i}\begin{vmatrix}4 & -2\\ -3 & 1\end{vmatrix}-\mathbf{j}\begin{vmatrix}1 & -2\\ 2 & 1\end{vmatrix}+\mathbf{k}\begin{vmatrix}1 & 4\\ 2 & -3\end{vmatrix}=-2\mathbf{i}-5\mathbf{j}-11\mathbf{k}$

(2) $\mathbf{b}\times\mathbf{a}=\begin{vmatrix}\mathbf{i} & \mathbf{j} & \mathbf{k}\\ 2 & 1 & -1\\ 3 & -1 & 2\end{vmatrix}=\mathbf{i}\begin{vmatrix}1 & -1\\ -1 & 2\end{vmatrix}-\mathbf{j}\begin{vmatrix}2 & -1\\ 3 & 2\end{vmatrix}+\mathbf{k}\begin{vmatrix}2 & 1\\ 3 & -1\end{vmatrix}=\mathbf{i}-7\mathbf{j}-5\mathbf{k}$

5. 좌변 $=(\mathbf{a}-\mathbf{b})\times(\mathbf{a}+\mathbf{b})=(\mathbf{a}-\mathbf{b})\times\mathbf{a}+(\mathbf{a}-\mathbf{b})\times\mathbf{b}$

$$=\mathbf{a}\times\mathbf{a}-\mathbf{b}\times\mathbf{a}+\mathbf{a}\times\mathbf{b}-\mathbf{b}\times\mathbf{b}=\mathbf{0}+\mathbf{a}\times\mathbf{b}+\mathbf{a}\times\mathbf{b}-\mathbf{0}=2\mathbf{a}\times\mathbf{b}$$

6. $a=(2,\ 0,\ 3)$, $b=(3,\ 3,\ 0)$, $c=(0,\ 6,\ 2)$로 결정되는 4면체이다. 3벡터 $\mathbf{a}$, $\mathbf{b}$, $\mathbf{c}$로 되는 평행6면체의 부피 V는

$$V=\begin{vmatrix}2 & 0 & 3\\ 3 & 3 & 0\\ 0 & 6 & 2\end{vmatrix}=66$$

구하는 4면체의 부피는 이 평행6면체의 부피의 $\frac{1}{6}$이므로, 구하는 4면체의 부피는 $\frac{1}{6}(66)=11$이다.

7. 직선 l에 수직인 법선벡터의 하나는 $[1,\ -2]$이므로 단위법선벡터

$$\mathbf{N}=\frac{\mathbf{i}-2\mathbf{j}}{\sqrt{1+(-2)^2}}=\frac{1}{\sqrt{5}}\mathbf{i}-\frac{2}{\sqrt{5}}\mathbf{j}$$

$\mathbf{N}$에 수직인 직선의 방향여현을 $(a,\ b)$라면 $(\mathbf{i}-2\mathbf{j})\cdot(a\mathbf{i}+b\mathbf{j})=0$에서 $a=2$, $b=1$이므로, 구하는 직선은 $2x+y=c$이고, 점 $(1,\ 3)$을 지나려면 $c=2(1)+3=5$이므로, 구하는 직선은 $2x+y=5$이다.

8. l에 수직인 법선의 하나는 $4\mathbf{i}+2\mathbf{j}+4\mathbf{k}$이므로, 단위법선벡터는

제 2 장

[연습문제 2.1]

1. $|f(t)| = \sqrt{\cos^2 t + \sin^2 t} = 1$이고, 곡선은 $x=\cos t$, $y=\sin t$이므로, $x^2+y^2=1$

2. $\lim_{t\to 0} f(t) = \left\{\lim_{t\to 0}\frac{\sin t}{t}\right\}\mathbf{i} + \left\{\lim_{t\to 0}\ln(3+t)\right\}\mathbf{j} = \mathbf{i} + (\ln 3)\mathbf{j}$

3. f의 정의역은 $f_1(t)$와 $f_2(t)$가 정의되기 위한 모든 t의 집합이다. $f_1(t)$는 $t\neq 0$인 경우에 정의되고, $f_2(t)$는 $t \geq -1$에서 정의되므로 f의 정의역은 $\{t \mid t\geq -1,\ t\neq 0\}$이다.

4. $f'(t) = (-\sin t)\mathbf{i} + 2e^{2t}\mathbf{j}$

5. xy-평면에서 곡선 $\mathbf{r} = (\cos t)\mathbf{i} + (\sin t)\mathbf{j}$는 단위원의 매개방정식이다. 따라서 t가 증가함에 따라 x와 y의 좌표는 z가 증가하도록 단위원의 주위를 "감아 올라간다." 그러므로 곡선은 단위원을 밑면으로 하는 원기둥면 위에 감긴다. 이 곡선을 원형나선이라 한다.

$$f'(t) = (-\sin t)\mathbf{i} + (\cos t)\mathbf{j} + \mathbf{k}$$

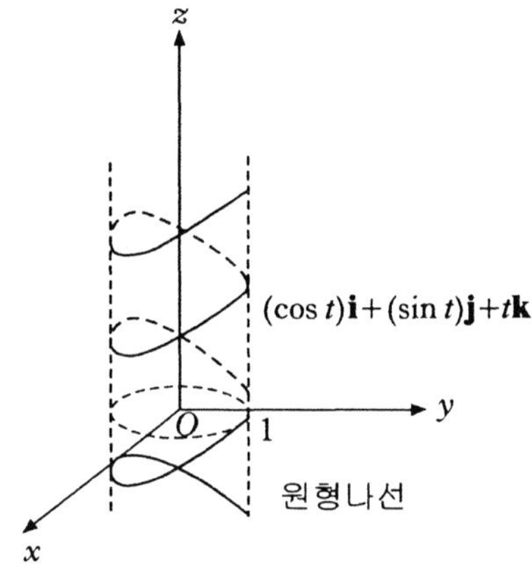

6. $\mathbf{r}(t)\cdot\mathbf{r}(t) = |\mathbf{r}(t)|^2 = c^2$이고, c^2이 상수이므로,

$$0 = \frac{d}{dt}[\mathbf{r}(t)\cdot\mathbf{r}(t)] = \mathbf{r}'(t)\cdot\mathbf{r}(t) + \mathbf{r}(t)\cdot\mathbf{r}'(t) = 2\mathbf{r}'(t)\cdot\mathbf{r}(t)$$

따라서 $\mathbf{r}'(t)\cdot\mathbf{r}(t)=0$에서 $\mathbf{r}'(t)$와 $\mathbf{r}(t)$는 직교한다.

7. $\dot{\mathbf{r}}(t) = -2\sin t\mathbf{i} + 2\cos t\mathbf{j} + \mathbf{k}$ $\therefore |\dot{\mathbf{r}}(t)| = \sqrt{(-2\sin t)^2 + (2\cos t)^2 + 1^2} = \sqrt{5}$

$\ddot{\mathbf{r}}(t) = -2\cos t\mathbf{i} - 2\sin t\mathbf{j}$ $\therefore |\ddot{\mathbf{r}}(t)| = \sqrt{(-2\cos t)^2 + (-2\sin t)^2} = 2$

8. $(\mathbf{u}\times\mathbf{v})' = \mathbf{u}'\times\mathbf{v} + \mathbf{u}\times\mathbf{v}'$, $\mathbf{u}' = \mathbf{i} + 4t\mathbf{k}$, $\mathbf{v}' = 3t^2\mathbf{j} + \mathbf{k}$

$\therefore$ $(\mathbf{u}\times\mathbf{v})' = (\mathbf{i} + 4t\mathbf{k})\times(t^3\mathbf{j} + t\mathbf{k}) + (t\mathbf{i} + 2t^2\mathbf{k})\times(3t^2\mathbf{j} + \mathbf{k})$

$$=\begin{vmatrix}\mathbf{i} & \mathbf{j} & \mathbf{k}\\ 1 & 0 & 4t\\ 0 & t^3 & t\end{vmatrix}+\begin{vmatrix}\mathbf{i} & \mathbf{j} & \mathbf{k}\\ t & 0 & 2t^2\\ 0 & 3t^2 & 1\end{vmatrix}=(-4t^4\mathbf{i}-t\mathbf{j}+t^3\mathbf{k})+(-6t^4\mathbf{i}-t\mathbf{j}+3t^3\mathbf{k})$$

$$=-10t^4\mathbf{i}-2t\mathbf{j}+4t^3\mathbf{k}$$

9. $\mathbf{u}(t)$의 길이가 일정하므로, $\mathbf{u}\cdot\mathbf{u}$는 일정하다. 따라서

$$0=(\mathbf{u}\cdot\mathbf{u})'=2\mathbf{u}\cdot\mathbf{u}' \quad \therefore\ \mathbf{u}\cdot\mathbf{u}'=0$$

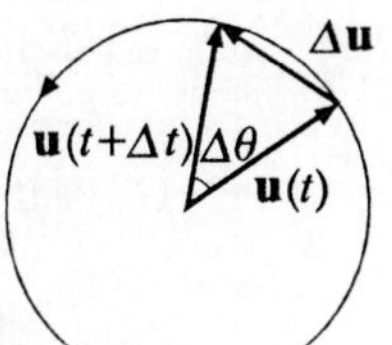

10. (1) $(\mathbf{u}\cdot\mathbf{v})'=\mathbf{u}'\cdot\mathbf{v}+\mathbf{u}\cdot\mathbf{v}'$

$$=(10t\mathbf{i}+\mathbf{j}-3t^2\mathbf{k})\cdot(\sin t\mathbf{i}-\cos t\mathbf{j})$$
$$+(5t^2\mathbf{i}+t\mathbf{j}-t^3\mathbf{k})\cdot(\cos t\mathbf{i}+\sin t\mathbf{j})$$
$$=10t\sin t-\cos t+5t^2\cos t+t\sin t=(5t^2-1)\cos t+11t\sin t$$

(2) $$(\mathbf{u}\times\mathbf{v})'=\mathbf{u}'\times\mathbf{v}+\mathbf{u}\times\mathbf{v}'=\begin{bmatrix}\mathbf{i} & \mathbf{j} & \mathbf{k}\\ 10t & 1 & -3t^2\\ \sin t & -\cos t & 0\end{bmatrix}+\begin{vmatrix}\mathbf{i} & \mathbf{j} & \mathbf{k}\\ 5t^2 & t & -t^3\\ \cos t & \sin t & 0\end{vmatrix}$$

$$=(-2t\cos t+t^2\sin t)\mathbf{i}-(t^3\cos t+3t^2\sin t)\mathbf{j}+(5t^2\sin t-\sin t-11t\cos t)\mathbf{k}$$

(3) $(\mathbf{u}^2)'=2\mathbf{u}\cdot\mathbf{u}'=2(5t^2\mathbf{i}+t\mathbf{j}-t^3\mathbf{k})\cdot(10t\mathbf{i}+\mathbf{j}-3t^2\mathbf{k})=2(50t^3+t+3t^5)$

11. $\dfrac{\partial^2\mathbf{a}}{\partial u^2}=2\mathbf{k},\ \dfrac{\partial^2\mathbf{a}}{\partial u\partial v}=0,\ \dfrac{\partial^2\mathbf{a}}{\partial v^2}=2\mathbf{k}$

[연습문제 2.2]

1. (1) $\dfrac{d\mathbf{r}}{ds}=\dfrac{dx}{ds}\mathbf{i}+\dfrac{dy}{ds}\mathbf{j}+\dfrac{dz}{ds}\mathbf{k}$이므로,

$$\left|\frac{d\mathbf{r}}{ds}\right|=\sqrt{\left(\frac{dx}{ds}\right)^2+\left(\frac{dy}{ds}\right)^2+\left(\frac{dz}{ds}\right)^2}=\sqrt{\frac{(dx)^2+(dy)^2+(dz)^2}{(ds)^2}}=1$$

2. (1) $\dot{\mathbf{r}}=-3(\sin u)\mathbf{i}+3(\cos u)\mathbf{j}+4\mathbf{k}$이므로

$$s=\int_0^u\sqrt{9\sin^2u+9\cos^2u+16}\,du=5u$$

(2) $\mathbf{T}=\mathbf{r}'=\dfrac{\dot{\mathbf{r}}}{\dot{s}}=\dfrac{1}{5}\{-3\sin u\,\mathbf{i}+3\cos u\mathbf{j}+4\mathbf{k}\}$

(3) $\mathbf{T}' = \mathbf{r}'' = \dfrac{\dot{\mathbf{T}}}{\dot{s}} = \dfrac{1}{25}\{-3\cos u\,\mathbf{i} - 3\sin u\,\mathbf{j}\}$

$\therefore\ |\mathbf{T}'| = \dfrac{1}{25}\sqrt{9\cos^2 u + 9\sin^2 u} = \dfrac{3}{25}$

3. $\dot{\mathbf{r}}(u) = \mathbf{i} + 2u\mathbf{j} + 2u^2\mathbf{k}$

$|\dot{\mathbf{r}}(u)| = \sqrt{1^2 + (2u)^2 + (2u)^2} = \sqrt{4u^4 + 4u^2 + 1} = 2u^2 + 1$

$\therefore\ s = \displaystyle\int_0^1 (2u^2+1)\,du = \left[\frac{2}{3}u^3 + u\right]_0^1 = \frac{5}{3}$

4. (1) $\dot{\mathbf{r}}(t) = (-\sin t)\mathbf{i} + (\cos t)\mathbf{j} + \mathbf{k}$이고 $|\dot{\mathbf{r}}(t)| = \sqrt{\sin^2 t + \cos^2 t + 1} = \sqrt{2}$ 이므로

$\mathbf{T}(t) = -\dfrac{\sin t}{\sqrt{2}}\mathbf{i} + \dfrac{\cos t}{\sqrt{2}}\mathbf{j} + \dfrac{1}{\sqrt{2}}\mathbf{k},\quad \mathbf{T}\left(\dfrac{\pi}{3}\right) = -\dfrac{\sqrt{3}}{2\sqrt{2}}\mathbf{i} + \dfrac{1}{2\sqrt{2}}\mathbf{j} + \dfrac{1}{\sqrt{2}}\mathbf{k}$

(2) $\dfrac{ds}{dt} = |\dot{\mathbf{r}}(t)| = \sqrt{2}$ 이므로, $s(4) = \displaystyle\int_0^4 \sqrt{2}\,dt = 4\sqrt{2}$

5. $\dot{\mathbf{r}}(t) = (t^2-1)\mathbf{i} + 2t\mathbf{j}$ 이므로 다음을 얻는다.

$|\dot{\mathbf{r}}(t)| = \sqrt{(t^2-1)^2 + 4t^2} = t^2 + 1$

$\mathbf{T}(t) = \dfrac{\dot{\mathbf{r}}(t)}{|\dot{\mathbf{r}}(t)|} = \dfrac{t^2-1}{t^2+1}\mathbf{i} + \dfrac{2t}{t^2+1}\mathbf{j}$

$\dot{\mathbf{T}}(t) = \dfrac{d}{dt}\left(\dfrac{t^2-1}{t^2+1}\right)\mathbf{i} + \dfrac{d}{dt}\left(\dfrac{2t}{t^2+1}\right)\mathbf{j} = \dfrac{4t}{(t^2+1)^2}\mathbf{i} + \dfrac{2-2t^2}{(t^2+1)^2}\mathbf{j}$

$$|\dot{\mathbf{T}}(t)| = \left[\left\{\frac{4t}{(t^2+1)^2}\right\}^2 + \left\{\frac{2-2t^2}{(t^2+1)^2}\right\}^2\right]^{\frac{1}{2}} = \frac{1}{(t^2+1)^2}(16t^2 + 4 - 8t^2 + 4t^4)^{\frac{1}{2}}$$

$$= \frac{1}{(t^2+1)^2}\sqrt{4t^4 + 8t^2 + 4} = \frac{2}{t^2+1}$$

$$\mathbf{N}(t) = \frac{\dot{\mathbf{T}}(t)}{|\dot{\mathbf{T}}(t)|} = \frac{t^2+1}{2}\left\{\frac{4t}{(t^2+1)^2}\mathbf{i} + \frac{2-2t^2}{(t^2+1)^2}\mathbf{j}\right\} = \frac{2t}{t^2+1}\mathbf{i} + \frac{1-t^2}{t^2+1}\mathbf{j}$$

$t=3$에서 $\mathbf{r}(3) = \dfrac{4}{5}\mathbf{i} + \dfrac{3}{5}\mathbf{j}$ 이고 $\mathbf{N} = \dfrac{3}{5}\mathbf{i} - \dfrac{4}{5}\mathbf{j}$ 이므로 $\mathbf{r}(3)\cdot\mathbf{N}(3) = 0$이다.

6. $\dfrac{d\mathbf{r}}{dt} = 2t\mathbf{i} + 4\mathbf{j} + (4t-6)\mathbf{k},\quad \left|\dfrac{d\mathbf{r}}{dt}\right| = \sqrt{(2t)^2 + 4^2 + (4t-6)^2}$

$\therefore\ \mathbf{T}=\dfrac{\dot{\mathbf{r}}}{|\mathbf{r}|}=\dfrac{2t\mathbf{i}+4\mathbf{j}+(4t-6)\mathbf{k}}{\sqrt{(2t)^2+4^2+(4t-6)^2}}$

$t=2$에서 $\mathbf{T}=\dfrac{4\mathbf{i}+4\mathbf{j}+2\mathbf{k}}{\sqrt{4^2+4^2+2^2}}=\dfrac{4}{6}\mathbf{i}+\dfrac{4}{6}\mathbf{j}+\dfrac{2}{6}\mathbf{k}=\dfrac{2}{3}\mathbf{i}+\dfrac{2}{3}\mathbf{j}+\dfrac{1}{3}\mathbf{k}$

7. $\dfrac{d\mathbf{r}}{ds}=\dfrac{d}{dx}(x\mathbf{i}+y\mathbf{j}+z\mathbf{k})=\dfrac{dx}{ds}\mathbf{i}+\dfrac{dy}{ds}\mathbf{j}+\dfrac{dz}{ds}\mathbf{k}$는 곡선 C의 접선벡터이고,

$$\left|\frac{d\mathbf{r}}{ds}\right|=\sqrt{\left(\frac{dx}{ds}\right)^2+\left(\frac{dy}{ds}\right)^2+\left(\frac{dz}{ds}\right)^2}=\sqrt{\frac{(dx)^2+(dy)^2+(dz)^2}{(ds)^2}}=1$$

이므로, $\dfrac{d\mathbf{r}}{ds}$는 단위접선벡터이다.

[연습문제 2.3]

1. $y'=\sinh x,\ y''=\cosh x$이므로

$$\kappa=\frac{\cosh x}{(1+\sinh^2 x)^{\frac{3}{2}}}=\frac{1}{\cosh^2 x}=\frac{1}{y^2}$$

2. $\mathbf{r}'(s)=-\left\{\left(\sin\dfrac{s}{a}\right)\mathbf{i}+\left(\cos\dfrac{s}{a}\right)\mathbf{j}\right\},\ \mathbf{r}''(s)=-\dfrac{1}{a}\left\{\left(\cos\dfrac{s}{a}\right)\mathbf{i}+\left(\sin\dfrac{s}{a}\right)\mathbf{j}\right\}$

$\kappa=|\mathbf{r}''(s)|=\dfrac{1}{a}\quad \therefore\ \rho=\dfrac{1}{\kappa}=a$

3. $\dot{\mathbf{r}}=(1-\cos t)\mathbf{i}+\sin t\mathbf{j}+2\cos\dfrac{t}{2}\mathbf{k}$이므로

$$\dot{s}=\frac{ds}{dt}=|\dot{\mathbf{r}}|=\sqrt{(1-\cos t)^2+\sin^2 t+4\cos^2\frac{t}{2}}=2\quad\therefore\ s=2t.$$

따라서 $\mathbf{r}'=\dfrac{d\mathbf{r}}{ds}=\dfrac{d\mathbf{r}}{dt}\Big/\dfrac{ds}{dt}=\dfrac{\dot{\mathbf{r}}}{\dot{\mathbf{s}}}=\dfrac{1}{2}(1-\cos t)\mathbf{i}+\dfrac{1}{2}\sin t\mathbf{j}+\cos\dfrac{t}{2}\mathbf{k}$

$$\mathbf{r}''=\frac{\frac{d\mathbf{r}'}{dt}}{\dot{s}}=\frac{1}{4}\sin t\mathbf{i}+\frac{1}{4}\cos t\mathbf{j}-\frac{1}{4}\sin\frac{t}{2}\mathbf{k}$$

$$\therefore\ k=|\mathbf{r}''|=\frac{1}{4}\sqrt{\sin^2 t+\cos^2 t+\sin^2\frac{t}{2}}=\frac{1}{4}\sqrt{1+\sin^2\frac{t}{2}}$$

4. $\kappa=\left|\dfrac{d\mathbf{t}}{ds}\right|,\ \mathbf{t}=\dfrac{d\mathbf{r}}{ds}=\dfrac{\dfrac{d\mathbf{r}}{du}}{\dfrac{ds}{du}}=\dfrac{\dot{\mathbf{r}}}{\dot{s}}$

$\dot{\mathbf{r}}=-3\sin u\mathbf{i}+3\cos u\mathbf{j}+4\mathbf{k},\ \dot{s}=|\dot{\mathbf{r}}|$ 이므로

$$s=\int_0^u\sqrt{(-3\sin u)^2+(3\cos u)^2+4^2}\,du=5u,\quad \frac{du}{ds}=1\Big/\frac{ds}{du}=\frac{1}{5}$$

$$\mathbf{T}=-\frac{3}{5}\cos u\mathbf{i}-\frac{3}{5}\sin u\mathbf{j}+\frac{4}{5},\quad \kappa=\left|\frac{d\mathbf{T}}{ds}\right|=\left|\frac{d\mathbf{T}}{du}\frac{du}{ds}\right|$$

$$\therefore\ \kappa=\left|\frac{3}{5}\sin u\mathbf{i}-\frac{3}{5}\cos u\mathbf{j}\right|\times\frac{1}{5}=\frac{3}{5}\times\frac{1}{5}=\frac{3}{25}$$

[연습문제 2.4]

1. (1) $\mathbf{r}=t\mathbf{i}+t^2\mathbf{j}+\dfrac{2}{3}t^3\mathbf{k}$이므로

$$\frac{d\mathbf{r}}{dt}=\mathbf{i}+2t\mathbf{j}+2t^2\mathbf{k},\quad \dot{\mathbf{r}}\cdot\dot{\mathbf{r}}=1+4t^2+4t^4=(1+2t^2)^2$$

$$\frac{ds}{dt}=\left|\frac{d\mathbf{r}}{dt}\right|=\sqrt{\frac{d\mathbf{r}}{dt}\frac{d\mathbf{r}}{dt}}=\sqrt{1^2+(2t)^2+(2t^2)^2}=1+2t^2$$

$$\mathbf{T}=\frac{d\mathbf{r}}{ds}=\frac{\dfrac{d\mathbf{r}}{dt}}{\dfrac{ds}{dt}}=\frac{\mathbf{i}+2t\mathbf{j}+2t^2\mathbf{k}}{1+2t^2}$$

$$\frac{d\mathbf{T}}{dt}=\frac{(1+2t^2)(2\mathbf{j}+4t\mathbf{k})-(\mathbf{i}+2t\mathbf{j}+2t^2\mathbf{k})(4t)}{(1+2t^2)^2}=\frac{-4t\mathbf{i}+(2-4t^2)\mathbf{j}+4t\mathbf{k}}{(1+2t^2)^2}$$

$$\frac{d\mathbf{T}}{ds}=\frac{\dfrac{d\mathbf{T}}{dt}}{\dfrac{ds}{dt}}=\frac{-4t\mathbf{i}+(2-4t^2)\mathbf{j}+4t\mathbf{k}}{(1+2t^2)^3}$$

$$\frac{d\mathbf{T}}{ds}=\kappa\mathbf{N},\quad \kappa=\left|\frac{d\mathbf{T}}{ds}\right|=\frac{\sqrt{(-4t)^2+(2-4t^2)^2+(4t)^2}}{(1+2t^2)^3}=\frac{2}{(1+2t^2)^2}$$

(2) $\mathbf{N}=\dfrac{1}{\kappa}\dfrac{d\mathbf{T}}{ds}=\dfrac{-2t\mathbf{i}+(1-2t^2)\mathbf{j}+2t\mathbf{k}}{1+2t^2}$

$$\mathbf{B}=\mathbf{T}\times\mathbf{N}=\begin{vmatrix} \mathbf{i} & \mathbf{j} & \mathbf{k} \\ \dfrac{1}{1+2t^2} & \dfrac{2t}{1+2t^2} & \dfrac{2t^2}{1+2t^2} \\ \dfrac{-2t}{1+2t^2} & \dfrac{1-2t^2}{1+2t^2} & \dfrac{2t}{1+2t^2} \end{vmatrix}=\dfrac{2t^2\mathbf{i}-2t\mathbf{j}+\mathbf{k}}{1+2t^2}$$

$$\dfrac{d\mathbf{B}}{dt}=\dfrac{4t\mathbf{i}+(4t^2-2)\mathbf{j}-4t\mathbf{k}}{(1+2t^2)^2},\quad \dfrac{d\mathbf{B}}{ds}=\dfrac{d\mathbf{B}/dt}{ds/dt}=\dfrac{4t\mathbf{i}-(4t^2-2)\mathbf{j}-4t\mathbf{k}}{(1+2t^2)^3}$$

또한, $-\tau\mathbf{N}=-\tau\left[\dfrac{-2t\mathbf{i}+(1-2t^2)\mathbf{j}+2t\mathbf{k}}{1+2t^2}\right]$

$\dfrac{d\mathbf{B}}{ds}=-\tau\mathbf{N}$이므로, $\dfrac{2[2t\mathbf{i}-(2t^2-1)\mathbf{j}-2t\mathbf{k}]}{(1+2t^2)^3}=-\tau\cdot\dfrac{-2t\mathbf{i}+(1-2t^2)+2t\mathbf{k}}{(1+2t^2)}$

에서 $\tau=\dfrac{2}{(1+2t^2)^2}$

2. $(0,\ t)$에서의 호의 길이 $s=at$에서 $t=\dfrac{s}{a}$이므로

$$\mathbf{r}=a\cos\dfrac{s}{a}\mathbf{i}+a\sin\dfrac{s}{a}\mathbf{j},\ \mathbf{r}'(s)=-\sin\dfrac{s}{a}\mathbf{i}+\cos\dfrac{s}{a}\mathbf{j}$$

$$\mathbf{r}''(s)=-\dfrac{1}{a}\cos\dfrac{s}{a}\mathbf{i}-\dfrac{1}{a}\sin\dfrac{s}{a}\mathbf{j},\ \mathbf{r}'''=\dfrac{1}{a^2}\sin\dfrac{s}{a}\mathbf{i}-\dfrac{1}{a^2}\cos\dfrac{s}{a}\mathbf{j}$$

$$\therefore\kappa=|\mathbf{r}''(s)|=\dfrac{1}{a}$$

$$\therefore\tau=\dfrac{|\mathbf{r}'\mathbf{r}''\mathbf{r}'''|}{\kappa^2}=\dfrac{1}{\kappa^2}\begin{vmatrix} -\sin\dfrac{s}{a} & \cos\dfrac{s}{a} & 0 \\ -\dfrac{1}{a}\cos\dfrac{s}{a} & -\dfrac{1}{a}\sin\dfrac{s}{a} & 0 \\ \dfrac{1}{a^2}\sin\dfrac{s}{a} & -\dfrac{1}{a^2}\cos\dfrac{s}{a} & 0 \end{vmatrix}=0$$

일반적으로 모든 평면곡선의 비틀림 τ는 0이다.

3. $\mathbf{r}'(s)=\dfrac{d\mathbf{r}}{ds}=\dfrac{d\mathbf{r}}{dt}\dfrac{dt}{ds}=\dfrac{dx}{dt}\dfrac{dt}{ds}\mathbf{i}+\dfrac{dy}{dt}\dfrac{dt}{ds}\mathbf{j}+\dfrac{dz}{dt}\dfrac{dt}{ds}\mathbf{k}=\dfrac{dt}{ds}\dot{\mathbf{r}}$

$$\mathbf{r}''(s)=\frac{d^2\mathbf{r}}{ds^2}=\frac{d^2t}{ds^2}\dot{\mathbf{r}}+\frac{dt}{ds}\frac{d\dot{\mathbf{r}}}{ds}=t''\dot{\mathbf{r}}+\frac{dt}{ds}\left(\frac{d\dot{\mathbf{r}}}{dt}\frac{dt}{ds}\right)$$

$$=t''\dot{\mathbf{r}}+t'^2\ddot{\mathbf{r}}=\frac{\dot{\mathbf{r}}}{\ddot{s}}+\frac{\ddot{\mathbf{r}}}{\dot{s}^2}\quad\left(t'=\frac{dt}{dt}=1\bigg/\frac{ds}{dt}=\frac{1}{\dot{s}}\right)$$

4. (1) $\dot{\mathbf{r}}(t)=-\sin t\mathbf{i}+\cos t\mathbf{j}+\mathbf{k}\quad\therefore|\dot{\mathbf{r}}(t)|=\sqrt{2}$

$$\mathbf{T}(t)=\frac{\dot{\mathbf{r}}(t)}{|\dot{\mathbf{r}}(t)|}=\frac{1}{\sqrt{2}}(-\sin t\mathbf{i}+\cos t\mathbf{j}+\mathbf{k})$$

$$\dot{\mathbf{T}}(t)=\frac{1}{\sqrt{2}}(-\cos t\mathbf{i}-\sin t\mathbf{j})\quad\therefore|\dot{\mathbf{T}}(t)|=\frac{1}{\sqrt{2}}$$

$$\mathbf{N}(t)=\frac{\dot{\mathbf{T}}(t)}{|\dot{\mathbf{T}}(t)|}=-\cos t\mathbf{i}-\sin t\mathbf{j}$$

(2) $\dfrac{d\mathbf{T}}{ds}=\dfrac{d\mathbf{T}}{dt}\dfrac{dt}{ds}=\dfrac{d\mathbf{T}}{dt}\bigg/\dfrac{ds}{dt}$,

$s=\displaystyle\int_0^t\sqrt{\left(\frac{dx}{dt}\right)^2+\left(\frac{dy}{dt}\right)^2+\left(\frac{dz}{dx}\right)^2}\,dt=\int_0^t\sqrt{1+1}\,dt=\sqrt{2}\,t$에서 $\dfrac{ds}{dt}=\sqrt{2}$

$\ddot{\mathbf{r}}(t)=-\cos t\mathbf{i}-\sin t\mathbf{j}$

$\dddot{\mathbf{r}}(t)=\sin t\mathbf{i}-\cos t\mathbf{j}$, $\dot{\mathbf{r}}\times\ddot{\mathbf{r}}=0$, $\kappa(t)=\dfrac{|\dot{\mathbf{r}}(t)\times\ddot{\mathbf{r}}(t)|}{|\dot{\mathbf{r}}(t)|^3}$이므로

$$\kappa=\mathbf{r}''=\frac{\begin{vmatrix}\mathbf{i}&\mathbf{j}&\mathbf{k}\\-\sin t&\cos t&1\\-\cos t&-\sin t&0\end{vmatrix}}{|\dot{r}(t)|^3}=\frac{|\sin t\mathbf{i}-\cos t\mathbf{j}+\mathbf{k}|}{(\sqrt{2})^3}=\frac{\sqrt{2}}{2\sqrt{2}}=\frac{1}{2}$$

$\dot{\mathbf{r}}\cdot\dot{\mathbf{r}}=\sin^2t+\cos^2t+1=2$, $\ddot{\mathbf{r}}\cdot\ddot{\mathbf{r}}=\cos^2t+\sin^2t=1$,

$\dot{\mathbf{r}}\cdot\ddot{\mathbf{r}}=\sin t\cos t-\cos t\sin t=0$

(i) $\dfrac{d\mathbf{T}}{ds}=\kappa\mathbf{N}$의 증명

$$\frac{d\mathbf{T}}{ds}=\frac{\dfrac{d\mathbf{T}}{dt}}{\dfrac{ds}{dt}}=-\frac{1}{\sqrt{2}}\frac{(\cos t\mathbf{i}+\sin t\mathbf{j})}{\sqrt{2}}=-\frac{1}{2}\cos t\mathbf{i}-\frac{1}{2}\sin t\mathbf{j}$$

$$\kappa\mathbf{N}=\frac{1}{2}(-\cos t\mathbf{i}-\sin t\mathbf{j}) \qquad \therefore\ \frac{d\mathbf{T}}{ds}=\kappa\mathbf{N}$$

(ii) $\dfrac{d\mathbf{B}}{ds}=-\tau\mathbf{N}$의 증명

$$\mathbf{B}=\mathbf{T}\times\mathbf{N}=\begin{vmatrix}\mathbf{i} & \mathbf{j} & \mathbf{k}\\ -\frac{1}{\sqrt{2}}\sin t & -\frac{1}{\sqrt{2}}\cos t & \frac{1}{\sqrt{2}}\\ -\cos t & -\sin t & 0\end{vmatrix}=\frac{1}{\sqrt{2}}\sin t\mathbf{i}-\frac{1}{\sqrt{2}}\cos t\mathbf{j}+0\mathbf{k}$$

$$\frac{d\mathbf{B}}{dt}=\frac{1}{\sqrt{2}}\cos t\mathbf{i}-\frac{1}{\sqrt{2}}\sin t\mathbf{j},$$

$$\frac{d\mathbf{B}}{ds}=\frac{d\mathbf{B}}{dt}\Big/\frac{ds}{dt}=\frac{\left(\frac{1}{\sqrt{2}}\cos t\mathbf{i}-\frac{1}{\sqrt{2}}\sin t\mathbf{j}\right)}{\sqrt{2}}=\frac{1}{2}(\cos t\mathbf{i}-\sin t\mathbf{j})$$

$$\tau=\frac{1}{\kappa^2}|\mathbf{r}'\mathbf{r}''\mathbf{r}'''|,\ |\dot{\mathbf{r}}\ddot{\mathbf{r}}\dddot{\mathbf{r}}|=\begin{vmatrix}-\sin t & \cos t & 1\\ -\cos t & -\sin t & 0\\ \sin t & -\cos t & 0\end{vmatrix}=1,$$

$$|\mathbf{r}'\mathbf{r}''\mathbf{r}'''|=\frac{|\dot{\mathbf{r}}\ddot{\mathbf{r}}\dddot{\mathbf{r}}|}{(\dot{\mathbf{r}}\cdot\dot{\mathbf{r}})^3}=\frac{1}{2^3}=\frac{1}{8}\text{ 이므로, } \tau=\frac{1/8}{(1/2)^3}=\frac{4}{8}=\frac{1}{2}$$

$$\tau\mathbf{N}=-\frac{1}{2}[-(\cos t\mathbf{i}+\sin\mathbf{j})=\frac{1}{2}(\cos t\mathbf{i}+\sin t\mathbf{j})$$

$$\therefore\ \frac{d\mathbf{B}}{ds}=\frac{1}{\sqrt{2}}(\cos t\mathbf{i}-\sin t\mathbf{j})/\sqrt{2}=\frac{1}{2}(\cos t\mathbf{i}-\sin t\mathbf{j})=-\tau\mathbf{N}$$

(iii) $\dfrac{d\mathbf{N}}{ds}=\tau\mathbf{B}-\kappa\mathbf{T}$의 증명

$$\frac{d\mathbf{N}}{ds}=\frac{d\mathbf{N}}{dt}\Big/\frac{ds}{dt}=\frac{\sin t\mathbf{i}-\cos t\mathbf{j}}{\sqrt{2}}$$

$$\tau\mathbf{B}-\kappa\mathbf{T}=\frac{1}{2}\left[\frac{1}{\sqrt{2}}(\sin t\mathbf{i}-\cos t\mathbf{j})\right]-\frac{1}{2}\left[\frac{1}{\sqrt{2}}(-\sin t\mathbf{i}+\cos t\mathbf{j})\right]$$

$$=\frac{1}{2\sqrt{2}}(2\sin t\mathbf{i}-2\cos t\mathbf{j})=\frac{1}{\sqrt{2}}(\sin t\mathbf{i}-\cos t\mathbf{j})$$

$$\therefore\ \frac{d\mathbf{N}}{ds}=\tau\mathbf{B}-\kappa\mathbf{T}$$

[연습문제 2.5]

1. (1) 입자의 위치벡터 $\mathbf{r}=x\mathbf{i}+y\mathbf{j}+z\mathbf{k}=e^{-t}\mathbf{i}+2\cos 3t\mathbf{j}+2\cdot\sin 3t\mathbf{k}$

속도 $\mathbf{v}=\dfrac{d\mathbf{r}}{dt}=-e^{-t}\mathbf{i}-6\sin 3t\mathbf{j}+6\cos 3t\mathbf{k}$

가속도 $\mathbf{a}=\dfrac{d^2\mathbf{r}}{dt^2}=e^{-t}\mathbf{i}-18\cos 3t\mathbf{j}-18\sin 3t\mathbf{k}$

(2) $t=0$에서 $\dfrac{d\mathbf{r}}{dt}=-\mathbf{i}+6\mathbf{k},\ \dfrac{d^2\mathbf{r}}{dt^2}=\mathbf{i}-18\mathbf{j}$

$\therefore\ |\mathbf{v}|=\sqrt{(-1)^2+6^2}=\sqrt{37},\ |\mathbf{a}|=\sqrt{1^2+(-18)^2}=\sqrt{325}$

2. $\mathbf{v}=\dfrac{d\mathbf{r}}{dt}=\dfrac{d}{dt}[2t^2\mathbf{i}+(t^2-4t)\mathbf{j}+(3t-5)\mathbf{k}]=4t\mathbf{i}+(2t-4)\mathbf{j}+3\mathbf{k}$

$t=1$에서 $\mathbf{v}=4\mathbf{i}-2\mathbf{j}+3\mathbf{k}$

$\mathbf{i}-3\mathbf{j}+2\mathbf{k}$ 방향의 단위벡터$=\dfrac{\mathbf{i}-3\mathbf{j}+2\mathbf{k}}{\sqrt{1^2+(-3)^2+2^2}}=\dfrac{\mathbf{i}-3\mathbf{j}+2\mathbf{k}}{\sqrt{14}}$이므로

이 방향으로의 속도성분은

$$\frac{(4\mathbf{i}-2\mathbf{j}+3\mathbf{k})\cdot(\mathbf{i}-3\mathbf{j}+2\mathbf{k})}{\sqrt{14}}=\frac{(4)(1)+(-2)(-3)+(3)(2)}{\sqrt{14}}=\frac{16}{\sqrt{14}}=\frac{8\sqrt{14}}{7}$$

3. (1) $\mathbf{v}=\dot{\mathbf{r}}=(3t^2-4)\mathbf{i}+(2t+4)\mathbf{j}+(16t-9t^2)\mathbf{k}$

(2) $\mathbf{a}=\dot{\mathbf{v}}=6t\mathbf{i}+2\mathbf{j}+(16-18t)\mathbf{k}$

(3) $\mathbf{v}=(3\times 2^2-4)\mathbf{i}+(2\times 2+4)\mathbf{j}+(16\times 2-9\times 2^2)\mathbf{k}=8\mathbf{i}+8\mathbf{j}-4\mathbf{k}$

$\mathbf{a}=6\times 2\mathbf{i}+2\mathbf{j}+(16-18\times 2)\mathbf{k}=12\mathbf{i}+2\mathbf{j}-20\mathbf{k}$

단위접선벡터

$$\mathbf{T}=\frac{\mathbf{v}}{|\mathbf{v}|}=\frac{8\mathbf{i}+8\mathbf{j}-4\mathbf{k}}{\sqrt{8^2+8^2+(-4)^2}}=\frac{8\mathbf{i}+8\mathbf{j}-4\mathbf{k}}{12}=\frac{2}{3}\mathbf{i}+\frac{2}{3}\mathbf{j}-\frac{1}{3}\mathbf{k}$$

$$\therefore\ a_t=\mathbf{T}\cdot\mathbf{a}=\left(\frac{2}{3}\mathbf{i}+\frac{2}{3}\mathbf{j}-\frac{1}{3}\mathbf{k}\right)\cdot(12\mathbf{i}+2\mathbf{j}-20\mathbf{k})$$

$$=\frac{2}{3}\times 12+\frac{2}{3}\times 2+\left(-\frac{1}{3}\right)\times(-20)=16$$

$\mathbf{a}=a_t\mathbf{T}+a_n\mathbf{N}$이고, $a_n\geq 0$이므로

$$a_n = |a_n \mathbf{N}| = |\mathbf{a} - a_t \mathbf{T}\} = \left|(12\mathbf{i}+2\mathbf{j}-20\mathbf{k}) - 16\left(\frac{2}{3}\mathbf{i}+\frac{2}{3}\mathbf{j}-\frac{1}{3}\mathbf{k}\right)\right| = 2\sqrt{73}$$

4. $\dot{\mathbf{r}} = -k\sin\theta(t)\dot{\theta}(t)\mathbf{i} + k\cos\theta(t)\dot{\theta}(t)\mathbf{j}$ 이므로, 호의 길이는

$$s = \int_0^t |\dot{\mathbf{r}}(t)|\,dt = \int_0^t k\dot{\theta}(t)\,dt = k\{\theta(t)-\theta(0)\},\ \dot{S} = k\dot{\theta}(t),$$

자취의 단위접선벡터, 단위법선벡터를 각각 **T**, **N**이라면

$$\mathbf{T} = \mathbf{r}' = \frac{\dot{\mathbf{r}}}{\dot{s}} = \frac{1}{k\dot{\theta}}\{-k\sin\theta(t)\dot{\theta}(t)\mathbf{i} + k\cos\theta(t)\dot{\theta}(t)\mathbf{j}\}\quad(|\dot{\mathbf{r}}| = |\dot{s}|)$$

$$= -\sin\theta(t)\mathbf{i} + \cos\theta(t)\mathbf{j}$$

$$\mathbf{a}(t) = \ddot{\mathbf{r}} = \frac{\dot{\mathbf{T}}}{\dot{s}} = \frac{1}{k\dot{\theta}(t)}\{-\cos\theta(t)\dot{\theta}(t)\mathbf{i} - \sin\theta(t)\dot{\theta}(t)\mathbf{j}\}$$

$$= -\frac{1}{k}\cos\theta(t)\mathbf{i} - \frac{1}{k}\sin\theta(t)\mathbf{j}$$

$$\mathbf{N} = \frac{\mathbf{r}''}{|\mathbf{r}''|} = -\cos\theta(t)\mathbf{i} - \sin\theta(t)\mathbf{j}$$

$$\mathbf{a} = \ddot{\mathbf{r}} = -k\left\{\cos\theta(t)\{\dot{\theta}(t)\}^2 + \sin\theta(t)\{\ddot{\theta}(t)\}^2\right\}\mathbf{i}$$
$$+k\left\{-\sin\theta(t)\{\dot{\theta}(t)\}^2 + \cos\theta(t)\ddot{\theta}(t)\right\}\mathbf{j} = k\ddot{\theta}(t)\mathbf{T} + k\{\dot{\theta}(t)\}^2\mathbf{N}$$

5. $\mathbf{a} = \ddot{\mathbf{r}}$가 일정함으로, 0에서 t까지의 $\ddot{\mathbf{r}}$를 적분하여

$$t\mathbf{a} = \int_0^t \mathbf{a}\,dt = \int_0^t \ddot{\mathbf{r}}(t)\,dt = \dot{\mathbf{r}}(t) - v_0 \quad \therefore\ \dot{\mathbf{r}}(t) = t\mathbf{a} + v_0$$

이것을 0에서 t까지 적분하면

$$\mathbf{r}(t) - \mathbf{r}_0 = \int_0^t \dot{\mathbf{r}}(t)\,dt = \int_0^t (t\alpha + v_0)\,dt = \frac{1}{2}t^2\alpha + tv_0$$

$$\therefore\ \mathbf{r}(t) = \frac{1}{2}t^2\alpha + tv_0 + r_0$$

제 3 장

[연습문제 3.1]

1. $\nabla\phi = \left(\frac{\partial}{\partial x}\mathbf{i} + \frac{\partial}{\partial y}\mathbf{j} + \frac{\partial}{\partial z}\mathbf{k}\right)(3x^2y - y^3z^2)$

$= \mathbf{i}\frac{\partial}{\partial x}(3x^2y - y^3z^2) + \mathbf{j}\frac{\partial}{\partial y}(3x^2y - y^3z^2) + \mathbf{k}\frac{\partial}{\partial z}(3x^2y - y^3z^2)$

$= 6xy\mathbf{i} + (3x^2 - 3y^2z^2)\mathbf{j} - 2y^3z\mathbf{k}$

점 (1, −2, 1)에서

$\nabla\phi = 6(1)(-2)\mathbf{i} + \{3(1)^2 - 3(-2)^2(1)^2\}\mathbf{j} - 2(-2)^3(-1)\mathbf{k}$

$= -12\mathbf{i} - 9\mathbf{j} - 16\mathbf{k}$

2. (1) $\mathbf{r} = x\mathbf{i} + y\mathbf{j} + z\mathbf{k}$, $r = \sqrt{x^2 + y^2 + z^2}$, $\phi = \ln|\mathbf{r}| = \frac{1}{2}\ln(x^2 + y^2 + z^2)$

$\nabla\phi = \frac{1}{2}\nabla\ln(x^2 + y^2 + z^2)$

$= \frac{1}{2}\left\{\mathbf{i}\frac{\partial}{\partial x}\ln(x^2 + y^2 + z^2) + \mathbf{j}\frac{\partial}{\partial y}\ln(x^2 + y^2 + z^2) + \mathbf{k}\frac{\partial}{\partial z}\ln(x^2 + y^2 + z^2)\right\}$

$= \frac{1}{2}\left\{\mathbf{i}\frac{2x}{x^2 + y^2 + z^2} + \mathbf{j}\frac{2y}{x^2 + y^2 + z^2} + \mathbf{k}\frac{2z}{x^2 + y^2 + z^2}\right\} = \frac{x\mathbf{i} + y\mathbf{j} + z\mathbf{k}}{x^2 + y^2 + z^2} = \frac{\mathbf{r}}{r^2}$

(2) $\nabla\phi = \nabla\left(\frac{1}{r}\right) = \nabla\left(\frac{1}{\sqrt{x^2 + y^2 + z^2}}\right) = \nabla\left\{(x^2 + y^2 + z^2)^{-\frac{1}{2}}\right\}$

$= \mathbf{i}\frac{\partial}{\partial x}(x^2 + y^2 + z^2)^{-\frac{1}{2}} + \mathbf{j}\frac{\partial}{\partial y}(x^2 + y^2 + z^2)^{-\frac{1}{2}} + \mathbf{k}\frac{\partial}{\partial z}(x^2 + y^2 + z^2)^{-\frac{1}{2}}$

$= \mathbf{i}\left\{-\frac{1}{2}(x^2 + y^2 + z^2)^{-\frac{3}{2}}2x\right\} + \mathbf{j}\left\{-\frac{1}{2}(x^2 + y^2 + z^2)^{-\frac{3}{2}}2y\right\}$

$+ \mathbf{k}\left\{-\frac{1}{2}(x^2 + y^2 + z^2)^{-\frac{3}{2}}2z\right\} = \frac{-x\mathbf{i} - y\mathbf{j} - z\mathbf{k}}{(x^2 + y^2 + z^2)^{\frac{3}{2}}} = -\frac{\mathbf{r}}{r^3}$

3. $\mathbf{r} = x\mathbf{i} + y\mathbf{j} + z\mathbf{k}$는 곡면상의 임의 점 $P(x, y, z)$의 위치벡터이라 하자. $dr = dx\mathbf{i} + dy\mathbf{j} + dz\mathbf{k}$는 곡면의 점 P에서의 접평면에 놓여 있다. 그러나 $d\phi = \frac{\partial\phi}{\partial x}dx$

$+\dfrac{\partial\phi}{\partial y}dy+\dfrac{\partial\phi}{\partial z}dz=0$ 또는

$$\left(\frac{\partial\phi}{\partial x}\mathbf{i}+\frac{\partial\phi}{\partial y}\mathbf{j}+\frac{\partial\phi}{\partial z}\mathbf{k}\right)\cdot(dx\mathbf{i}+dy\mathbf{j}+dz\mathbf{k})=0$$

즉 $\nabla\phi\cdot d\mathbf{r}=0$에서 $\nabla\phi$는 $d\mathbf{r}$에 수직이므로, 곡면에 수직이다.

4. $\nabla\phi=\nabla(x^2yz+4xz^2)=(2xyz+4z^2)\mathbf{i}+x^2z\mathbf{j}+(x^2y+8xz)\mathbf{k}$, 점 $(1,\ -2,\ -1)$에서 $\nabla\phi=8\mathbf{i}-\mathbf{j}-10\mathbf{k}$, $2\mathbf{i}-\mathbf{j}-2\mathbf{k}$ 방향으로의 단위벡터

$$\mathbf{a}=\frac{2\mathbf{i}-\mathbf{j}-2\mathbf{k}}{\sqrt{2^2+(-1)^2+(-2)^2}}=\frac{2}{3}\mathbf{i}-\frac{1}{3}\mathbf{j}-\frac{2}{3}\mathbf{k}$$

구하는 방향 도함수는

$$\nabla\phi\cdot\mathbf{a}=(8\mathbf{i}-\mathbf{j}-10\mathbf{k})\cdot\left(\frac{2}{3}\mathbf{i}-\frac{1}{3}\mathbf{j}-\frac{2}{3}\mathbf{k}\right)=\frac{16}{3}+\frac{1}{3}+\frac{20}{3}=\frac{37}{3}$$

5. 점 $(2,\ -1,\ 2)$에서 $x^2+y^2+z^2=9$의 법선의 구배는

$$\nabla\phi_1=\nabla(x^2+y^2+z^2)=2x\mathbf{i}+2y\mathbf{j}+2z\mathbf{k}=4\mathbf{i}-2\mathbf{j}+4\mathbf{k}$$

곡선 $z=x^2+y^2-3$ 또는 $x^2+y^2-z=3$의 점 $(2,\ -1,\ 2)$에서 법선의 구배는

$$\nabla\phi_2=\nabla(x^2+y^2-z)=2x\mathbf{i}+2y\mathbf{j}-\mathbf{k}=4\mathbf{i}-2\mathbf{j}-\mathbf{k}$$

점 $(2,\ -1,\ 2)$에서 두 법선의 교각을 θ이라면,

$$\begin{aligned}(\nabla\phi_1)\cdot(\nabla\phi_2)=|\nabla\phi_1||\nabla\phi_2|\cos\theta&=(4\mathbf{i}-2\mathbf{j}+4\mathbf{k})\cdot(4\mathbf{i}-2\mathbf{j}-\mathbf{k})\\&=|4\mathbf{i}-2\mathbf{j}+4\mathbf{k}||4\mathbf{i}-2\mathbf{j}-\mathbf{k}|\cos\theta\end{aligned}$$

$$16+4-4=\sqrt{4^2+(-2)^2+4^2}\ \sqrt{4^2+(-2)^2+(-1)^2}\cos\theta$$

$$\therefore\ \cos\theta=\frac{16}{6\sqrt{21}}=\frac{8\sqrt{21}}{63}=0.5819\quad\therefore\ \theta=\cos^{-1}0.5819=54°25'$$

6. $x=u,\ y=v,\ z=u^2+v^2$을 곡면의 매개방정식이라 하자. 곡면 위의 임의 점 $(x,\ y,\ z)$에서의 위치벡터를 $\mathbf{r}=u\mathbf{i}+v\mathbf{j}+(u^2+v^2)\mathbf{k}$이라면, 점 $(1,\ -1,\ 2)$에서 $(u=1,\ v=-1)$

$$\frac{\partial\mathbf{r}}{\partial u}=\mathbf{i}+2u\mathbf{k}=\mathbf{i}+2\mathbf{k},\quad\frac{\partial\mathbf{r}}{\partial v}=\mathbf{j}+2v\mathbf{k}=\mathbf{j}-2\mathbf{k}$$

곡면상의 점 $(1,\ -1,\ 2)$에서의 법선벡터 $\mathbf{n}$은

$$\mathbf{n}=\frac{\partial \mathbf{r}}{\partial u}\times\frac{\partial \mathbf{r}}{\partial v}=(\mathbf{i}+2\mathbf{k})\times(\mathbf{j}-2\mathbf{k})=-2\mathbf{i}+2\mathbf{j}+\mathbf{k}$$

점 (1, −1, 2)에서의 위치벡터는 $\mathbf{r}_0=\mathbf{i}-\mathbf{j}+2\mathbf{k}$, 구하는 평면상의 임의 점에 대한 위치벡터는 $\mathbf{r}=x\mathbf{i}+y\mathbf{j}+z\mathbf{k}$이므로 $\mathbf{r}-\mathbf{r}_0$는 $\mathbf{n}$에 수직이고, 구하려는 평면의 방정식은 $(\mathbf{r}-\mathbf{r}_0)\cdot\mathbf{n}=0$. 즉

$$[(x\mathbf{i}+y\mathbf{j}+z\mathbf{k})-(\mathbf{i}-\mathbf{j}+2\mathbf{k})]\cdot(-2\mathbf{i}+2\mathbf{j}+\mathbf{k})=0$$

정리하면

$$-2(x-1)+2(y+1)+(z-2)=0 \quad \therefore 2x-2y-z=2$$

7. $\phi(x,\ y,\ z)=\frac{x^2}{4}+y^2+\frac{z^2}{9}$이라면, $\phi_x=\frac{x}{2}$, $\phi_y=2y$, $\phi_z=\frac{2z}{9}$

$\phi_x(-2,\ 1,\ -3)=-1$, $\phi_y=(-2,\ 1,\ -3)=2$, $\phi_z=(-2,\ 1,\ -3)=-\frac{2}{3}$이므로, 점 (−2, 1, −3)에서의 접평면의 방정식은 $-(x+2)+2(y-1)-\frac{2}{3}(z+3)=0$, 간단히 하면 $3x-6y+2z+18=0$, 법선의 대칭방정식은 $\frac{x+2}{-1}=\frac{y-1}{2}=\frac{z+3}{-2/3}$

8. $\nabla f=y^2\mathbf{i}+2xy\mathbf{j}$이다. 그러므로 $\frac{\partial f}{\partial n}=|\nabla f|=\sqrt{y^4+4x^2y^2}$이고, (3, −2)에서

$$\frac{\partial f}{\partial n}=\sqrt{16+144}=\sqrt{160}$$

9.
$$\nabla f(r)=\frac{\partial f}{\partial x}\mathbf{i}+\frac{\partial f}{\partial y}\mathbf{j}+\frac{\partial f}{\partial z}\mathbf{k}=\frac{df}{dr}\left(\frac{\partial r}{\partial x}\mathbf{i}+\frac{\partial r}{\partial y}\mathbf{j}+\frac{\partial r}{\partial z}\mathbf{k}\right)$$

$$=\frac{df}{dr}\left(\frac{x}{r}\mathbf{i}+\frac{y}{r}\mathbf{j}+\frac{z}{r}\mathbf{k}\right)=\frac{1}{r}\frac{df}{dr}(x\mathbf{i}+y\mathbf{j}+z\mathbf{k})$$

$$\nabla^2 f(r)=\nabla\cdot\nabla f(r)=\nabla\cdot\left\{\frac{1}{r}\frac{df}{dr}(x\mathbf{i}+y\mathbf{j}+z\mathbf{k})\right\}$$

$$=\nabla\left(\frac{1}{r}\frac{df}{dr}\right)\cdot(x\mathbf{i}+y\mathbf{j}+z\mathbf{k})+\frac{1}{r}\frac{df}{dr}\nabla\cdot(x\mathbf{i}+y\mathbf{j}+z\mathbf{k})$$

$$=\frac{1}{r}\frac{d}{dr}\left(\frac{1}{r}\frac{df}{dr}\right)(x\mathbf{i}+y\mathbf{j}+z\mathbf{k})\cdot(x\mathbf{i}+y\mathbf{j}+z\mathbf{k})+\frac{3}{r}\frac{df}{dr}$$

$$=\frac{1}{r^2}\left(r\frac{d^2f}{dr^2}-\frac{df}{dr}\right)r^2+\frac{3}{r}\frac{df}{dr}=\frac{d^2f}{dr^2}+\frac{2}{r}\frac{df}{dr}$$

10. $\text{grad}\,\phi=\nabla\phi=\frac{\partial\phi}{\partial x}\mathbf{i}+\frac{\partial\phi}{\partial y}\mathbf{j}+\frac{\partial\phi}{\partial z}\mathbf{k}$

$$\therefore\ \operatorname{div}(\operatorname{grad}\phi)=\nabla\cdot\nabla\phi=\nabla\cdot\left(\frac{\partial\phi}{\partial x}\mathbf{i}+\frac{\partial\phi}{\partial y}\mathbf{j}+\frac{\partial\phi}{\partial z}\mathbf{k}\right)$$

$$=\left(\frac{\partial}{\partial x}\mathbf{i}+\frac{\partial}{\partial y}\mathbf{j}+\frac{\partial}{\partial z}\mathbf{k}\right)\cdot\left(\frac{\partial\phi}{\partial x}\mathbf{i}+\frac{\partial\phi}{\partial y}\mathbf{j}+\frac{\partial\phi}{\partial z}\mathbf{k}\right)=\frac{\partial^2\phi}{\partial x^2}+\frac{\partial^2\phi}{\partial y^2}+\frac{\partial^2\phi}{\partial z^2}$$

11. $r=\sqrt{x^2+y^2+z^2}$, $\dfrac{\partial r}{\partial x}=\dfrac{x}{r}$, $\dfrac{\partial r}{\partial y}=\dfrac{y}{r}$, $\dfrac{\partial r}{\partial z}=\dfrac{z}{r}$

(1) $\nabla r^n=\dfrac{\partial r^n}{\partial x}\mathbf{i}+\dfrac{\partial r^n}{\partial y}\mathbf{j}+\dfrac{\partial r^n}{\partial z}\mathbf{k}=nr^{n-2}x\mathbf{i}+nr^{n-2}y\mathbf{j}+nr^{n-2}z\mathbf{k}=nr^{n-2}\mathbf{r}$

(2) $\nabla(\log r)=\dfrac{\partial\log r}{\partial x}\mathbf{i}+\dfrac{\partial\log r}{\partial y}\mathbf{j}+\dfrac{\partial\log r}{\partial z}\mathbf{k}=\dfrac{x}{r^2}\mathbf{i}+\dfrac{y}{r^2}\mathbf{j}+\dfrac{z}{r^2}\mathbf{k}=\dfrac{1}{r^2}\mathbf{r}$

(3) $\nabla\cdot\mathbf{r}=\dfrac{\partial x}{\partial x}+\dfrac{\partial y}{\partial y}+\dfrac{\partial z}{\partial z}=3$

(4) $\nabla\times\mathbf{r}=\begin{vmatrix}\mathbf{i} & \mathbf{j} & \mathbf{k}\\ \dfrac{\partial}{\partial x} & \dfrac{\partial}{\partial y} & \dfrac{\partial}{\partial z}\\ x & y & z\end{vmatrix}=0$

(5) $\nabla^2\dfrac{1}{r}=\nabla\cdot\nabla\left(\dfrac{1}{r}\right)=\nabla\left(-\dfrac{1}{r^3}\mathbf{r}\right)=\left(-\nabla\left(\dfrac{1}{r^3}\right)\right)\mathbf{r}-\dfrac{1}{r^3}\nabla\cdot\mathbf{r}$

$$=3\frac{1}{r^5}\mathbf{r}\cdot\mathbf{r}-\frac{3}{r^3}=\frac{3}{r^3}-\frac{3}{r^3}=0$$

12. $\nabla\mathbf{r}=\dfrac{\partial r}{\partial x}\mathbf{i}+\dfrac{\partial r}{\partial y}\mathbf{j}=\dfrac{x}{r}\mathbf{i}+\dfrac{y}{r}\mathbf{j}$ 이므로, $\mathbf{r}=x\mathbf{i}+y\mathbf{j}$ 이라면

$$\nabla^2 f(r)=\nabla\cdot(\nabla f(r))=\nabla(f'(r)\nabla r)=\nabla(f'(r)+\frac{1}{r}\mathbf{r})$$

$$=\nabla\left(\frac{1}{r}f'(r)\right)\cdot\mathbf{r}+\frac{1}{r}f'(r)\nabla\cdot\mathbf{r}$$

$$=\frac{rf''(r)-f'(r)}{r^2}\frac{1}{r}\mathbf{r}\cdot\mathbf{r}+\frac{1}{r}f'(r)\left(\frac{\partial x}{\partial x}+\frac{\partial y}{\partial y}\right)$$

$$=f''(r)-\frac{1}{r}f'(r)+\frac{2}{r}f'(r)=f''(r)+\frac{1}{r}f'(r)=0$$

$f''+\dfrac{f'}{r}=0$에서

$$f' = C_1 e^{-\int \frac{1}{r} dr} = C_1 e^{-\log r} = \frac{C_1}{r} \quad \therefore\ f(r) = \int \frac{C_1}{r} dr + C_2 = C_1 \log r + C_2$$

13. $\nabla \cdot (\phi \mathbf{A}) = \dfrac{\partial}{\partial x}(\phi A_1) + \dfrac{\partial}{\partial y}(\phi A_2) + \dfrac{\partial}{\partial z}(\phi A_3)$

$$= \phi\left(\frac{\partial A_1}{\partial x} + \frac{\partial A_2}{\partial y} + \frac{\partial A_3}{\partial z}\right) + \frac{\partial \phi}{\partial x} A_1 + \frac{\partial \phi}{\partial y} A_2 + \frac{\partial \phi}{\partial z} A_3$$

$$= \phi \nabla \cdot \mathbf{A} + (\nabla \phi) \cdot \mathbf{A}$$

14. $\nabla \phi = \mathbf{i} \dfrac{\partial}{\partial x}(2x^3y^2z^4) + \mathbf{j} \dfrac{\partial}{\partial y}(2x^3y^2z^4) + \mathbf{k} \dfrac{\partial}{\partial z}(2x^3y^2z^4)$

$$= 6x^2y^2z^4\mathbf{i} + 4x^3yz^4\mathbf{j} + 8x^3y^2z^3\mathbf{k}$$

$$\nabla \cdot \nabla \phi = \left(\frac{\partial}{\partial x}\mathbf{i} + \frac{\partial}{\partial y}\mathbf{j} + \frac{\partial}{\partial z}\mathbf{k}\right) \cdot (6x^2y^2z^4\mathbf{i} + 4x^3yz^4\mathbf{j} + 8x^3y^2z^3\mathbf{k})$$

$$= \frac{\partial}{\partial x}(6x^2y^2z^4) + \frac{\partial}{\partial y}(4x^3yz^4) + \frac{\partial}{\partial z}(8x^3y^2z^3) = 12xy^2z^4 + 4x^3z^4 + 24x^3y^2z^2$$

[연습문제 3.2]

1. (1) $\text{curl } \mathbf{A} = \begin{vmatrix} \mathbf{i} & \mathbf{j} & \mathbf{k} \\ \dfrac{\partial}{\partial x} & \dfrac{\partial}{\partial y} & \dfrac{\partial}{\partial z} \\ x^3y & -2xy^2z & 3yz^4 \end{vmatrix} = \mathbf{i}\left\{\dfrac{\partial}{\partial y}(3yz^4) - \dfrac{\partial}{\partial z}(-2xy^2z)\right\}$

$$+ \mathbf{j}\left\{\frac{\partial}{\partial z}(x^3y) - \frac{\partial}{\partial x}(3yz^4)\right\} + \mathbf{k}\left\{\frac{\partial}{\partial x}(-2xy^2z) - \frac{\partial}{\partial y}(x^3y)\right\}$$

$$= (3z^4 + 2xy^2)\mathbf{i} - (2y^2z + x^3)\mathbf{k}$$

(2) $\text{div } \mathbf{A} = \nabla \cdot \mathbf{A} = \dfrac{\partial}{\partial x}(x^3y) - 2\dfrac{\partial}{\partial y}(xy^2z) + 3\dfrac{\partial}{\partial z}(yz^4) = 3x^2y - 4xyz + 12yz^3$

$\text{grad div } \mathbf{A} = \text{grad } (3x^2y - 4xyz + 12yz^3)$

$$= \mathbf{i} \frac{\partial}{\partial x}(3x^2y - 4xyz + 12yz^3) + \mathbf{j} \frac{\partial}{\partial y}(3x^2y - 4xyz + 12yz^3)$$

$$+ \mathbf{k} \frac{\partial}{\partial z}(3x^2y - 4xyz + 12yz^3)$$

$$= (6xy - 4yz)\mathbf{i} + (3x^2 - 4xz + 12z^3)\mathbf{j} + (36yz^2 - 4xy)\mathbf{k}$$

2. $\text{curl } \mathbf{A} = \begin{vmatrix} \mathbf{i} & \mathbf{j} & \mathbf{k} \\ \dfrac{\partial}{\partial x} & \dfrac{\partial}{\partial y} & \dfrac{\partial}{\partial z} \\ axy - z^3 & (a-2)x^2 & (1-a)xz^2 \end{vmatrix} = (a-4)(z^2\mathbf{j} + x\mathbf{k})$

$\nabla \times \mathbf{A} = 0$이라면 $(a-4)(z^2\mathbf{j} + x\mathbf{k}) = 0 \quad \therefore a = 4$

3. $\mathbf{A} = A_1\mathbf{i} + A_2\mathbf{j} + A_3\mathbf{k}$이라면

$$\text{curl } \mathbf{A} = \left(\frac{\partial A_3}{\partial y} - \frac{\partial A_2}{\partial z}\right)\mathbf{i} + \left(\frac{\partial A_1}{\partial z} - \frac{\partial A_3}{\partial x}\right)\mathbf{j} + \left(\frac{\partial A_2}{\partial x} - \frac{\partial A_1}{\partial y}\right)\mathbf{k}\text{이므로}$$

$$\begin{aligned} \text{div curl } \mathbf{A} &= \nabla \cdot (\text{curl } \mathbf{A}) \\ &= \frac{\partial}{\partial x}\left(\frac{\partial A_3}{\partial y} - \frac{\partial A_2}{\partial z}\right) + \frac{\partial}{\partial y}\left(\frac{\partial A_1}{\partial z} - \frac{\partial A_3}{\partial x}\right) + \frac{\partial}{\partial z}\left(\frac{\partial A_2}{\partial x} - \frac{\partial A_1}{\partial y}\right) \\ &= \frac{\partial^2 A_3}{\partial x \partial y} - \frac{\partial^2 A_2}{\partial x \partial z} + \frac{\partial^2 A_1}{\partial y \partial z} - \frac{\partial^2 A_3}{\partial y \partial x} + \frac{\partial^2 A_2}{\partial z \partial x} - \frac{\partial^2 A_1}{\partial z \partial y} = 0 \end{aligned}$$

4. $\mathbf{v} = \nabla\phi = \dfrac{\partial \phi}{\partial x}\mathbf{i} + \dfrac{\partial \phi}{\partial y}\mathbf{j} + \dfrac{\partial \phi}{\partial z}\mathbf{k}$

$$\frac{\partial \phi}{\partial x} = x + 2y + 4z \ \cdots\cdots①, \quad \frac{\partial \phi}{\partial y} = 2x - 3y - z \ \cdots\cdots②, \quad \frac{\partial \phi}{\partial z} = 4x - y + 2z \ \cdots\cdots③$$

이들 식에서 ϕ를 구한다.

①에서 $\phi = \dfrac{1}{2}x^2 + 2xy + 4xz + f(y, z) \qquad \cdots\cdots④$

②에서 $\phi = 2xy - \dfrac{3}{2}y^2 - yz + g(x, z) \qquad \cdots\cdots⑤$

③에서 $\phi = 4xz - yz + z^2 + h(x, y) \qquad \cdots\cdots⑥$

단, $f(y, z)$은 y, z에 관한 임의 함수, $g(x, z)$은 x, z에 관한 임의 함수, $h(x, y)$는 x, y에 관한 임의 함수이다. ④, ⑤, ⑥을 비교하여

$$f(y, z) = -\frac{3}{2}y^2 + z^2, \ g(x, z) = \frac{1}{2}x^2 + z^2, \ h(x, y) = \frac{1}{2}x^2 - \frac{3}{2}y^2$$

이므로, $\phi = \dfrac{1}{2}x^2 - \dfrac{3}{2}y^2 + z^2 + 2xy + 4xz - yz$

5. 곡면 $z = f(x, y)$ 상의 점 $(x, y, f(x, y))$에서의 법선벡터는 $\mathbf{n} = f_x\mathbf{i} + f_y\mathbf{j} - \mathbf{k}$ 이므로, 점 $(x_0, y_0, f(x_0, y_0))$에서의 접평면의 방정식은

$$[(x,\ y,\ z)-(x_0,\ y_0,\ z_0)]\cdot[f_x,\ f_y,\ -1]=0$$

전개하면

$$(x-x_0)f_x+(y-y_0)f_y-(z-z_0)=0$$

$$\therefore\ z=z_0+(x-x_0)f_x+(y-y_0)f_y=f(\mathbf{x}_0)+(\mathbf{x}-\mathbf{x}_0)\cdot\nabla f(\mathbf{x}_0)$$

6. $\mathrm{div}(\mathrm{grad}\ \phi)=\nabla\cdot\nabla\phi=\nabla\cdot\left(\mathbf{i}\dfrac{\partial\phi}{\partial x}+\mathbf{j}\dfrac{\partial\phi}{\partial y}+\mathbf{k}\dfrac{\partial\phi}{\partial z}\right)$

$$=\left(\frac{\partial}{\partial x}\mathbf{i}+\frac{\partial}{\partial y}\mathbf{j}+\frac{\partial}{\partial z}\mathbf{k}\right)\cdot\left(\frac{\partial\phi}{\partial x}\mathbf{i}+\frac{\partial\phi}{\partial y}\mathbf{j}+\frac{\partial\phi}{\partial z}\mathbf{k}\right)=\frac{\partial^2\phi}{\partial x^2}+\frac{\partial^2\phi}{\partial y^2}+\frac{\partial^2\phi}{\partial z^2}$$

7. $\mathrm{curl}(\mathbf{r}f(r))=\nabla\times(\mathbf{r}f(r))=\nabla\times\{xf(r)\mathbf{i}+yf(r)\mathbf{j}+zf(r)\mathbf{k}\}$

$$=\begin{vmatrix}\mathbf{i} & \mathbf{j} & \mathbf{k}\\ \dfrac{\partial}{\partial x} & \dfrac{\partial}{\partial y} & \dfrac{\partial}{\partial z}\\ xf(r) & yf(r) & zf(r)\end{vmatrix}$$

$$=\left\{z\frac{\partial f}{\partial y}-y\frac{\partial f}{\partial z}\right)\mathbf{i}+\left(x\frac{\partial f}{\partial z}-z\frac{\partial f}{\partial x}\right)\mathbf{j}+\left(y\frac{\partial f}{\partial x}-x\frac{\partial f}{\partial y}\right)\mathbf{k}$$

그런데 $\dfrac{\partial f}{\partial x}=\dfrac{\partial f}{\partial r}\dfrac{\partial r}{\partial x}=\dfrac{\partial f}{\partial r}\dfrac{\partial}{\partial x}(\sqrt{x^2+y^2+z^2})=\dfrac{f'(r)x}{\sqrt{x^2+y^2+z^2}}=\dfrac{f'(r)x}{r}$

마찬가지로 $\dfrac{\partial f}{\partial y}=\dfrac{f'(r)y}{r},\ \dfrac{\partial f}{\partial z}=\dfrac{f'(r)z}{r}$

$$\therefore\ \mathrm{curl}(\mathbf{r}f(r))=\left(z\frac{f'(r)y}{r}-y\frac{f'(r)z}{r}\right)\mathbf{i}+\left(x\frac{f'(r)z}{r}-z\frac{f'(r)x}{r}\right)\mathbf{j}$$

$$+\left(y\frac{f'(r)x}{r}-x\frac{f'(r)y}{r}\right)\mathbf{k}=0$$

제 4 장

[연습문제 4.1]

1. (1) $(m\mathbf{u})'=m'\mathbf{u}+m\mathbf{u}'$ 이므로 $m\mathbf{u}'=(m\mathbf{u})'-m'\mathbf{u}$

$$\therefore\ \int m\mathbf{u}'dt=m\mathbf{u}-\int m'\mathbf{u}dt$$

(2) $m'\mathbf{u}=(m\mathbf{u})'-m\mathbf{u}' \quad \therefore \int m'\mathbf{u}dt=m\mathbf{u}-\int m\mathbf{u}'dt$

(3) $(\mathbf{u}\cdot\mathbf{v})'=\mathbf{u}'\cdot\mathbf{v}+\mathbf{u}\cdot\mathbf{v}'$이므로 $\mathbf{u}\cdot\mathbf{v}'=(\mathbf{u}\cdot\mathbf{v})'-\mathbf{u}'\cdot\mathbf{v}$

$$\therefore \int \mathbf{u}\cdot\mathbf{v}'dt=\mathbf{u}\cdot\mathbf{v}-\int \mathbf{u}'\cdot\mathbf{v}dt$$

(4) $(\mathbf{u}\times\mathbf{v})'=\mathbf{u}'\times\mathbf{v}+\mathbf{u}\times\mathbf{v}'$이므로, $\mathbf{u}\times\mathbf{v}'=(\mathbf{u}\times\mathbf{v})'-\mathbf{u}'\times\mathbf{v}$

$$\therefore \int \mathbf{u}\times\mathbf{v}'dt=\mathbf{u}\times\mathbf{v}-\int \mathbf{u}'\times\mathbf{v}dt$$

2. $\displaystyle\int_1^2 \mathbf{u}\cdot\mathbf{u}'dt=\int_1^2 \frac{1}{2}(\mathbf{u}')^2du=\frac{1}{2}[\mathbf{u}(t)^2]_1^2=\frac{1}{2}[\mathbf{u}(2)^2-\mathbf{u}(1)^2]$

3. (1) $\displaystyle\frac{d}{dt}\left(\frac{d\mathbf{r}}{dt}\right)^2=2\frac{d\mathbf{r}}{dt}\cdot\frac{d^2\mathbf{r}}{dt^2} \quad \therefore \int 2\frac{d\mathbf{r}}{dt}\cdot\frac{d^2\mathbf{r}}{dt^2}dt=\left(\frac{d\mathbf{r}}{dt}\right)^2+\mathbf{C}$

(2) $\displaystyle\frac{d}{dt}\left(\frac{\mathbf{r}}{r}\right)=\frac{1}{r}\frac{d\mathbf{r}}{dt}-\frac{1}{r^2}\frac{dr}{dt}\mathbf{r} \quad \therefore \int\left(\frac{1}{r}\frac{d\mathbf{r}}{dt}-\frac{dr}{dt}\frac{\mathbf{r}}{r^2}\right)dt=\frac{\mathbf{r}}{r}+\mathbf{C}$

4. (1) $\displaystyle\int_0^1 \mathbf{A}du=\int_0^1 (u^2\mathbf{i}-u\mathbf{j}+(2u+1)\mathbf{k})du=\mathbf{i}\int_0^1 u^2du-\mathbf{j}\int_0^1 du+\mathbf{k}\int_0^1 (2u+1)du$

$$=\frac{1}{3}\mathbf{i}-\frac{1}{2}\mathbf{j}+2\mathbf{k}$$

(2) $\displaystyle\int_0^1 \mathbf{A}\cdot\mathbf{B}du=\int_0^1 [u^2(2u-3)-u-u(2u+1)]du=-\frac{13}{6}$

(3) $\mathbf{A}\times\mathbf{B}=\begin{vmatrix}\mathbf{i} & \mathbf{j} & \mathbf{k}\\ u^2 & -u & 2u+1\\ 2u-3 & 1 & -u\end{vmatrix}$

$$=(u^2-2u-1)\mathbf{i}+(u^3+4u^2-4u-3)\mathbf{j}+3(u^2-u)\mathbf{k}$$

$$\therefore \int_0^1 \mathbf{A}\cdot\mathbf{B}du=\mathbf{i}\int_0^1 (u^2-2u-1)du+\mathbf{j}\int_0^1 (u^3+4u^2-4u-3)du$$

$$+3\mathbf{k}\int_0^1 (u^2-u)du=-\frac{5}{3}\mathbf{i}-\frac{41}{12}\mathbf{j}-\frac{1}{2}\mathbf{k}$$

5. (1) 주어진 공식에서 $p=\tan u$, $\mathbf{Q}=\mathbf{i}\cos u$이므로

$$\mathbf{r}=e^{-\int \tan u\,du}\left[\int \mathbf{i}\cos u\cdot e^{\int \tan u\,du}du+\mathbf{k}\right]$$

$$=e^{\log\cos u}\left[\mathbf{i}\int \cos u\cdot e^{\log\sec u}du+\mathbf{k}\right]$$

$$=\cos u\left[\mathbf{i}\int du+\mathbf{k}\right]=(u\mathbf{i}+\mathbf{k})\cos u=u\cos u\mathbf{i}+\cos u\mathbf{k}$$

(2) $\mathbf{r}'+\frac{1}{u}\mathbf{r}=\log u\mathbf{k}$에서 $\mathbf{r}=e^{-\int\frac{1}{u}du}\left[\int \log u\cdot\mathbf{k}e^{\int\frac{1}{u}du}du+\mathbf{k}\right]$

$$=\frac{1}{u}\left[\int u\log u\,du\mathbf{a}+\mathbf{k}\right]=\frac{1}{2}u\left(\log u-\frac{1}{2}\right)\mathbf{a}+\frac{1}{u}\mathbf{k}$$

[연습문제 4.2]

1. $\int_C \mathbf{A}\cdot d\mathbf{r}=\int_0^1\left(t^3\mathbf{i}+t^4\mathbf{j}-\frac{2}{3}t^3\mathbf{k}\right)\cdot(\mathbf{i}+2t\mathbf{j}+2t^2\mathbf{k})dt$

$$=\int_0^1\left(t^3+2t^5-\frac{4}{3}t^5\right)dt=\left[\frac{t^4}{4}+\frac{t^6}{9}\right]_0^1=\frac{13}{36}$$

2. 곡선 C의 방정식을 $\mathbf{x}=\mathbf{x}(t),\ 0\le t\le 1$이라면, 곡선 $-C$의 방정식은 곡선 C의 방정식을 벡터함수를 써서 $\mathbf{x}=\mathbf{x}(1-\tau),\ 0\le\tau\le 1$이다.

$$\therefore \int_{-C}\mathbf{A}\cdot d\mathbf{x}=\int_0^1\mathbf{A}\cdot\frac{d\mathbf{x}(1-\tau)}{d\tau}d\tau$$

여기서 변수를 변환하여 $t=1-\tau$이라면, 우변의 적분은 다음과 같이 된다.

$$\int_{-C}\mathbf{A}\cdot d\mathbf{x}=\int_1^0\mathbf{A}\cdot\frac{d\mathbf{x}}{dt}dt=-\int_0^1\mathbf{A}\cdot\frac{d\mathbf{x}}{dt}dt=-\int_C\mathbf{A}\cdot d\mathbf{x}$$

3. 선분 OA상에서는 $y=0,\ 0\le x\le 2$이다. 따라서

$$\int_{OA}\mathbf{F}\cdot d\mathbf{x}=\int_0^2(2x\mathbf{i}-x\mathbf{j})\cdot dx\mathbf{i}=\int_0^2 2x\,dx=4$$

또, 선분 AB상에서는 $y=2x-4,\ 2\le x\le 3$이므로

$$\int_{AB}\mathbf{F}\cdot d\mathbf{x}=\int_2^3[(4x-4)\mathbf{i}+(5x-12)\mathbf{j}]\cdot[dx\mathbf{i}+d(2x-4)\mathbf{j}]$$

$$=\int_2^3(14x-28)dx=7$$

$$\therefore \int_C\mathbf{F}\cdot d\mathbf{x}=\int_{OA}\mathbf{F}\cdot d\mathbf{x}+\int_{AB}\mathbf{F}\cdot d\mathbf{x}=4+7=11$$

4. $\mathbf{x}=2x\mathbf{i}+2y\mathbf{j}=2\cos t\mathbf{i}+2\sin t\mathbf{j}$는 곡선 C의 벡터방정식이다.

$$\int_C \mathbf{A}\cdot d\mathbf{x} = \int_0^{2\pi} [(2\sin t - 4\cos t)\mathbf{i} + (6\cos t + 4\sin t)\mathbf{j}]\cdot d(2\cos t\mathbf{i} + 2\sin t\mathbf{j})$$

$$= \int_0^{2\pi} [(2\sin t - 4\cos t)\mathbf{i} + (6\cos t + 4\sin t)\mathbf{j}]\cdot(-2\sin t\mathbf{i} + 2\cos t\mathbf{j})dt$$

$$= \int_0^{2\pi} [(2\sin t - 4\cos t)(-2\sin t) + (6\cos t + 4\sin t)(2\cos t)]dt$$

$$= \int_0^{2\pi} 4(3\cos^2 t - \sin^2 t + 4\cos t\sin t)dt = 4[t + \sin 2t - \cos 2t]_0^{2\pi} = 8\pi$$

5. OAP에 따라서 $y=x^2$, $0 \le x \le 1$이므로

$$\int_{OAP} \mathbf{F}\cdot d\mathbf{r} = \int_0^1 \{(x-x^2)\mathbf{i} + (x+x^2)\mathbf{j}]\cdot d(x\mathbf{i} + x^2\mathbf{j})$$

$$= \int_0^1 [(x-x^2)dx + (x+x^2)(2xdx)] = \int_0^1 (2x^3 + x^2 + x)dx = 1\frac{1}{3}$$

PBO에 따라서 $x=y^2$, $0 \le y \le 1$이므로

$$\int_{PBO} \mathbf{F}\cdot d\mathbf{r} = \int_1^0 [(y^2-y)\mathbf{i} + (y^2+y)\mathbf{j}]\cdot d(y^2\mathbf{i} + y\mathbf{j})$$

$$= \int_1^0 [(y^2-y)(2ydy) + (y^2+y)dy] = \int_1^0 (2y^3 - y^2 + y)dy = -\frac{2}{3}$$

$$\therefore \int_C \mathbf{F}\cdot d\mathbf{r} = \int_{OAP} \mathbf{F}\cdot d\mathbf{r} + \int_{PBO} \mathbf{F}\cdot d\mathbf{r} = 1\frac{1}{3} + \left(-\frac{2}{3}\right) = \frac{2}{3}$$

6. 선적분의 정의에 의하면, s를 C의 호장, C의 시작점과 끝점에서 각각 $s=a$, $s=b$ 라 하고, $s=a$일 때 $t=\alpha$; $s=b$일 때 $t=\beta$이라면

$$\int_C \mathbf{A}\cdot d\mathbf{x} = \int_a^b \mathbf{A}\cdot\frac{d\mathbf{x}}{ds}ds = \int_a^b \mathbf{A}\cdot\frac{d\mathbf{x}}{dt}\frac{dt}{ds}ds = \int_\alpha^\beta \mathbf{A}\cdot\frac{d\mathbf{x}}{dt}dt$$

7. 일의 양 $= \int_C \mathbf{F}\cdot d\mathbf{x} = \int_C (3xy\mathbf{i} - 5z\mathbf{j} + 10x\mathbf{k})\cdot(dx\mathbf{i} + dy\mathbf{j} + dz\mathbf{k})$

$$= \int_C (3xydx - 5zdy + 10xdz)$$

$$= \int_C [3(t^2+1)(2t^2)d(t^2+1) - 5(t^3)d(2t^2) + 10(t^2+1)d(t^3)]$$

$$= \int_1^2 (12t^5 + 10t^4 + 12t^3 + 30t^2)dt = 303$$

8. $x=\cos t$, $y=\sin t$이므로,

$$\mathbf{F}(\mathbf{r}(t))=-\sin^2 t\mathbf{i}+\cos t\sin t\mathbf{j},\ \dot{\mathbf{r}}(t)=-\sin t\mathbf{i}+\cos t\mathbf{j}$$

따라서 한 일은 $\int_C \mathbf{F}\cdot d\mathbf{r}=\int_0^{\pi}\mathbf{F}(\mathbf{r}(t))\cdot\dot{\mathbf{r}}(t)dt=\int_0^{\pi}(\sin^3 t+\cos^2 t\sin t)dt$

$=\int_0^{\pi}\sin t dt=[-\cos t]_0^{\pi}=-2$

9. $\mathbf{r}(t)=t\mathbf{i}+t^2\mathbf{j}+t^3\mathbf{k},\ \dot{\mathbf{r}}(t)=\mathbf{i}+2t\mathbf{j}+3t^2\mathbf{k},\ \mathbf{F}(\mathbf{r}(t))=t^3\mathbf{i}+t^5\mathbf{j}+t^4\mathbf{k}$

$$\int_C \mathbf{F}\cdot d\mathbf{r}=\int_0^1\mathbf{F}(\mathbf{r}(t))\cdot\dot{\mathbf{r}}(t)dt=\int_0^1(t^3+5t^6)dt=\left[\frac{1}{4}t^4+\frac{5}{7}t^7\right]_0^1=\frac{27}{28}$$

10. 점 (0, 0, 0)에서 점 (1, 0, 0)로의 직선은 $y=0$, $z=0$, $dy=0$, $dz=0$, x는 0에서 1로 변하므로, 이 적분로에서의 적분은

$$\int_{x=0}^{1}\{3x^2+6(0)\}dx-14(0\cdot 0\cdot 0)+20x(0^2)(0)=\int_0^1 3x^2dx=1$$

점 (1, 0, 0)에서 점 (1, 1, 0)로의 직선에서 $x=1$, $z=0$, $dx=0$, $dz=0$, y는 0에서 1로 변하므로, 이 부분의 적분은

$$\int_{y=0}^{1}\{3(1)^2+6y\}(0)-14y(0)dy+20(1)(0)^2 0=0$$

점 (1, 1, 0)에서 점 (1, 1, 1)에의 직선은 $x=1$, $y=1$, $dx=0$, $dy=0$, z은 0에서 1로 변하므로, 이 부분의 적분

$$\int_{z=0}^{1}\{3(1)^2+6(1)\}(0)-14(1)z(0)+20(1)z^2dz=\int_{z=0}^{1}20z^2dz=\frac{20}{3}$$

이들 적분값을 더하여 $\int_C \mathbf{F}\cdot d\mathbf{r}=1+0+\frac{20}{3}=\frac{23}{3}$

[연습문제 4.3]

1. Green의 정리에서 $P=-y$, $Q=x$라면(단위원 : $x=\cos\theta$, $y=\sin\theta$, $0\le\theta\le 2\pi$)

$$\oint_C xdy-ydx=\iint_R\left\{\frac{\partial}{\partial x}(x)-\frac{\partial}{\partial y}(-y)\right\}dxdy=2\iint_R dxdy=2A$$

구하는 넓이 $A=\frac{1}{2}\oint_C xdy-ydx=\frac{1}{2}\left[\int_0^{2\pi}[\cos^2\theta+\sin^2\theta]d\theta=\pi\right.$

$$= \int_{x=0}^{1} \int_{y=0}^{2} [2yz^2 - yz]_{z=0}^{z=3} dydx = \int_{x=0}^{1} \int_{y=0}^{2} (18y - 3y)dydx$$

$$= \int_{x=0}^{1} \left[\frac{15}{2} y^2 \right]_{y=0}^{2} dx = \int_{x=0}^{1} 30dx = 30$$

2. 발산정리에 의하여

$$\iint_S \mathbf{r} \cdot \mathbf{N} dS = \iiint \nabla \cdot \mathbf{r} dV$$

$$= \iiint_V \left(\frac{\partial}{\partial x}\mathbf{i} + \frac{\partial}{\partial y}\mathbf{j} + \frac{\partial}{\partial z}\mathbf{k} \right) \cdot (x\mathbf{i} + y\mathbf{j} + z\mathbf{k}) dV$$

$$= \iiint_V \left(\frac{\partial x}{\partial x} + \frac{\partial y}{\partial y} + \frac{\partial z}{\partial z} \right) dV = 3 \iiint_V dV = 3V$$

단, V는 S로 싸이는 입체의 부피이다.

3. 발산정리에서, $\mathbf{A} = \phi\mathbf{C}$ ($\mathbf{C}$는 상수벡터)이라면

$$\iiint_V \nabla(\phi\mathbf{C}) dV = \iint_S \phi\mathbf{C} \cdot \mathbf{N} dS$$

$\nabla \cdot (\phi\mathbf{C}) = (\nabla\phi) \cdot \mathbf{C} = \mathbf{C} \cdot \nabla\phi = \phi\mathbf{C} \cdot \mathbf{N} = \mathbf{C} \cdot (\phi\mathbf{N})$이므로

$$\iiint_V \mathbf{C} \cdot \nabla\phi dV = \iint_S \mathbf{C} \cdot (\phi\mathbf{N}) dS$$

적분기호 밖으로 $\mathbf{C}$를 취하여 $\mathbf{C} \cdot \iiint_V \nabla\phi dV = \mathbf{C} \cdot \iint_S \phi\mathbf{N} dS$

$\mathbf{C}$가 임의의 상수벡터이므로

$$\iiint_V \nabla\phi dV = \iint_S \phi\mathbf{N} dS$$

4. $\nabla \cdot \mathbf{F} = 3$이므로, $\iiint_V \nabla \cdot \mathbf{F} dV = \iiint_V 3dV = 3\left(\frac{4}{3}\pi a^3\right) = \pi a^3$

5. $\nabla \times \mathbf{F} = \begin{bmatrix} \mathbf{i} & \mathbf{j} & \mathbf{k} \\ \frac{\partial}{\partial x} & \frac{\partial}{\partial y} & \frac{\partial}{\partial z} \\ y & x & z \end{bmatrix} = 0$이므로, $\oint_C \mathbf{F} \cdot d\mathbf{r} = \iint_S 0 \cdot d\mathbf{S} = 0$

6. $\mathbf{F} = -y^3\mathbf{i} + x^3\mathbf{j} - z^3\mathbf{k}$이라면

$$\text{curl } \mathbf{F} = \begin{bmatrix} \mathbf{i} & \mathbf{j} & \mathbf{k} \\ \dfrac{\partial}{\partial x} & \dfrac{\partial}{\partial y} & \dfrac{\partial}{\partial z} \\ -y^3 & x^3 & -z^3 \end{bmatrix} = 0\mathbf{i} + 0\mathbf{j} + (3x^2 + 3y^2)\mathbf{k}$$이므로

$$\iint_S (\text{curl } \mathbf{F}) \cdot dS = 3\iint_D (x^2 + y^2)\, dxdy = 3\int_0^1 \int_0^{2\pi} r^2 r\, d\theta dr$$

$$= 3\int_0^1 r^3 (2\pi)\, dr = 6\pi \left[\frac{1}{4} r^4\right]_0^1 = \frac{3\pi}{2}$$

참고 $3\int_0^{2\pi}\int_0^1 r^3 dr d\theta = 3\int_0^{2\pi} \frac{1}{4} d\theta = \frac{3}{4}(2\pi) = \frac{3\pi}{2}$. (적분순서를 바꾸어도 같은 값이 나온다)

▪ 찾아보기 ▪

유연봉 강원대학교 삼척캠퍼스 물리학과 교수
박춘성 경원대학교 수학과 교수

벡터 해석

2007년 7월 10일 1판 1쇄 발행
2010년 1월 15일 1판 2쇄 발행

저 자 / 유연봉 · 박춘성
발행자 / 오판근
발행처 / 교우사

주 소 / 서울 동대문구 제기2동 148-19
전 화 / 925-2861(代), 편집부 / 925-2825
팩 스 / 925-2860
E-mail / kyowoo@kyowoo.co.kr
http://www.kyowoo.co.kr

등록 / 1994. 3. 24 제6-0256호

ISBN 978-89-8172-687-4 (93410)

값 13,000 원